城镇燃气职业教育系列教材
中国城市燃气协会指定培训教材

城镇燃气
安全技术与管理

Chengzhen Ranqi Anquan Jishu Yu Guanli

主　编　支晓晔　高顺利

副主编　李瑜仙

参　编　刘　荃　张福军　赵　华
　　　　王　勇　吴海鹏　郝　拓
　　　　崔　涛　齐晓琳　尤丽微

U0280296

重庆大学出版社

内容提要

随着燃气事业的发展,燃气管网安全运行发重要。本书是城镇燃气职业教育系列教材之一,结合我国目前燃气事业的发展和应用情况,以燃气安全措施为途径,以保障燃气安全输配为目的,全面系统地介绍了城镇燃气供应系统方面的安全技术与管理,并重理论知识和操作要点。全书共有十三章,主要内容包含:城镇燃气、输配系统及燃气事故概述,燃气安全管理法规,危险源辨识及风险评价,管道完整性管理及评价,特种设备安全管理,有限空间安全管理,自然灾害安全管理,人为因素对燃气管道安全的影响,消防安全,职业卫生及个体防护,燃气事故应急管理,物联网技术与管理,安全教育及检查。

本书可作为高等职业教育城市燃气工程技术专业教材、城镇燃气职业培训人员和受训人员的使用教材,也可供燃气工程设计、施工、运行管理的技术人员参考。章后设有自测习题,答案请登录http://www.cqup.com.cn下的"教育资源网"获取。

图书在版编目(CIP)数据

城镇燃气安全技术与管理/支晓晔,高顺利主编 .—重庆:
重庆大学出版社,2014.11(2021.8 重印)
城镇燃气职业教育系列教材
ISBN 978- 7- 5624-7920- 8

Ⅰ.①城… Ⅱ.①支…②高… Ⅲ.①城市燃气—燃气设备—安全管理—职业教育—教材 Ⅳ.①TU996.8

中国版本图书馆 CIP 数据核字(2013)第 301062 号

城镇燃气职业教育系列教材
中国城市燃气协会指定培训教材

城镇燃气安全技术与管理

主编 支晓晔 高顺利
副主编 李瑜仙
策划编辑:张 婷
责任编辑:张 婷 版式设计:张 婷
责任校对:任卓惠 责任印制:赵 晟

*

重庆大学出版社出版发行
出版人:饶帮华
社址:重庆市沙坪坝区大学城西路 21 号
邮编:401331
电话:(023)88617190 88617185(中小学)
传真:(023)88617186 88617166
网址:http://www.cqup.com.cn
邮箱:fxk@ cqup.com.cn(营销中心)
全国新华书店经销
POD:重庆新生代彩印技术有限公司

*

开本:787mm×1092mm 1/16 印张:22.5 字数:562千
2014 年 11 月第 1 版 2021 年 8 月第 3 次印刷
ISBN 978-7-5624-7920-8 定价:59.00 元

城镇燃气职业教育系列教材编审委员会

序 言

随着我国城镇燃气行业的蓬勃发展,现代企业的经营组织形式、生产方式和职工的技能水平都面临着新的挑战。

目前,我国的燃气工程相关专业高等教育、职业教育招生规模较小;在燃气行业从业人员(包括管理人员、技术人员及技术工人等)中,很多人都没有系统学习过燃气专业知识。燃气企业对在职人员的专业知识和岗位技能培训成为提高职工素质和能力、提升企业竞争能力的一种有效途径,全国许多省市行业协会及燃气企业的技术培训机构都在积极开展这项工作。

在目前情况下,组织编写一套具有权威性、实用性和开放性的燃气专业技术及岗位技能培训系列教材,具有十分重要的现实意义。立足于社会发展对职工技能的需求,定位于培养城镇燃气职业技术型人才,贯彻校企结合的理念,我们组建了由中国城市燃气协会、北京燃气集团、重庆大学、哈尔滨工业大学、北京建筑工程学院、天津城市建设学院、郑州燃气股份有限公司、港华集团等单位共同参与的编写队伍。编委会邀请到哈尔滨工业大学的段常贵教授、中国城市燃气协会迟国敬副秘书长担任顾问,北京建筑工程学院詹淑慧教授担任执行总主编,重庆大学彭世尼教授担任总主编。

本套培训教材以提高燃气行业员工技能和素养为目标,突出技能培训和安全教育,本着"理论够用、技术实用"的原则,在内容上体现了燃气行业的法规、标准及规范的要求;既包含基本理论知识,更注重实用技术的讲解,以及燃气施工与运用中新技术、新工艺、新材料、新设备的介绍;同时以丰富的案例为支持。

本套教材分为专业基础课、岗位能力课两大模块。每个模块都是开放的,内容不断补充、更新,力求在实践与发展中循序渐进、不断提高。在教材编写工作中,北京燃气集团提出了构建体系、搭建平台的指导思想,作为北京市总工会职工大学"学分银行"计划试点企业,将本套培训教材的开发与"学分银行"计划相结合,为该职业培训教材提供了更高的实践平台。

教材编写得到了中国城市燃气协会、北京燃气集团的全力支持,使一些成熟的讲义得到进一步的完善和推广。本套培训教材可作为我国燃气集团、燃气公司及相关企业的职工技能培训教材,可作为"学分银行"等学历教育中燃气企业管理专业、燃气工程专业的教学用书。通过本套教材的讲授、学习,可以了解城市燃气企业的生产运营与服务,明确城镇燃气行业不同岗位的技术要求,熟悉燃气行业现行法规、标准及规范,培养实践能力和技术应用能力。

编委会衷心希望这套教材的出版能够为我国燃气行业的企业发展及员工职业素质提高作出贡献。教材中不妥及错误之处敬请同行批评指正!

编委会

2011 年 3 月

前　言

随着经济的发展和人民生活水平的提高,城镇燃气行业在城市发展中扮演着越来越重要的角色。国内大部分中等城市已用上洁净的天然气,北京市的燃气普及率达到90%以上,燃气管网总长度达14000 km,涵盖了城八区及大部分郊区县。城镇燃气在给人民生活水平带来极大提升的同时也不可避免地给城市安全管理带来了一定隐患。由于燃气事故的特殊性,任何一件燃气安全事故均可能引发灾难性的后果,会造成生命和财产的重大损失。为此,确保燃气安全供应是各城镇燃气运营商的重要职责和社会使命。

随着燃气事业的发展,燃气管网安全运行显得越发重要,然而针对城镇燃气管网安全运营方面的系统教材目前还比较欠缺,直接影响燃气行业相关人员的理论知识水平和技能水平。

《城镇燃气安全技术与管理》是城镇燃气职业教育系列教材之一,结合我国目前燃气事业的发展和应用情况,系统介绍了城镇燃气供应系统方面的安全技术与管理知识,供使用者在学习和工作中借鉴。

全书共分为13章,主要内容介绍如下:

第1章是概述,主要介绍城镇燃气基本常识、城镇燃气输配系统以及燃气事故的特点;

第2章是燃气安全管理法规,主要介绍安全生产法规、企业安全规章制度以及职业健康安全管理体系;

第3章是危险源辨识及风险评价,主要介绍危险源辨识的程序及管理;

第 4 章是管道完整性管理及评价,主要介绍管道完整性管理的技术及评价方法;

第 5 章是特种设备安全管理,主要介绍特种设备的类型、特点以及压力容器、压力管道的安全管理;

第 6 章是有限空间安全管理,主要介绍有限空间的类型及管理方法;

第 7 章是自然灾害安全管理,主要介绍地震及洪水等自然灾害的安全管理;

第 8 章是人为因素对燃气管道安全的影响,主要介绍各类人为因素对燃气管道安全影响的原因以及居民用户的安全用气;

第 9 章是消防安全,主要介绍企业消防安全制度、职工消防安全教育、消防器材以及火灾隐患整改方法;

第 10 章是职业卫生及个体防护,主要介绍职业卫生及劳动保护措施;

第 11 章是燃气事故应急管理,主要介绍燃气事故应急管理的定义及手段;

第 12 章是物联网技术与管理,主要介绍 SCADA 系统、PDA 系统、GIS 系统在燃气行业的应用;

第 13 章是安全教育及检查,主要介绍安全教育培训方面的管理措施。

本书可作为高等职业教育城市燃气工程技术专业教材、城镇燃气职业培训人员和受训人员的使用教材,也可供燃气工程设计、施工、运行管理的技术人员参考。章后设有自测习题,答案请登陆 http://www.cqup.com.cn 下的"教育资源网"获取。

由于编者水平有限,书中错误和不妥之处,敬请读者批评指正。

编　者

2014 年 9 月

目 录

第 13 章　安全教育

参考文献

1 概　述

1.1

燃气的种类及基本性质

城市燃气是由多种气体组成的混合气体,含有可燃气体和不可燃气体。其中,可燃气体有碳氢化合物(如甲烷、己烷、乙烯、丙烷、丙烯丁烷、丁烯等烃类)、氢气和一氧化碳等;不可燃成分有二氧化碳、氮气等惰性气体;部分燃气还含有氧气、水及少量杂质。

城市燃气根据燃气的来源或生产方式可以归纳为天然气、人工燃气和液化石油气三大类。其中,天然气是自然生成的,人工燃气或是由其他能源转化而成或是生产工艺的副产品,液化石油气主要来自石油加工过程中的副产气。

1.1.1 天然气

天然气主要存在于油田气、气田气、煤层气、泥火山气和生物生成气中,也有少量出于煤层。天然气又可分为伴生气和非伴生气两种。伴随原油共生,与原油同时被采出的油田气叫伴生气;非伴生气包括纯气田天然气和凝析气田天然气两种,在地层中都以气态存在。凝析气田天然气从地层流出井口后,随着压力和温度的下降,分离为气液两相,气相是凝析气田天然气,液相是凝析液,叫凝析油。

与煤炭、石油等能源相比,天然气在燃烧过程中产生的影响人类呼吸系统健康的物质(氮化物、一氧化碳、可吸入悬浮微粒)极少,产生的二氧化碳为煤的 40% 左右,产生的二氧化硫也少于其他化石燃料。天然气燃烧后无废渣、废水产生,具有使用安全、热值高、洁净等优势。

一般说来,天然气包括常规天然气和非常规天然气两类:其中常规天然气主要指气田气(或称纯天然气)、石油伴生气、凝析气田气,非常规天然气主要包括煤层气、页岩气、天然气水合物等。需要注意的是,常规天然气和非常规天然气资源的区分边界甚难界定,主要取决于地质条件的系列。

1)气田气、石油伴生气、凝析气田气

常规天然气主要指气田气(或称纯天然气)、石油伴生气、凝析气田气。

(1)气田气

气田气是指由气田开采出来的纯天然气,组分以甲烷(CH_4)为主,还含有少量的乙

烷 C_2H_6、丙烷 C_3H_8 等烃类及二氧化碳（CO_2）、硫化氢 H_2S、氮（N_2）和微量的氦（He）、氖（Ne）、氩（Ar）等气体。我国四川开采的天然气中甲烷含量一般不少于90%，热值为 $34.75\sim36.00\ MJ/m^3$。

（2）石油伴生气

石油伴生气是地层中溶解在石油或呈气态与原油共存，伴随着原油被同时开采的天然气。石油伴生气又分为气顶气和溶解气两类。气顶气是不溶于石油的气体，为保持石油开采过程中必要的井压，这种气体一般不随便采出。溶解气是指溶解中石油中，伴随着石油开采得到的气体。石油伴生气中甲烷含量一般占 65%~80%，此外还有相当数量的乙烷（C_2H_6）、丙烷（C_3H_8）、丁烷（C_4H_{10}）、戊烷（C_5H_{12}）和重烷等。其低热值一般为 $41.5\sim43.9\ MJ/m^3$。我国大庆、胜利等油田产的天然气中大部分都是石油伴生气。

（3）凝析气田气

凝析气田气是指含有少量石油轻质馏分（如汽油、煤油成分）的天然气。当凝析气田气从气田采出来后，经减压降温，凝结出一些液体烃类。例如，我国新疆柯克亚的天然气就属于凝析气田气，华北油田供北京输送的天然气中，除前面提高的伴生气外，还有相当一部分是经过净化处理的凝析气田气。凝析气田气的组成大致和石油伴生气相似，但是它的戊烷（C_5H_{12}）、己烷（C_6H_{14}）等重烃含量比伴生气要多，一般经分离后可以得到天然汽油甚至轻柴油。凝析气田气甲烷的含量约为75%，低热值为 $46.1\sim48.5\ MJ/m^3$。

根据存在的状态，常规天然气还可以分为压缩天然气、液化天然气。

（1）压缩天然气、液化天然气

压缩天然气（Compressed Natural Gas，简称CNG）是天然气加压并以气态储存在容器中。压缩天然气除了可以用油田及天然气田里的天然气外，还可以人工制造生物沼气（主要成分是甲烷）。压缩天然气与管道天然气的组分相同，主要成分为甲烷（CH4）。压缩天然气是一种最理想的车用替代能源，其应用技术经数十年发展已日趋成熟。它具有成本低，效益高，无污染，使用安全便捷等特点，正日益显示出强大的发展潜力。天然气每立方燃烧热值为 8000~8500 kcal[①]（大卡），压缩天然气的比重为 $2.5\ kg/m^3$，每千克天然气燃烧热值为20000 kcal。

（2）液化天然气

液化天然气（Liquefied Natural Gas，简称LNG），主要成分是甲烷（CH_4），无色、无味、无毒且无腐蚀性。其体积约为同量气态天然气体积的1/600，质量仅为同体积水的45%左右。其制造过程是先将气田生产的天然气净化处理（脱水、脱烃、脱酸性气体），

---

① 1 kcal = 4.184 kJ

经一连串超低温(-160 ℃)液化后,利用液化天然气船或 LNG 罐车运送,使用时重新气化。

①LNG 的组成:LNG 是以甲烷为主要组分的烃类混合物,其中含有通常存在于天然气中少量的乙烷、丙烷、氮等其他组分。

②LNG 的密度:LNG 的密度取决于其组分,通常为 430 ~ 470 kg/m³,但是在某些情况下可高达 520 kg/m³。其密度还是液体温度的函数,其变化梯度约为 1.35 kg/m³·℃。其密度可以直接测量,但通常是用经过气相色谱法分析得到的组分通过计算求得(推荐使用 ISO 6578 中确定的计算方法)。

③LNG 的温度:LNG 的沸腾温度取决于其组分,在大气压力下通常为-166 ~ -157 ℃。沸腾温度随蒸气压力的变化梯度约为 1.25×10^{-4} ℃/Pa。LNG 的温度通常用 ISO 831 中确定的铜/铜镍热电偶或铂电阻温度计测量。

④LNG 的蒸发:LNG 作为一种沸腾液体大量的储存于绝热储罐中。任何传导至储罐中的热量都会导致一些液体蒸发为气体,这种气体称为蒸发气,其组分与液体的组分有关。一般情况下,蒸发气包括 20% 的氮,80% 的甲烷和微量的乙烷。其含氮量是液体 LNG 中含氮量的 20 倍。当 LNG 蒸发时,氮和甲烷首先从液体中汽化,剩余的液体中较高相对分子质量的烃类组分增大。

对于蒸发气体,不论是温度低于-113℃的纯甲烷,还是温度低于-85℃含 20% 氮的甲烷,它们都比周围的空气重。在标准条件下,这些蒸发气体的密度大约是空气密度的 0.6 倍。

⑤LNG 的闪蒸(Flash):如同任何一种液体,当 LNG 已有的压力降至其沸点压力以下时,例如经过阀门后,部分液体蒸发,而液体温度也将降到此时压力下的新沸点,此即为闪蒸。由于 LNG 为多组分的混合物,闪蒸气体的组分与剩余液体的组分不一样。

作为指导性数据,在压力为 1 ~ 2 个大气压时的沸腾温度条件下,压力每下降 1 个大气压,1 m³ 的液体产生大约 0.4 kg 的气体。

⑥LNG 的翻滚(Rollover):翻滚是指大量气体在短时间内从 LNG 容器中释放的过程。除非采取预防措施或对容器进行特殊设计,翻滚将使容器受到超压。在储存 LNG 的容器中可能存在两个稳定的分层或单元,这是由于新注入的 LNG 与密度不同的底部 LNG 混合不充分造成的。在每个单元内部液体密度是均匀的,但是底部单元液体的密度大于上部单元液体的密度,随后,由于热量输入容器中而产生单元间的传热、传质及液体表面的蒸发,单元之间的密度将达到均衡并且最终混为一体。这种自发的混合称为翻滚,而且与经常出现的情况一样,如果底部单元液体的温度过高(相对于容器蒸气空间的压力而言),翻滚将伴随着蒸气逸出的增加。有时这种增加速度快且量大。在有

些情况下,容器内部的压力增加到一定程度将引起泄压阀的开启。

潜在翻滚事故出现之前,通常有一个时期其气化速率远低于正常情况。因此应密切监测气化速率以保证液体不是在积蓄热量。如果对此有怀疑,则应设法使液体循环以促进混合。通过良好的储存管理,翻滚可以防止。最好将不同来源和组分不同的 LNG 分罐储存,如果做不到,在注入储罐时应保证充分混合用于调峰的 LNG。高含氮量在储罐注入停止后不久也可能引起翻滚。经验表明,预防此类型翻滚的最好方法是保持 LNG 的含氮量低于 1%,并且密切监测气化速率。

2) 非常规天然气

非常规天然气主要包括页岩气、煤层气、天然气水合物等。

①页岩气(Shale Gas):是指主体位于暗色泥页岩或高碳泥页岩中,以吸附或游离状态为主要存在方式的天然气聚集。在页岩气藏中,天然气也存在于夹层状的粉砂岩、粉砂质泥岩、高碳泥岩、泥质粉砂岩甚至砂岩地层中,因此,从某种意义来说,页岩气藏的形成是天然气在烃源岩中大规模滞留的结果,属于自生、自储、自封闭的成藏模式。其中页岩中的吸附气量和游离气量大约各占 50%。页岩气的主要成分和热值等气体性质与常规天然气相似,以甲烷(CH_4)为主,含有少量乙烷(C_2H_6)、丙烷(C_3H_8)。截至 2007年年底,全球页岩气资源量为 $456.24×10^{12} m^3$,占全球非常规气资源量的近 50%,主要分布在北美(占 23.8%)、中亚和中国(占 21.9%)、拉美(占 13.1%)、中东和北非(占 15.8%)。

②煤层气(Bed Coal Gas):是一种以吸附状态为主,生成并储存在煤系地层中的非常规天然气(随采煤过程产出的煤层气混有较多空气俗称煤矿瓦斯)。煤层气的主要成份是甲烷(CH_4),但相对于常规天然气含量较低,可用作燃料和化工产品的上等原料,具有很高的经济价值。资料显示,国际上 74 个国家煤层气资源量 268 万亿 m^3,主要分布在俄罗斯、加拿大、中国、澳大利亚、美国、德国、波兰、英国、乌克兰、哈萨克斯坦、印度、南非等 12 个国家,其中美国、加拿大、澳大利亚、中国已形成煤层气产业。煤层气资源位列前三位的国家分别为俄罗斯、加拿大、中国。我国煤层气资源丰富,据煤层气资源评价,我国埋深 2000 m 以浅煤层气地质资源量约 36 万亿 m^3,主要分布在华北和西北地区。

③天然气水合物(Natural Gas Hydrate,简称 Gas Hydrate):是分布于深海沉积物或陆域的永久冻土中,由天然气与水在高压低温条件下形成的类冰状的结晶物质。形成天然气水合物的主要气体为甲烷(CH_4),对甲烷分子含量超过 99% 的天然气水合物通常称为甲烷水合物(Methane Hydrate)。因天然气水合物的外观像冰一样而且遇火即可燃

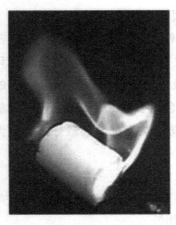

图 1.1 天然气水合物燃烧

烧(见图 1.1),所以又被称作"可燃冰"或"固体瓦斯""气冰"。天然气水合物在自然界广泛分布在大陆永久冻土、岛屿的斜坡地带、活动和被动大陆边缘的隆起处、极地大陆架以及海洋和一些内陆湖的深水环境。在标准状况下,一单位体积的气水合物分解最多可产生 164 单位体积的甲烷气体,因而其是一种重要的潜在未来资源。

虽然页岩气和煤层气的储量相当大,但是对开采技术要求较高,开采经济效益不高,随着近些年开采技术的提高,美国等国家大量开采并使用页岩气和煤层气,同时国内的石油企业也开始着手页岩气和煤层气的开采;天然气水合物作为城镇燃气的一种,近几年发展较为迅速,其中尤其是日本的天然气水合物发展最为迅猛,日本已基本完成了对其周边海域的天然气水合物调查和评价,并圈定了 12 块天然气水合物矿集区,并在 2010 年进行试生产,开发其领海内的天然气水合物。

1.1.2 人工燃气

人工燃气主要是指通过能源转换技术,将煤炭或重油转换而成的煤制气或油制气。主要是由可燃成分氢、甲烷、一氧化碳、乙烷、丙烷、丙烯以及中碳氢化合物和不可燃成分氧、二氧化碳以及氮组成的混合气体。

人工燃气的主要物理化学性质有:

①易燃易爆性:人工煤气同天然气一样具有易燃易爆的特性。

②毒性:人工煤气中含有一氧化碳。一氧化碳是有毒气体,它和血红蛋白的结合力为氧气与血红蛋白的结合力的 200 ~ 300 倍。血红蛋白与一氧化碳结合,红细胞便失去输送氧气的能力,人体组织便陷入缺氧状态,最终导致窒息死亡,这就是通常所说的一氧化碳中毒。

③比重:人工燃气比空气、液化石油气轻。

根据制气原料和加工方式的不同,可生产多种类型的人工燃气,如干馏煤气、气化煤气、油制气及高炉煤气等。

(1)干馏煤气

煤在隔绝空气的情况下经加热干馏所得的燃气叫干馏煤气,也叫焦炉煤气。其主要组分为甲烷(CH_4)和氢气(H_2),低热值为 16.7 MJ/m^3。焦炉煤气是焦化工业的副产品,原用作焦炉加热的自给燃料,如今很多炼焦厂采用低品位燃气为焦炉加热,代出焦炉煤气供作城市燃气。一直以来,焦炉煤气是我国城市燃气的重要气源之一。

（2）气化煤气

气化煤气分为压力气化煤气、水煤气、发生炉煤气三种,是指用煤或焦炭等固体燃气作原料,利用空气、水蒸气或二者的混合物作气化剂,在煤气发生炉相互作用制取的煤气。气化煤气主要组分为氢气与一氧化碳（CO）,适宜于用作燃料气和化工原料的合成气。其热值一般在 13 MJ/m^3 以下。

压力气化煤气是采用纯氧和水蒸气为气化剂制取的煤气,主要组分为氢气和甲烷,低热值为 15.4 MJ/m^3。水煤气则是利用水蒸气作气化剂制取的煤气,主要组分为一氧化碳和氢气,低热值为 10.5 MJ/m^3。发生炉煤气主要组分为一氧化碳和氢气,低热值为 5.4 MJ/m^3。

（3）油制气

油制气是用石油系原料经热加工制成的燃气总称。采用的加工工艺有蒸汽转化法、热裂解法、部分氧化法和加氢气化法等。有些工艺在国内化工原料制造行业已有使用,而生产城市燃气的方法尚局限于以重油或渣油采取热裂解法的工艺。目前使用的是循环式热裂解法或循环式催化热裂解法。热裂解气以甲烷（CH_4）、乙烯（C_2H_4）和丙烯（C_3H_6）为主要组分,热值为 41 ~ 42 MJ/Nm^3。催化热裂解气含氢最多,也含有甲烷和一氧化碳,其热值与干馏煤气相接近,为 17 ~ 21 MJ/Nm^3。

（4）高炉煤气

高炉煤气是高炉炼铁过程中产生的煤气,热值低,只供给热炉使用。其主要组分是一氧化碳（CO）和氮气（N_2）,热值为 4 ~ 4.2 MJ/Nm^3。

1.1.3　液化石油气

液化石油气的主要组分为丙烷（C_3H_8）、丙烯（C_3H_6）、丁烷（C_4H_{10}）、丁烯（C_4H_8）等石油系轻烃类,其主要成分是含有 3 个碳原子和 4 个碳原子的碳氢化合物,通常被称为碳三、碳四,均为可燃物质。

液化石油气在常温常压下无色无味,呈气态,用降温或增压的方法可使其转变为液态,使用前在减压或升温,使之转变为气态。从液态转变为气态时,其体积将膨胀 250 ~ 300 倍。

液态液化石油气比水轻,一般为水重的 0.5 ~ 0.6 倍;气态的液化石油气密度较大,是空气的 1.5 ~ 2.0 倍,泄漏后易聚集在低洼处,不易扩散。液态液化石油气比空气重,为空气的 1.5 ~ 2 倍重。

液化石油气是一种高热值、无污染的能源。其充分燃烧的产物为二氧化碳和水,它的火焰温度高达 2000 ℃,其热值是天然气的 3 倍,人工煤气的 5 倍。气态的液化石油气着火温度比较低,为 360～460 ℃,液化石油气的浓度达到 1.5 %～9.5 %时即可遇明火爆炸。液化气一旦出现泄漏极易发生危险,故液化气为易燃、易爆和可燃气体。液化石油气在空气中的浓度增至一定水平时会使人麻醉发晕,严重时致人死亡。液化石油气的危害性主要有三种:a. 易燃易爆;b. 冻伤;c. 有毒。

1.1.4 燃气的基本性质

1)燃气的热值

燃气的热值是指 1 m³ 燃气完全燃烧所放出的热量,单位为 MJ/m³。对于液化石油气,热值单位也可采用 kg/m³。

(1)高热值和低热值

燃气的热值分为高热值和低热值。指 1 m³ 燃气完全燃烧后其温度冷却至原始温度时,燃气中的水分经燃烧生成的水蒸气也随之冷凝成水并放出汽化潜热,将这部分汽化潜热计算在内求得的热值称为高热值;如果不计算这部分汽化潜热,则为低热值。如果燃气中不含氢或氢的化合物,燃气燃烧时烟气中不含水,就只有一个热值了。可见,高、低热值数值之差为水蒸气的汽化潜热。

在一般燃气应用设备中,由于燃气燃烧排放的烟气温度较高,烟气中的水蒸气是以气态排除的,仅仅利用燃气的低热值。因此,在工程实际中一般以燃气的低热值作为计算依据。

(2)热值的计算

单一燃气的热值是根据燃气燃烧反应的热效应算得。燃气通常是含有多种组分的混合气体,其热值可按下式计算:

$$Q_h = \frac{1}{100} \sum Q_{hi} y_i$$

$$Q_l = \frac{1}{100} \sum Q_{li} y_i$$

式中　Q_h,Q_l——燃气的高热值、低热值,MJ/m³;

　　　Q_{hi},Q_{li}——燃气中各组分的高热值、低热值,MJ/m³;

　　　y_i——各单一气体的容积成分,%。

2)汽化潜热

汽化潜热是单位质量的液体变成与其处于平衡状态的蒸气所吸收的热值。汽化潜热与压力和温度有关,其关系可用下式计算:

$$r_1 = r_2 \left(\frac{t_c - t_1}{t_c - t_2} \right)^{-0.38}$$

式中　r_1——液体温度为 t_1 时的汽化潜热，kJ/kg；

　　　r_2——液体温度为 t_2 时的汽化潜热，kJ/kg；

　　　t_c——临界温度，℃。

温度升高，汽化潜热减少，到达临界温度时，汽化潜热等于零。部分碳氢化合物在1个大气压下，沸点时的汽化潜热参见表1.1。

表 1.1　部分碳氢化合物的沸点及沸点时的汽化潜热

名　称	甲烷	乙烷	丙烷	正丁烷	乙烯	丙烯	正戊烷
沸点/℃	−161.49	−88	−42.05	−0.5	−103.68	−47.72	36.06
汽化潜热/(kJ·kg⁻¹)	510.8	485.7	422.9	383.5	481.5	439.6	355.9

混合液体的汽化潜热计算式如下：

$$r = \sum g_i r_i$$

式中　r——混合液体的汽化潜热，kJ/kg；

　　　g_i——混合液体中各组分的质量成分，%；

　　　r_i——相应各组分的汽化潜热，kJ/kg。

3）着火温度

燃气开始燃烧时的温度称为着火温度。不同可燃气体的着火温度不尽相同。一般可燃气体在空气中的着火速度比在纯氧中的着火温度高 50 ~ 100 ℃。对于某一可燃气体其着火温度不是一个固定值，而与可燃气体在空气中的溶度、与空气的混合程度、燃气压力、燃烧空间的形状及大小等因素有关。

工程中，燃气的着火温度应有实验确定，通常焦炉煤气的最低着火温度介于 300 ~ 500 ℃，液化石油气气体的最低着火温度为 450 ~ 550 ℃，天然气的着火温度 650 ℃左右。

4）燃烧速度

燃气中含氢和其他燃烧速度快的成分越多，燃烧速度就越快；燃气-空气混合物初始温度增高，火焰传播速度增大。

燃烧速度一般采用实验方法或经验公式计算，经测算，几种燃气的最大燃烧速度如下：氢气为 2.8 m/s，甲烷为 0.38 m/s，液化石油气为 0.35 ~ 0.38 m/s。

5）爆炸极限

城市燃气是一种易燃、易爆的混合气体，决定了在制备、运输、使用过程中必须注重其安全性。

燃烧是气体燃料中的可燃成分在一定条件下与氧气发生的激烈的氧化反应，反应的同时生成热并出现火焰。爆炸则是一种猛烈进行的物理、化学法应，其特点在于爆炸过程巨大的反应速度，反应的一瞬间产生大量的热和气体产物。所有的可燃气体与空气混合达到一定的比例关系时，都会形成爆炸危险的混合气体。大多数有爆炸危险的混合气体在露天中可以燃烧得很平静，燃烧速度也较慢；但有爆炸危险的混合气体若聚集在一个密闭的空间内，遇有明火即瞬间爆炸，反应过程生成的大量高温、被压缩的气体在爆炸的瞬间即释放极大的气体压力，对周围环境产生很大的破坏力。反应产生的温度越高，产生的气体压力和爆炸力也成正比地增长。爆炸时除产生破坏外，因爆炸过程某些物质的分解物与空气接触，还会引起火灾。

可燃气体与空气混合，经点火发生爆炸所需的最低可燃气体（体积）浓度，称为爆炸下限；可燃气体与空气混合，经点火爆炸所容许的最高可燃气体（体积）浓度，称为爆炸上限。可燃气体的爆炸上下限统称为爆炸极限。

在城市燃气运行过程中，如将不同类别燃气、或燃气与空气配制成掺混空气做城市气源时，必须考虑掺混气的爆炸极限问题。

可燃气体的混合气体爆炸极限与气体的则分有关，可分三种情况进行计算：

①只含可燃气体的混合气体爆炸极限：

$$L = \frac{100}{\sum \dfrac{y_i}{L_i}}$$

式中　L——混合气体的爆炸下（上）限（体积分数）；

L_i——混合气体中各组分的爆炸下（上）限；

y_i——混合气体中各组分的容积成分。

②含惰性气体的混合气体爆炸极限：

$$L = \frac{100}{\sum \dfrac{y_i'}{L_i'} + \sum \dfrac{y_i}{L_i}}$$

式中　L——混合气体的爆炸下（上）限（体积分数）；

L_i'——由某一可燃气体成分与某一惰性气体成分组成的混合组分在该混合气体中的爆炸下（上）限（体积分数）；

y_i'——由某一可燃气体成分与某一惰性气体成分组成的混合组分在该混合气体中的体积分数;

L_i——未与惰性气体组合的可燃气体成分的爆炸极限(体积分数);

y_i——未与惰性气体组合的可燃气体成分在混合气体中的体积分数。

③含氧气的混合气体的爆炸极限

当混合气体中含有氧气时,则可认为是混入了空气。因此,应先扣除氧含量以及按空气的氮氧比列求得的氮含量,并重新调整混合气体中各组分的体积分数,再按含有惰性气体情况混合气体的爆炸极限计算公式进行计算。

常见燃气的爆炸极限如下:天然气 5% ~ 15%,液化石油气气体的爆炸极限为 2% ~ 10%,焦炉煤气的爆炸极限为 5.6% ~ 30.4%。爆炸下限越低的燃气,爆炸危险性越大。可见,液化石油气的爆炸危险性最大。

根据燃烧、爆炸现象产生的机理,可以认定,燃气管道漏气是引起爆炸、火灾和中毒的主要根源。

杜绝燃气管道漏气是一项细致的系统工程,涉及设计、制造、安装、检验、运行维护和检修等各个环节。各个环节都必须严格遵循国家有关的标准化规定,认真、细致地对待压力管道的安全问题。

1.2
城镇燃气气质要求

1.2.1　气源选择及混气

作为最为清洁的一次能源,天然气日益受到重视。随着天然气需求量的不断增加,国内许多地区出现了多气源供应的局面。如上海,目前已有西气东输、东海天然气、进口 LNG、四川普光气田气四种气源;到 2020 年,广东省天然气管网也将出现海上天然气、陆地天然气、进口 LNG 三大种类九大气源联供的局面;目前北京市天然气气源主要有陕甘宁气、土气、西气东输气,未来可能还要引入 LNG 等。

多气源天然气可显著改善供应的可靠性,但由此带来了互换性和燃具的适应性问题。为解决这个问题,最为可靠的方法就是进行实验。

相关国家标准中对于燃气配制问题已有一些要求。《城镇燃气分类和基本特征》（GB/T 13611—2006）中规定：配制试验气的华白数与给定值的误差应在±2%规定范围内；《家用燃气快速热水器》（GB 6932—2001）规定：在试验过程中燃气的华白数变化范围应在±2%之内；《家用燃气灶具》（GB 16410—2007）规定：试验过程中燃气低热值华白数变化范围同应在±2%之内。GB/T 13611—2006 明确规定了用以配制燃气的各单一气体纯度：N_2 不低于 99%，H_2 不低于 99%，CH_4 不低于 95%，C_3H_6 不低于 95%，C_3H_8 不低于 95%，C_4H_{10} 不低于 95%；并且当甲烷、丙烯、丙烷和丁烷供应有困难时，可根据情况分别用天然气或液化石油气代替，但配制试验气的华白数 W 与给定值的误差应在±2%规定的范围内。

对于多气源天然气的互换性和燃具适应性研究，可考虑传统的三组分配气法和原组分配气法。前者仅保证配制气与目标的华白数和燃烧势相同，后者可保证各单一组分、燃烧势、华白数均一致，但对单一气体的纯度要求较高。

1）三组分配气

常规的三组分配气法，即用 CH_4，H_2，N_2 或 C_3H_8，H_2，N_2 两组原料气进行配气。碳氢化合物热值和密度都较大、燃烧势较小；H_2 热值和比重较小、燃烧势较大；掺混惰性气体 N_2 可调整华白数和燃烧势。利用这 3 种气体，基本上可配制出与目标气华白数和燃烧势相同的任何燃气。在实际应用中，有的配制气虽然与目标气华白数和燃烧势相同，但燃烧特性却有较大的差异。

配气计算公式如下：

$$\begin{cases} W_0 = \dfrac{H_{C_mH_n}C_mH_n + H_{H_2}H_2}{\sqrt{d_{C_mH_n}C_mH_n + d_{H_2}H_2 + d_{N_2}N_2}} \\[3mm] CP_0 = \dfrac{10H_2 + kC_mH_n}{\sqrt{d_{C_mH_n}C_mH_n + d_{H_2}H_2 + d_{N_2}N_2}} \\[3mm] C_mH_n + H_2 + N_2 = 1 \end{cases}$$

式中 CP_0，W_0——目标气的华白数，MJ/m^3，以及燃烧势；

         C_mH_n，H_2，N_2——碳氢化合物、氢气、氮气体积分数；

         $H_{C_mH_n}$，H_{H_2}——碳氢化合物、氢气的高热值，MJ/m^3；

         $d_{C_mH_n}$，d_{H_2}，d_{N_2}——碳氢化合物、氢气、氮气的相对密度。

当 C_mH_n 为甲烷时，$k = 0.3$；当 C_mH_n 为丙烷时，$k = 0.6$；

研究资料显示，用 C_3H_8、H_2、N_2 三组分配制天然气，黄焰指数偏差太大，配制气与目标气的试验结果有较大的偏差。在这种情况下，怎样判断配制气与目标气是否完全互换是一个必须回答的问题。在此,可考虑使用 AGA 指数法和 Weaver 指数法来判断配制气与目标气之间的互换性。

2)纯组分配气

可考虑纯组分配气以保证配制气与目标气的华白数、燃烧势以及各单一组分均完全一致。此时,配气成本将大大增加,且常温下呈液态的重烃气体也很难配入。

3)管道天然气结合纯组分的配气方法

简单的三组分配气,不能保证配制气与目标气的燃烧特性完全一致;采用纯组分配气又使得大量实验时的成本很高。在进行天然气互换性研究时,可采用已有管道天然气结合纯组分的方法,在保证配制气与目标燃烧特性基本相同的前提下,尽可能降低实验用纯组分的成本。管道天然气作为配气用原料气,使用前必须测定其组分含量。

由于使用了管道天然气,配制气和目标气的组分往往不会完全一致。此时可用色谱分析仪的精密度来确定每一组分的允许偏差值,并用 AGA 指数法和 Weaver 指数法来判断配制气是否可在燃烧特性上完全替代目标气。当配制气中的某种组分与目标气中该组分的偏差在气相色谱仪的精度以内,即认为这种组分是一样的。

1.2.2　气质要求

1)天然气

依据国家标准,天然气作为城市气源,必须符合一定的质量标准,见表 1.2。

表 1.2　天然气的质量标准

项　目	一类	二类	三类	试验方法
高热值(MJ/m³)		>31.4		GB/T 11062
总硫(mg/m³)	≤100	≤200	≤460	GB/T 11061
硫化氢(mg/m³)	≤6	≤20	≤460	GB/T 11060.1
二氧化碳(%)		≤3.0		GB/T 11060
水露点(℃)		在天然气交接点的压力和温度条件下, 天然气的水露点应比环境温度低 5 ℃		GB/T 17283

注:气体体积是在标准状态 101325 Pa,20 ℃ 条件下测得;取样方法按 GB/T 1360。

城镇燃气规范国标 2006 版规定,城镇燃气质量指标符合以下要求:

(1)天然气发热量、总硫和硫化氢含量、水露点指标应符合现行国家标准《天然气》(GB 17820)的一类气或二类气的规定;

(2)在天然气交接点的压力和温度条件下,烃露点应比最低环境温度低 5 ℃;天然气中不应有固态、液态或胶状物质。

压缩天然气 CNG、液化天然气 LNG 也是天然气的一种,两者是天然气不同的存在状态,热值高于气态天然气、硫含量低于气态天然气。压缩天然气的质量指标应符合现行国家标准《车用压缩天然气》(GB 18047)的规定。液化天然气的质量指标应符合现行国家标准《液化天然气的一般特性》(GB/T 19204)的规定。

2)人工燃气

作为城市气源的人工煤气,其质量指标应符合现行国家标准《人工煤气》(GB 13612)的规定,见表1.3。

表1.3　人工燃气的质量标准

项　目		杂质限量	试验方法
低热值(MJ/m³)	一类气	>14	GB/T 12206
	二类气	>10	
焦油和灰尘(mg/m³)		<10	GB/T 12208
硫化氢(mg/m³)		<20	GB/T 12211
氨(mg/m³)		<50	GB/T 12210
萘(mg/m³)		<50×10²/P(冬季) <100×10²/P(夏季)	GB/T 12209.1
含氧量(体积%)	一类气	<2	GB/T 10410.1 或化学分析法
	二类气	<1	
一氧化碳(体积%)		<10	GB/T 10410.1 或化学分析法

注:①本表中气体体积(m³)的标准参比条件是 101325 Pa,15 ℃;

②P 为管网输气点绝对压力(Pa);

③一类气为煤干馏气;二类气为煤制气化气、油气化气(包括液化石油气和天然气改制);

④对二类气或掺有二类气的一类气,其一氧化碳含量应小于 20%(体积分数)。

3）液化石油气

作为城市气源的液化石油气必须符合一定的质量标准,见表1.4。

表1.4 液化石油气的质量标准

项　目	质量标准	试验方法
密度(15℃)(kg/m³)	报告	SH/T 0221
蒸气压(37.8℃)(kPa)	≤1380	GB/T 6602
C5 及 C5 以上组分含量(%)(V/V)	≤3.0	SH/T 0230
残留物蒸发残留物(mL/100 mL)油渍观察	≤0.05 通过	SY/T 7509
铜片腐蚀(级)	≤1	SH/T 0232
总硫含量(mg/m³)	≤343	SH/T 0222
游离水	无	目测

液化石油气质量指标应符合现行国家标准《油气田液化石油气》(GB 9052.1)或《液化石油气》(GB 11174)的规定;当液化石油气与空气的混合气做主气源时,液化石油气的体积分数应高于其爆炸上限的 2 倍,且混合气的露点温度应低于管道外壁温度 5 ℃。

1.2.3　燃气加臭

燃气安全供应和使用对国民经济及人民生活有着十分重要的影响。燃气是一种易燃易爆的气体,达到爆炸极限后极易发生爆炸事故;人工煤气还有一定的毒性,易造成人员中毒事件。而天然气本身无色无味,若不加臭在输送或使用过程中,一旦泄漏很难被发现且易发生安全事故。燃气中加入示警作用的臭味剂后,即使有微量的泄漏也可以明显判断漏气,找出漏点,及时消除安全隐患。

《城镇燃气加臭技术规程》(CJJT 148—2010)中规定:

1）加臭剂质量和加臭量

国内城镇燃气行业一般采用四氢噻吩作为燃气加臭剂,四氢噻吩本身含有硫成分,燃烧后易生成硫化物而形成酸雨,目前欧洲一些国家譬如德国开始着手研究无硫加臭剂,其味道和四氢噻吩一样具有臭鸡蛋的味道。

加臭剂应具有以下特点、性质:

①加臭剂的气味应明显区别于日常环境中的其他气味,且气味消失缓慢;

②加臭剂浊点应低于−30 ℃;

③在燃气管道系统中的温度及压力条件下,加臭剂不应冷凝;

④加臭剂溶解于水的程度不应大于2%(质量分数);

⑤在有效期内,常温常压条件下储存的加臭剂应不分解、不变质;

⑥在管道输送的温度和压力条件下,加臭剂不应与燃气发生任何化学反应,也不应促成反应;

⑦加臭剂燃烧后不应产生固体沉淀;

⑧加臭剂及其燃烧产物不应对人体有毒害,且不应对与其接触的材料和输配系统有腐蚀或损害;

⑨加臭剂应具有在空气中能察觉的含量指标。

当城镇燃气自身气味不能使人有效察觉和明显区别于日常环境中的其他气味时,应进行补充加臭。

城镇燃气加臭剂的添加必须通过加臭装置进行,燃气中加臭剂的最小量应符合下列规定:

①无毒无味燃气泄漏到空气中,达到爆炸下限的20%时应能察觉。

②有毒无味燃气泄漏到空气中,达到对人体允许的有害浓度时,应能察觉;对于含有CO的燃气,空气中CO含量达到0.02%(体积分数)时,应能察觉。

2)加臭量的检测

应定期对城镇燃气管道内的加臭剂浓度进行检测,并应做好记录。加臭剂浓度检测点应根据管网和用户情况确定,并宜靠近用户端。应保证用户端加臭剂最小检测值符合本规程第3.1.4条的规定。加臭量的检测应采用仪器检测法。检测仪器可采用气相色谱分析仪和加臭剂检测仪。

3)加臭剂的更换

加臭剂更换的准备工作应符合下列规定:

①燃气供应单位应在更换加臭剂前对本单位的人员进行培训。

②在更换加臭剂前至少48 h,燃气供应单位应以公告等形式将更换时间和区域提前通知燃气用户;同时,应将更换后的加臭剂气味特点告知用户。

更换加臭剂前,应对加臭装置进行清洗和检修,必要时应进行改造。更换加臭剂前,所有与液态加臭剂接触的加臭装置密封件必须更换,并应能适应新加臭剂的性能要求。在更换加臭剂阶段,新旧两种加臭剂不得发生反应,不得互相抵消臭味。

1.3

城镇燃气输配系统

城市燃气输配系统是一个综合设施,主要由燃气输配管网、储配站、计量调压站、运行操作和控制设施等组成。

1.3.1 燃气管道的分类

燃气管道是城市燃气输配系统的主要组成部分,燃气管道主要根据燃气输送压力、用途和敷设方式进行分类。

1) 按输气设计(输送)压力分类

高压燃气管道	A	2.5 MPa<P≤4.0 MPa
	B	1.6 MPa<P≤2.5 MPa
次高压燃气管道	A	0.8 MPa<P≤1.6 MPa
	B	0.4 MPa<P≤0.8 MPa
中压燃气管道	A	0.2 MPa<P≤0.4 MPa
	B	0.01 MPa≤P≤0.2 MPa
低压燃气管道		P<0.01 MPa

2) 按用途分类

长距离输气管道,一般用于天然气长距离输送。城镇燃气管道,按不同用途分为以下三类:

①城镇输气干管。

②配气管,与输气干管连接,将燃气送给用户的管道。如街区配气管与住宅庭院内的管道。

③室内燃气管道,将燃气引入室内分配给各燃具。

3) 按敷设方式分类

城镇燃气管道敷设方式有地下燃气管道和架空燃气管道两种。为了安全运行,一般情况下均为埋地敷设,不允许架空敷设;当建筑物间距过小或地下管线和构筑物密集、燃气管道埋地困难时才允许架空敷设。工厂厂区内的燃气管道常采用架空敷设,其主要目的是便于管理和维修,并减少燃气泄漏的危害性。

1.3.2　燃气管网系统

城市燃气管网是由燃气管道及其设备组成。按照低压、中压、次高压和高压等各类压力级别管道不同组合,城市燃气管网系统的压力级制可分为:

一级制系统:仅由低压或中压一种压力级别的管网构成的燃气分配和供给的管网系统。

二级制系统:以中—低压或次高压—低压两种压力级别的管网组成的管网系统。

三级制系统:以低压、中压和次高压或高压三种压力级别组成的管网系统。

多级制系统:以低压、中压、次高压和高压等多种压力级别组成的管网系统。

1)低压供应方式和低压一级制系统

低压气源以低压一级管网系统供给燃气的输配方式,一般适用于小城镇。

根据低压气源(燃气制造厂和储配站)压力的大小和城镇规模的大小,低压供应方式分为利用低压储气柜的压力进行供应和由低压压送机供应两种方式。低压供应原则上应充分利用储气柜的压力,只有当储气柜的压力不足,以致低压管道的管径过大而不合理时,才采用低压压送机供应。

低压湿式储气柜的储气压力取决于储气柜的构造及其质量,并随钟罩和钢塔的升起层数而变化,下列数据可供参考:

湿式储气柜的升起层数	储气压力(Pa)
1	1100 ~ 1300
2	1700 ~ 2100
3	2500 ~ 2900
4	3100 ~ 3400
5	3600 ~ 3800

低压干式储气柜的储气压力主要与其活塞的质量有关,储气压力是固定的,一般为2000 ~ 3000 Pa。为了适当提高储气柜的供气压力,可在湿式储气柜的钟罩上或干式储气柜的活塞上加适量重块。低压供应方式和低压一级制管网系统的特点是:

①输配管网为单一的低压管网,系统简单,维护管理容易。

②无需压送费用或只需少量的压送费用,当停电时或压送机发生故障时,基本不妨

碍供气,供气可靠性好。

③对供应区域大或燃气供应量多的城镇,需敷设较大管径的管道而不经济。

2)中压供应方式和中一低压两级制管网系统

中压燃气管道经中一低压调压站调至低压,再由低压管网向用户供气;或由低压气源厂和储气柜供应的燃气经压送机加至中压,由中压管网输气,再通过区域调压器调至低压,由低压管道向用户供气。在系统中设置储配站以调节用气不均匀性。

中压供气和中一低压两级制管网系统的特点是:

①因输气压力高于低压供应,输气能力较大,可用较小管径的管道输送较多数量的燃气,以减少管网的投资费用。

②只要合理设置中一低压调压器,就能维持比较稳定的供气压力。

③输配管网系统有中压和低压两种压力级别,而且设有调压器(有时包括压送机),因而维护管理较复杂,运行费用较高。

④由于压送机转动需要动力,一旦停电或其他事故,将会影响正常供气。

⑤因此,中压供应及二级制管网系统适用于供应区域较大、供气量较大、采用低压供应方式不经济的中型城镇。

3)次高压(高压)供应和高(次高压)一中一低压三级制管网系统

①高压(次高压)管道的输送能力较中压管道更大,需用管道的管径更小,如果有高压气源,管网系统的投资和运行费用均较经济。

②因采用管道或高压储气柜(罐)储气,可保证在短期停电等事故时供应燃气。

③因三级制管网系统配置了多级管道和调压器,增加了系统运行维护的难度。如无高压气源,还需要设置高压压送机,压送费用高,维护管理较复杂。

因此,高压供气方式及三级制管网系统适用于供应范围大、供气量大,并需要较远距离输送燃气的场合,可节省管网系统的建设费用,用于天然气或高压制气等高压气源更为经济。

此外,根据城市条件、工业用户的需要和供应情况的不同,还有多种燃气的供应方式和管网压力级制。例如:中压供应及中压一级制管网系统、高压(次高压)供应及高(次高压)一中压两级制、高(次高压)一低压两级制管网系统或者它们并存形成多级制供应系统。

1.3.3 城市天然气门站和储配站

城市燃气门站(见图1.2)是设在长距离输气管线与城市燃气输配系统交接处的燃气调压计量设施,简称城市门站。来自长距离输气管线的燃气,先经过滤器清除其中机械杂质,然后通过调压器、流量计进入城市燃气输配系统。如燃气需要加臭(使燃气具有明显气味,以便漏气时易于察觉),则调压、计量后要经过加臭装置。当燃气进站或出站压力超过规定压力时,安全装置自动启动。站内发生故障时,可通过越站旁通管供气。

图 1.2　中石油昆仑燃气酒泉门站

城市燃气输配系统是储存和分配燃气的供应系统,其主要任务是根据燃气调度中心的指令,使燃气输配管网达到所需压力和保持供气与用气之间的平衡。

燃气储配站站址的选择要考虑工艺、动力、给排水、土建安装、防火防爆、环境保护等方面的要求及其对投资和运行费用的影响,并和城市总体规划相协调。燃气储配站的工艺布置应保证工作可靠、安全生产和便于运行管理。各建筑物和构筑物之间应满足安全防火距离的要求,应设环绕全站的消防道路,压送、调压等生产车间的用电设备应考虑防火防爆要求,站内燃气管道宜连成环状并设有检修和事故时使用的越站旁通管道。

储备站可以设在城区,但城区的地价较贵,储备站系高压、易燃危险品,距周边建筑安全距离较远,占地面积过大,所以大多燃气公司选择将储备站建在市郊。

1)储气罐之间的防火间距

储气罐或罐区之间的防火间距,应符合以下要求:

①湿式储气罐之间、干式储气罐之间、湿式储气罐与干式储气罐之间的防火间距,不应小于相邻大罐的半径。

②固定容积储气罐之间的防火间距,不应小于相邻在罐直径的2/3。

③固定容积储气罐与低压湿或干式储气罐之间的防火间距,不应小于相邻较大罐的半径。

④数个固定容积储气罐的总容积大于 200000 m^3 时,应分组布置。组与组之间的防火间距:卧式储罐,不应小于相邻较大储气罐长度的一半;球形储罐,不应小于相邻大罐的直径,且不应小于 20.0 m。

⑤储气罐与液化石油气罐之间防火间距应符合现行的国家标准《建筑设计防火规范》(GB 50016)的有关规定。

2)门站和储配站的总平面布置

①总平面应分区布置,即分为生产区(包括储罐区、调压计量区、加压区等)和辅助区。

②站内的各建构筑物之间以及站外建筑物的耐火等级不应低于现行国家标准《建筑设计防火规范》(GB 50016)的有关规定。站内建筑物的耐火等级不应低于现行的国家标准《建筑设计防火规范》(GB 50016)"二级"的规定。

③站内露天工艺装置区边缘距明火或散发火花地点不应小于20 m,距办公、生活建筑不应小于18 m,距围墙不应小于10 m。与站内生产建筑的间距按工艺要求确定。

④储配站生产区应设置环形消防车通道,消防车通道宽度不应小于3.5 m。

⑤当燃气无臭味或臭味不足时,门站或储配站内应设置加臭装置。

3)门站和储配站的工艺设计

①功能应满足输配系统输气调峰的要求。

②站内应根据输配系统调度要求分组设置计量和调压装置,装置前应设过滤器;门站进站总管上宜设置分离器。

③调压装置应根据燃气流量、压力降等工艺条件确定设置加热装置。

④站内计量调压装置和加压设置应根据工作环境要求露天或在厂房内布置,在寒冷或风沙地区宜采用全封闭式厂房。

⑤进出站管线应设置切断阀门和绝缘法兰。

⑥储配站内进罐管线上宜控制进罐压力和流量的调节装置。

⑦当长输管道采用清管工艺时,其清管器的接收装置宜设置在门站内。

⑧站内管道上应根据系统要求设置安全保护及放散装置。

⑨站内设备、仪表、管道等安装的水平间距和标高均应便于观察、操作和维修。

⑩站内宜设置自动化控制系统,并宜作为输配系统的数据采集监控系统的远端站。

4)站内燃气计量及气质检验

①站内设置的计量仪表应符合国标的规定。

②宜设置测定燃气组分、发热量、密度、湿度和各项有害杂质的仪表。

1.4

燃气事故及危害

　　城镇燃气的迅速发展,为社会生产、居民生活提供了优质能源,不仅提高了社会生产水平、方便了居民生活,而且还降低了环境污染,改善了城市环境质量。但是,由于燃气具有的易燃、易爆且有一定毒性的特点,一旦发生事故很可能造成人员伤亡,并造成财产损失。

　　城镇燃气的高速发展,使城镇燃气安全问题越来越突出。随着燃气的生产、储运、运输和使用的量越来越大,范围越来越广,在城镇燃气系统中发生的泄漏、火灾与爆炸等事故的数量和等级也在不断上升。

　　这些事故对人的生命与财产造成了极大的损失,给社会的公共安全与稳定带来了极大的危害,严重影响了城镇燃气的进一步发展。如何对城镇燃气进行有效的安全管理,从而有效的预防、遏制燃气事故的发生,已经成为城镇发展面临的重大课题。

1.4.1　危害原因

　　任何事物都具有两面性:城镇燃气作为一种优质能源,当它在我们的掌控之中时,可以给城镇居民的生产和生活提供方便;但是,当系统出现异常时,就会带来一定的危险与危害。

　　城镇燃气是具有易燃、易爆及有一定毒性的物质,其危害主要是燃爆危害和健康危害两大类。

　　在燃气的生产、储运、运输过程中,工艺的连续性强、自动化程度高、技术复杂、设备种类繁多,发生具有严重破坏性的泄漏、火灾爆炸等重大事故,迫使生产系统暂时或较长期地中断运行,对人身安全威胁或造成人员伤亡、财产损失。

1) 燃气的易燃易爆性及毒性

　　燃气的易燃易爆性及毒性使得燃气一旦泄漏,就可能在泄漏点附近遇空气混合,形成爆炸性气体。当遇到明火、高温、电磁辐射、无线电及微波等,都可能引发着火爆炸。

　　城镇燃气(不含人工煤气)在进入城镇前,都要经过净化处理,必须达到规范要求才能进入城镇燃气输配系统。因此,城镇燃气(不含人工煤气)的毒性属低等,但浓度大时依然会使人窒息或中毒。而人工煤气含有无色、无味、剧毒的 CO,尽管在城镇燃气质量要求中限制了 CO 的含量,量大泄漏时,中毒后果会比较严重,甚至造成人 CO 中毒死亡。

2) 燃气的扩散性

城镇燃气泄漏时会扩散;在压力较高时,燃气将高速喷射出并迅速扩散。若泄漏的燃气没有遇到火源,则随着燃气扩散,浓度降低,危险性下降;但如果被引燃,则会发生火灾、爆炸事故。

液化石油气发生泄漏时,会贴近地面扩散,不易挥发,极易被地面火源引燃。大量液态液化石油气泄漏时,在液化石油气急剧气化过程中还会迅速吸收周围热量,局部形成低温状态,可能造成人员冻伤或设备、阀门关闭失灵。

3) 城镇燃气系统复杂性

城镇燃气系统属城镇基础设施,系统庞大、复杂,系统中的设备、设施种类多、数量大,建设年限存在差异,需要系统化的管理才能确保其完整性、安全性。

我国城镇燃气在发展早期,管道输配系统大多为中、低压管道枝状输配系统。近几年来,随着天然气供应量的增加,城镇燃气的输配系统已经由中、低压管网发展到高、次高、中、低压多级环网,增强了安全供气的可靠性。由于燃气种类的变化、管材设备的变化,使燃气管道的设计、施工及安装技术发生了很大变化,安全技术要求也日益提高。

目前,许多城市和地区的燃气系统中,管道、设备的建设时间相差很多,这也给安全管理带来了不便。

4) 烟气危害

燃起完全燃烧后生产 CO_2 和水,因为烟气温度高,水会以水蒸气的形式随烟气一起排出;燃气不完全燃烧时,烟气中就会含有燃气的成分、CO 等。当烟气不能顺利派出,在狭小的空间聚集时也会使人窒息,甚至死亡。大部分燃气热水器中毒、死亡事故都是由于热水器燃烧时消耗了室内空气、燃烧后的烟气又聚集在室内,缺氧、中毒共同作用的结果。

5) 职业危害

燃气属于低毒性气体,一般情况下不会造成对从业人员的职业危害。但在燃气生产、储存及液化石油气灌装等场所,还是应根据燃气浓度检测情况,注意对从业人员的劳动保护。工作区域一氧化碳含量及允许工作时间如表 1.5 所示。

表 1.5　工作区域一氧化碳含量及允许工作时间

工作区域中 CO 浓度	允许工作时间
CO 含量≤30 mg/m³（24×10⁻⁶）	可较长时间工作
CO 含量≤50 mg/m³（10×10⁻⁶）	连续工作时间不得超过 1 h
CO 含量≤100 mg/m³（80×10⁻⁶）	连续工作时间不得超过 30 min
CO 含量≤200 mg/m³（160×10⁻⁶）	连续工作时间不得超过 15～20 min

1.4.2　城镇燃气事故的特点

燃气事故遵循一般事故发生的规律，也是由于人的不安全行为（包括违章违纪、失误和无知），物的不安全状态（设备工具缺陷、损坏），环境不良（通风不良、作业空间狭小等）所造成。

城镇燃气事故的特点主要有以下几个方面：

（1）普遍性

城镇燃气管道及设施布置范围广，任何有燃气管道或设施的地方都可能发生事故。

某些行业的事故多发生在生产场所，比如矿山、危险化学品生产等，但城镇燃气事故没有这一特点。不论在生产、生活场所，只要有燃气设施的地方，都是可能的事故点。

（2）突发性

城镇燃气事故一般都具有突发性，往往是在人们毫无察觉时就发生了燃气的泄漏，就可能引起火灾或爆炸。设备及管道损坏，包括外力破坏，一般都在没有先兆的情况下发生。

（3）不可预见性

有些事故是可以根据环境等因素做出预测的。例如，在恶劣的天气里，航空及公路交通事故可能会较多发生。但城镇燃气事故一般与气候等原因无关，任何季节、任何天气情况下，都有可能发生。

（4）影响范围大

燃气事故一旦发生，影响范围就比较大，不但影响生产、输送、使用场所，周围的一定区域都会受到事故影响。

（5）后果严重

一般燃气事故都会造成人员伤亡和财产损失，有些事故后果还比较严重。

（6）既可形成主灾害、也可成为其他灾害的次生灾害

燃气事故本身可以形成主灾害；在地震、山体滑坡、地层变化、洪水等情况下，燃气设施的破坏可能会引起二次破坏。

1.4.3　我国燃气事故发生的主要原因

目前,在我国,引起燃气安全事故的主要原因多种多样,主要有以下几种情况。

1)机械或其他外部影响

由于城市化进程的影响,很多地区都在大力开展基础设施建设,挖掘作业随处可见,施工者的违章操作或在未了解地下燃气管网设施铺设情况下盲目施工,常常导致地下燃气管道被挖断,燃气设施被破坏。这种外部的影响往往造成燃气大量泄漏,抢修困难,影响范围大,下游燃气用户从而无法正常使用燃气,特别是对工业用户,可能造成很大的经济损失。对一些特别的用户,如外国使领馆、国际政治会议(或活动)地点还可能造成不良的政治影响。在冬季,如下游有供热厂、供热锅炉房等用户,还可能因不能正常供暖影响社会稳定。

【案例】北京玉泉营燃气管道被施工破坏事故

事故基本情况:

2006 年 6 月 9 日凌晨 2∶40 分左右,在北京市丰台区玉泉营南三环路北侧辅路旁,某汽车销售有限公司在自己公司院内安装广告牌,使用破碎爆破破坏地面时,将从该公司院内穿过的一条地下中压 DN500 燃气管道打破,造成燃气大量泄漏。经应急抢险队伍紧急处理,于当日中午约 12 时修复。此次事故导致南三环路北侧主、辅路封闭近 6 h。

图 1.3　北京丰台施工破坏抢修抢险图

事故分析：

此次事故地点位于北京市丰台区玉泉营南三环路北侧辅路旁，某汽车销售有限公司院内。该公司在进行广告牌安装施工前，并没有对地下敷设有哪些地下管道、设施进行调查，只是随便委托了一个施工单位，准备在公司正常营业结束后，利用一个晚上的时间将广告牌安装在公司院内。安装广告牌的施工作业量小、工期短，只需要不到一夜的时间就能完成，又是在正常营业后的晚上开始施工，事先也没有任何施工迹象，致使燃气管道管理单位的巡视人员无法及时发现制止，这些因素综合在一起，就造成了此次事故的发生。

在此次事故中，燃气管道破损严重，漏气处约为一直径 15 cm 的圆洞，但由于应急抢险队伍抢险及时，采取的应急处理措施合理有效，没有对事故管道供气范围内的居民用气造成影响，仅对事故地点周边的交通产生了影响。

2）地下移动、地质沉降引起管道破损

自然灾害也会是燃气管道发生断裂、毁损，引起事故。我国是地质灾害与地震等自然灾害多发的国家。城市建设也会诱发地质灾害，北京、上海、杭州等多个城市都发生过因地铁施工造成地基塌陷，燃气、给排水、热力等市政管道断裂的事故。且随着我国经济发展、城市发展、天然气已经初步形成了全国性的管网系统；由于天然气需求量的持续增长，我国还建成了从中亚购买、输送天然气的国际管道。如此大范围、长距离的天然气管网系统，自然环境的影响必须得到高度的重视。

【案例】杭州燃气严重泄漏事故

事故经过：

2006 年 11 月 27 日，杭州西湖大道与延安南路交叉口，一根直径 400 mm 的燃气管道出现裂缝，大量燃气发生泄漏。杭州燃气集团有限公司有关负责人说，这是近几年来杭州主城区发生的最严重的燃气泄漏事故之一。

事故原因：

泄漏的原因据杭州燃气集团有限公司分析，可能是这一带过往车辆多，路面负荷重，造成了路面沉降。而这根中压管是根铸铁的老管子，路面沉降后容易开裂。

据杭州燃气集团有限公司介绍，当时杭州共有中压燃气管道和低压燃气管道 2070 km，大部分已从灰口铸铁管更换成钢管。灰口铸铁管不易被腐蚀，但材质比较脆，受压后容易断裂，而钢管管材柔韧性比较好，受压后不易破裂。因此，从 2004 年开始，杭州燃气集团逐渐对燃气管道进行"大换血"。

既然铸铁管易裂，则必须埋在路边，一旦埋在中央路面下，就很容易被压裂。从杭

图 1.4　杭州燃气泄漏抢修现场

州最近几年的泄漏事故看,很多地点位于道路交叉口,这是由于城市道路发展过快造成的:随着城市发展,杭州每年总要改造几条道路。道路拓宽,非机动车道变成机动车道,于是,原先铺设在慢车道、人行道下的燃气管道就位于机动车道下了。随着每天的车轮碾压,道路不堪重负而变形或不均匀沉降,燃气管道就容易被压破。

正是因为这个原因,这几年,出现事故的管道大多在十字路口、车流量大的主要道路。同样的燃气事故不仅在杭州,在北京等城市发展较快的大城市都有发生。

3)管道及燃气设施的缺陷

在管道设施建设中,不合格的产品、设计及施工都可能留下安全隐患;管道腐蚀、燃气设施设计缺陷、燃气用具缺乏熄火保护装置等,都是引发事故的原因。应该通过审查、验收、检测等手段,消除缺陷,防止事故的发生。

【案例】回龙观中压 DN400 燃气管道焊口开裂漏气事件

事件经过:

2006 年 2 月 3 日下午 16:50,某燃气公司接到报警信息:北京市朝阳区回龙观三合商厦北石油科研院北门口有燃气味儿。该公司立即调应急抢险队伍到现场进行处理。抢修人员到达现场后,经过检测确认为燃气泄漏,将地下燃气管道挖出后确认为中压DN400 燃气管道焊口开裂造成漏气,随后修复。

事件分析:

经调查燃气管道竣工资料,发生漏气的燃气管道通气投入使用尚不足一年,结合现场对管道焊口的检查,判断为管道前期施工中施工质量存在缺陷是造成焊口开裂的主要原因。

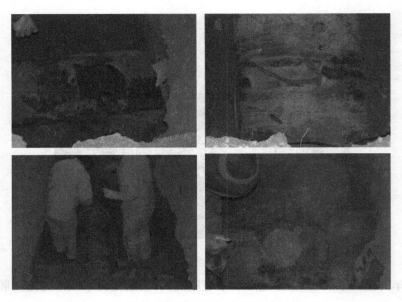

图 1.5　北京回龙观燃气泄漏现场

4) 蓄意行为

在城镇燃气事故中,有些是人们的蓄意行为造成的,属故意制造燃气事故。

【案例】地质仪器厂地下一层燃气管道着火事故

事故经过:

2004 年 10 月 12 日下午,北京市朝阳区地质仪器厂出租商铺地下室内的户内燃气管道,在被不名来历人员非法拆除过程中,发生燃气泄漏并引发大火。16:30 左右,燃气公司应急抢险队伍接到报警,立即赶到现场,与公安、消防等部门共同配合,降压灭火后,将事故建筑外低压燃气管线切断。

事故分析:

此次事故是由于燃气使用单位在单位进行施工期间,对施工现场和燃气设施疏于管理,致使外来人员混入,盗拆燃气管道设施,引发燃气爆燃、着火。

5) 错误操作及使用不当

一般用户对燃气缺乏了解,也是造成事故多发的原因之一。安全意识的淡薄、安全知识的匮乏,使得一些人在使用燃气设备时非常随意。燃气设备使用中无监管,发生熄火、漏气时不能及时发现;长期不使用燃气时,也不采取任何关闭措施等。

6）管道及设备的安装问题

在城镇燃气规范中对燃气管道设施的布置、安装都有明确的要求。但仍然有很多人不重视、不在意、心存侥幸，自行改动及包覆燃气管道，将燃气设备安装在不允许安装的地方（如将燃气热水器安装在卫生间），不注意燃气的烟气排放问题等。在有些情况下，可能短时间内确实没有发生事故，但不意味着不会发生事故，而一旦发生事故，后果就会比较严重。

【案例】北京市朝阳区光辉南里"热水器中毒"事故

事故经过：

2008年4月24日上午9点多，10名女青年被发现倒在北京市朝阳区光辉南里小区一民宅内，其中6人在现场即被确认死亡。其余4人被送到医院后，3人经抢救无效身亡，仅1人脱离生命危险。

经有关部门调查，这些女青年均为北京某房地产经纪有限公司员工，所住房屋由公司租赁。当日上午，这10名女青年均未按时到岗上班。9点左右，公司分别给这10个人打电话询问情况，结果均无人接听，"这才意识到可能是出事了"。负责人立即派员工到她们的集体宿舍寻找她们。一名员工来到10名女青年的集体宿舍后，敲了半天门却听不到里面有反应。随后，这名员工设法将门打开，发现10名女青年躺在各自铺位上，面色发青、意识全无，有的人身体已冰冷僵硬。这名员工立即报警，并从楼下找了几名住户及民工，将众女青年抬到外面。10名女青年被集中抬放到楼下不久，民警、消防人员及120急救人员相继赶到。经急救人员初步确认，10名女青年系一氧化碳中毒，其中6人已经死亡。另外4人尚有生命体征，被急救人员送往朝阳医院救治。医护人员对被送来的4名女青年进行紧急救治，其中3人经抢救无效身亡，仅一名女青年脱离生命危险。

事故分析：

事故发生后，公安、安监、卫生、燃气公司等多个相关部门有关人员赶到现场，进行调查处置。据调查，发生事故的民宅内热水器为强排式燃气热水器。这种热水器与室内天然气管道和自来水管道相连接，通过燃烧天然气来加热淋浴用水，其内部安有排气扇，能把天然气燃烧后产生的一氧化碳等有害气体通过排烟道强制排放到室外。而该民宅室内并无排烟道，无法将燃气热水器产生的一氧化碳及时排放到室外。据此调查人员判断，这起事故的原因是：多人在相继洗澡过程中，较长时间使用室内燃气热水器，导致一氧化碳聚集，形成中毒。

7）管理部门疏于检查、监管及培训

管理部门（燃气企业）负有安全检查、管理的责任，对员工负有教育、培训的义务。

如果监管、教育不到位,就可能留下事故隐患。同其他行业一样,管理部门及企业领导对员工的管理相对还是容易实现的,但对于燃气用户的管理就比较困难了:首先缺乏法律、法规的支持;其次,不具有处罚和强制执行的权力;涉及范围广,不能时时进行监管。当然,也有主观上疏于监管造成事故的。

【案例】四川泸州5.29天然气爆炸事故

事故经过:

2004年5月29日傍晚7:45,四川省泸州市纳溪区丙灵路的居民突然听到了一声巨响,紧接着滚滚烟尘笼罩了四周。巨响之后,丙灵路15号居民楼下一片狼藉,一楼的11个店铺被毁,半地下室的10个房间被炸得支离破碎,房间内的家具全被冲到了楼后面的河里。在场的居民有人被炸飞到十几米外,有人被重物砸伤。顿时哭声、喊声弥漫在爆炸后的烟尘之中。

在爆炸发生的当天,泸州市纳溪区政府就成立了事故调查组。经过调查发现,15号居民楼附近的天然气管道上有一个直径为2 cm的泄漏点。气体泄漏之后,聚集在楼体的缝隙当中达到一定浓度,遇到火源,产生爆炸。

图1.6　四川省泸州燃气爆炸现场

事故分析:

据调查,在事故发生的9天前,一个名叫童小玲的店铺老板闻到刺鼻的气味,怀疑是天然气泄漏,还去天然气公司反映了情况。可是没想到9天后,就发生了天然气爆炸。天然气公司是如何答复童小玲的,他们有没有采取措施呢?据天然气公司安富管理所所长黄正国(这个天然气管理所距离爆炸地点仅两百米)讲,在爆炸之前自己也不清楚这一情况。事故发生之后,他查找了相关工作记录,才了解了事情的前后经过。在天然气管理所5月20日的值班记录中有这样的记载:居民来反映漏气的情况之后,副所长杜保具曾经带领两个人到现场去了解情况,认定是阴沟发出的臭气并非天然气泄漏。而最让人惊讶的是,副所长在调查中使用的唯一手段是用鼻子闻。

按照正常程序,检测天然气泄漏必须用专业的仪器。但黄所长说5月20当天,因为仪器坏了,所以到达现场的3人只能通过嗅觉和经验来判断,并断定是下水道发出的臭味儿。来反映情况的童小玲放心地回去了。结果被泄漏的气体越积越多,遇到火源就发生了这起爆炸事故。

由此可见,天然气公司管理存在漏洞,业务人员缺乏安全意识和责任意识,玩忽职守,未履行岗位职责,未能及时发现燃气泄漏现象、及时进行处理,是造成燃气泄漏后爆炸的主要原因。

8)其他原因

当然,还有很多原因可能导致燃气事故的发生,都应该引起管理、技术人员的注意。例如,设计不合理,建设、施工质量不合格,质量检验控制问题,运行、操作不规范等都是事故多发的原因。

根据国家规定,目前普遍采用第三方的工程监理制度。通过这种监控以达到控制工程质量的目的。当然,影响质量检验控制的因素有许多,必须加强管理,制订科学、合理的质量监控法规,提高监控技术水平,特别是要研究针对不断出现的新材料、新设备及新的施工技术的质量监控方法。如果没有合适的检验方法或手段来验证具体的质量工作,工程质量就难以得到保证;如果监控、检验内容不能满足标准、规范要求,或者不能符合工程实际需要,则会造成事故隐患。

燃气系统例行的维护、检修操作也是引发事故的潜在原因之一。这其中包括操作人员违反操作规程、误操作,设施存在安全隐患,故障未得到排除等多种因素。这使得一些看似"常规的""正常的"操作成为事故导火索。

【案例】抢险班违章作业煤气中毒事故

事故经过:

1995年3月18日,昆钢煤气车间召开生产调度会,对2万 m^3 气柜的进出管道搭头施工方案作生产任务布置,要求抢险班必须在3月23—24日完成搭头连接配合工作。车间助理工程师提出,3月23日前要把临时管道的盲板抽掉一块,以便为新管搭头用气争取时间。调度会指定抢险班班长马某负责组织施工。

3月20日8时上班后,马某按照调度会的要求,带领抢险班到起压站(阴井)抽取盲板。起压站(阴井)井长3 m,宽1.8 m,深2 m。到达作业点后,马某指挥人员掀开盖板,未佩戴氧气呼吸器就直接下井拆卸煤气管上的法兰盘螺栓。当大部分螺栓卸完,还剩下两三颗时,已有小部分煤气泄漏,此时人们才意识到煤气压力高。马某对站在井口的陶某某说:"你去机房,告诉机房的人降压。"陶某某打不通电话,就直接到车间办公室告诉值班人员说："煤气压力太大,要求二次加压机停机。"办公室值班人员忙打电话通知净化站停机。此时抢险班安全员夏某某也已给净化站打电话通知停机。夏某某返回后告诉抢险班班长马某,净化站正在准备停机。马某没有确认已停机就返回井下作业处,继续拆螺栓。由于螺栓长时间没有动过已锈死,难以拆除,有人提议用千斤顶顶开。马某说:"不用了,用撬棒一撬就开了。"安全员夏某某说:"这地方煤气还是有点大,是不是去拿呼吸器?"此时另一边的螺栓已拆完,马某这边最后一个螺栓只剩几道螺纹,只听"嘣"的一声,螺栓弹飞,盲板上方管道被顶起,煤气"吱吱"地喷出来。马某还想乘势去抽盲板,但是已身不由己,歪歪斜斜往下倒,其他站在井内人员因煤气中毒也纷纷倒下。当煤气车间主任带领其他人员,带着氧气呼吸器将井内中毒人员救上来时,一人已因严重中毒经抢救无效死亡,马某等 3 人重度中毒,经及时送附近职工医院抢救得以生还。车间主任等 7 名抢救人员在抢救中因误吸一氧化碳中毒,也被送进职工医院。

事故分析:

事故发生后,有关部门组成事故调查组对事故进行调查分析,一致确认这是一起严重的违章作业事故。在公司煤气车间制订的安全管理规章制度中明确规定:煤气抢修、检修工作必须减压,携带氧气呼吸器。抢险班在实施抽取盲板工作中,事先未制订安全施工方案,只凭以往快动作抽取盲板得逞的经验代替正规程序,事到临头才想起减压、戴氧气呼吸器,而氧气呼吸器又被锁在工具箱里,平时不做保养,临危之时用不上。十分侥幸的是,在抽取盲板和抢救过程中没有发生火花,避免了煤气燃烧爆炸事故,否则将会造成更大的损失、更为严重的后果。

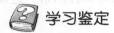 学习鉴定

1. 填空题

(1)城市燃气根据燃气的来源或生产方式可以归纳为_____、人工燃气或_____三大类。

(2)在天然气交接点的压力和温度条件下,烃露点应比最低环境温度低_____℃;天然气中不应有_____、_____或胶状物质。

(3)燃气中加臭剂的最小量应符合下列规定:无毒无味燃气泄漏到空气中,达到爆炸下限的_____时应能察觉。

2. 简答题

(1)什么是天然气?天然气有哪些种类?

(2)城镇燃气事故有哪些特点?

2 燃气安全管理法规

■核心知识

- 安全生产法规概述
- 安全法规的规范性文件
- 安全教育制度
- 安全操作规程

■学习目标

- 了解安全法规的规范性文件
- 熟知安全会议应有内容
- 了解生产安全管理制度
- 了解安全生产主要相关法律法规

2.1
安全生产法规概述

安全法规是保护劳动者在生产过程中的生命安全和身体健康的有关法令、规程、条例规定等法律文件的总称,又称劳动保护法规。安全法规的主要作用是调整社会主义生产过程及商品流通过程中人与人之间、人与自然之间的关系,维护劳动者的权利与义务、生产与安全的辩证关系,以保障劳动者在生产过程中的安全和健康。在预防事故方面安全法规具有法律的指引作用、评价作用、教育作用、预测作用、强制作用。

2.1.1 安全法规的制订依据

我国制定安全法规的主要依据是《中华人民共和国宪法》。宪法是普通法的立法基础和依据,也是安全法规的立法基础和依据。如宪法第四十二条规定"国家通过各种途径,创造劳动就业条件,加强劳动保护,改善劳动条件……";第四十三条规定"中华人民共和国劳动者有休息的权利。国家发展劳动者休息和休养的设施,规定职工的工作时间和休假制度……"。宪法中还强调公民必须遵守劳动纪律,遵守公共秩序,尊重社会公德,这些都是安全生产法规中必须遵循的原则。

安全法规就是根据上述原则,针对预防事故、预防职业危害、劳逸结合、保护劳动者等方面制定的具体的法规和制度,以法律形式保障劳动者的安全健康,促进生产。

2.1.2 安全法规的规范性文件

我国安全法规的规范性文件主要有以下六种:

1)宪法

宪法是国家的根本大法。在我国现行宪法关于国家政治制度和经济制度的规定中,特别是关于公民基本权利和义务的规定中,许多条文直接涉及安全生产和劳动保护问题。这些规定既是安全法规制订的最高法律依据,又是安全法规的一种表现形式。

2)法律

法律是一种公平的规则,它以正义为其存在的基础,以国家的强制力的保证实施为手段。我国与安全生产有关的法律有《中华人民共和国安全生产法》《中华人民共和国职业病防治法》《中华人民共和国劳动法》《中华人民共和国消防法》《中华人民共和国道路交通安全法》《中华人民共和国工会法》等。

3) 行政法规

行政法规是国务院根据宪法和法律,按照法定程序制订的有关行使行政权力,履行行政职责的规范性文件的总称。行政法规一般以条例、办法、实施细则、规定等形式颁布。发布行政法规需要国务院总理签署国务院令。它的效力次于法律、高于部门规章和地方法规。

安全生产行政法规是由国务院组织制订并批准公布的,为了实施安全生产法律或规范安全生产监督管理制度而制订并颁布的一系列具体规定,是我们实施安全生产监督管理和监察工作的重要依据,例如《国务院关于特大安全事故行政责任追究的规定》等。

4) 地方性法规和地方规章

地方性安全生产法规是指由有立法权的地方权力机关——人民代表大会及其常务委员会和地方政府制定的安全生产规范性文件,是由法律授权制定的,是对国家安全生产法律、法规的补充和完善,具有较强的针对性和可操作性。地方规章是由地方政府制订的规范性文件,其中许多是有关安全生产的专项文件。地方政府安全生产规章一方面从属于国家法律和行政法规,另一方面又从属于地方法规,并且不能与它们相抵触。

5) 部门规章

部门规章是国务院各部门、各委员会、审计署等根据法律和行政法规的规定和国务院的决定,在本部门的权限范围内制订和发布的调整本部门范围内的行政管理关系的,并不得与宪法、法律和行政法规相抵触的规范性文件。

国务院劳动行政部门(现为国家安全生产监督管理总局)单独或会同有关部门制订的专项安全规章,是安全法规各种形式中数量最多的一种,其他部门的规章中也有一些安全方面的规定。

6) 行为规范

行为规范是社会群体或个人在参与社会活动中所遵循的规则、准则的总称,是社会认可和人们普遍接受的具有一般约束力的行为标准。包括行为规则、道德规范、行政规章、法律规定、团体章程等。

行为规范是在现实生活中根据人们的需求、好恶、价值判断,而逐步形成和确立的,是社会成员在社会活动中所应遵循的标准或原则,由于行为规范是建立在维护社会秩序理念基础之上的,因此对全体成员具有引导、规范和约束的作用,引导和规范全体成员可以做什么、不可以做什么或怎样做,是社会和谐重要的组成部分,是社会价值观的具体体现和延伸。

2.2
安全生产法律法规

2.2.1　安全生产主要相关法律条款

1)宪法中与安全生产相关条款

我国宪法是在 1982 年 12 月 4 日经全国人民代表大会公告公布施行,并在 2004 年 3 月 14 日第十届全国人民代表大会第二次会议上予以修正,修正后的《中华人民共和国宪法》与安全生产相关的规定如下:

①宪法总纲中的第一条明确指出"中华人民共和国是工人阶级领导的、以工农联盟为基础的人民民主专政的社会主义国家"。这一规定就决定了我国的社会主义制度是维护广大以工人和农民为主体的劳动者利益的。同时在宪法中又规定了相应的权利和义务。

②宪法中第四十二条规定"中华人民共和国公民有劳动的权利和义务"。

国家通过各种途径,创造劳动就业条件,加强劳动保护,改善劳动条件,并在发展生产的基础上,提高劳动报酬和福利待遇。国家对就业前的公民进行必要的劳动就业训练。

③宪法第四十三条规定"中华人民共和国劳动者有休息的权利。国家发展劳动者休息和休养的设施,规定职工的工作时间和休假制度"。

宪法第四十八条规定"中华人民共和国妇女在政治的、经济的、文化的、社会的、家庭的生活等各方面享有同男子平等的权利。国家保护妇女的权利和利益……"。

宪法的这些条款是我国安全生产方面工作的原则性规定。

2)刑法中与安全生产相关条款

1997 年 3 月 14 日第八届全国人民代表大会第五次会议修订,1997 年 10 月 1 日起实施的《中华人民共和国刑法》,对违反安全生产的规定总的来讲主要有危害公共安全罪与渎职罪两种情况,具体条款在本章的第四节安全生产责任追究中可以看到。

2.2.2 安全生产主要法律法规

1)安全生产法

《中华人民共和国安全生产法》于 2002 年 6 月 29 日第九届全国人民代表大会第二十八次常务委员会通过,同年 11 月 1 日颁布实施,共七章,九十七条,主要内容有:总则、生产经营单位的安全生产保障、从业人员的权利义务、安全生产的监督管理、生产安全事故的应急救援与调查处理、法律责任、附则。其中涉及生产经营单位安全管理的法律条款主要体现在安全警示标志的管理、设备的安全管理、危险物品的安全管理、重大危险源的安全管理、安全出口的管理、爆破吊装作业的安全管理、交叉作业的安全管理、租赁承包的安全管理、现场安全检查等九个方面。

2)劳动法中有关安全生产的相关条款

《中华人民共和国劳动法》是 1994 年 7 月 5 日由第八届全国人民代表大会第八次会议通过,1995 年 5 月 1 日起施行。劳动法是调整劳动关系以及与劳动关系密切联系的其他关系的法律规范。

《中华人民共和国劳动法》中涉及安全生产方面的条款主要体现在劳动者享有的权利、用人单位在安全生产方面的职责、职业安全卫生条件及劳动防护用品要求、建立伤亡事故和职业病统计报告和处理制度、对劳动者的职业培训、劳动者在劳动安全卫生方面的权利和义务等六个方面。

3)职业病防治法

《中华人民共和国职业病防治法》于 2001 年 10 月 27 日闭会的九届全国人民代表大会常务委员会第二十四次会议上获得通过,于 2002 年 5 月 1 日起施行。这部法律的立法目的是为了预防、控制和消除职业病危害,防治职业病,保护劳动者健康及其相关权益,促进经济发展。该法分总则、前期预防、劳动过程中的防护与管理、职业病诊断与职业病病人保障、监督检查、法律责任、附则等七章,共七十九条。

该法规定,职业病防治工作采取预防为主、防治结合的方针,实行分类管理、综合治理。劳动者享有的七项职业卫生保护权利是:获得职业卫生教育、培训;获得职业健康检查、职业病诊疗、康复等职业病防治服务;了解作业场所产生或者可能产生的职业病危害因素、危害后果和应当采取的职业病防护措施;要求用人单位提供符合防治职业病要求的职业病防治设施和个人使用的职业病防护用品,改善工作条件;对违反职业病防治法律、法规以及危及生命健康行为提出批评、检举和控告;拒绝违章指挥和强令没有职业病防护措施的作业;参与用人单位职业卫生工作的民主管理,对职业病防治工作提出意见和建议。

4)消防法

《中华人民共和国消防法》于1998年4月29日经第九届全国人民代表大会常务委员会第二次会议通过,1998年9月1日起施行。其主要内容有:总则、火灾预防、消防组织、灭火救援、法律责任、附则。

5)道路交通安全法

《中华人民共和国道路交通安全法》于2003年10月28日第十届全国人民代表大会常务委员会第五次会议审议通过,自2004年5月1日起施行。其主要内容有:总则、车辆和驾驶人、道路通行条件、道路通行规定、交通事故处理、执法监督、法律责任、附则。

该法总则指出,其立法宗旨是为了维护道路交通秩序,预防和减少交通事故,保护人身安全,保护公民、法人和其他组织的财产安全及其他合法权益,提高交通效率。

6)安全生产许可证条例

《安全生产许可证条例》于2004年1月7日国务院第三十四次常务会议通过,共二十四条,自公布之日起施行。它的核心是依法建立安全生产行政许可制度,从基本安全生产条件人手,对矿山企业、建筑施工企业和危险化学品、烟花爆竹、民爆器材生产企业等危险性较大的企业实施安全准入制度,从源头上杜绝不具备基本安全生产条件的企业进入生产领域,并对企业日常的生产活动实施动态监管。

7)建设工程安全生产管理条例

《建设工程安全生产管理条例》于2003年11月12日国务院第二十八次常务会议通过,自2004年2月1日起施行。该条例共八章,七十一条,分为总则,建设单位的安全责任,勘察、设计、工程监理及其他有关单位的安全责任,施工单位的安全责任,监督管理,生产安全事故的应急救援和调查处理,法律责任,附则。

8) 安全生产违法行为行政处罚办法

《安全生产违法行为行政处罚办法》自 2003 年 7 月 1 日起施行,共六章,七十八条。该办法分为:总则,行政处罚的种类、管辖,行政处罚的程序,行政处罚的适用,行政处罚的执行和备案,附则。办法规定,县级以上政府安全监督管理部门对生产经营单位及其有关人员在生产经营活动中违反有关安全生产的法律、行政法规、部门规章、国家标准、行业标准和规程的违法行为实施行政处罚时,适用本办法。

9) 国务院关于进一步加强安全生产工作的决定

2004 年 1 月 5 日,国务院下发了《国务院关于进一步加强安全生产工作的决定》。决定共分五部分:提高认识,明确指导思想和奋斗目标;完善政策,大力推进安全生产各项工作;强化管理,落实生产经营单位安全生产主体责任;完善制度,加强安全生产监督管理;加强领导,形成齐抓共管的合力。

该决定强调,各地区、各部门和各单位要加强调查研究,注意发现安全生产工作中出现的新情况,研究新问题,推进安全生产理论、监管体制和机制、监管方式和手段、安全科技、安全文化等方面的创新,不断增强安全生产工作的针对性和实效性,努力开创我国安全生产工作的新局面。该决定是指导安全生产工作的纲领性文件。

2.3

燃气法规

①《最高人民法院、最高人民检察院关于办理盗窃油气、破坏油气设备等刑事案件具体应用法律若干问题的解释》已于 2006 年 11 月 20 日由最高人民法院审判委员会第 1406 次会议、2006 年 12 月 11 日由最高人民检察院第十届检察委员会第 66 次会议通过,自 2007 年 1 月 19 日起施行,共八条。

②《城镇燃气管理条例》于 2010 年 10 月 19 日国务院第 129 次常务会议通过,自 2011 年 3 月 1 日起施行,共八章,五十五条,其主要内容有:总则、燃气发展规划与应急保障、燃气经营与服务、燃气使用、燃气设施保护、燃气安全事故预防与处理、法律责任、附则。

③《燃气燃烧器具安装维修管理规定》已于 1999 年 10 月 14 日经第十六次部常务会议通过,自 2000 年 3 月 1 日起施行,共五章,三十八条,其主要内容有:总则、从业资格、安装维修、法律责任、附则。

④《城市地下管线工程档案管理办法》中华人民共和国建设部令第 136 号,于 2004 年 12 月 15 日经建设部第 49 次常务会议讨论通过,自 2005 年 5 月 1 日起施行。为了加强城市地下管线工程档案的管理,根据《中华人民共和国城市规划法》《中华人民共和国档案法》《建设工程质量管理条例》等有关法律、行政法规,制订本办法。本办法适用于城市规划区内地下管线工程档案的管理,共二十二条。

⑤《市政公用事业特许经营管理办法》中华人民共和国建设部令第 126 号,于 2004 年 2 月 24 日经第 29 次部常务会议讨论通过,自 2004 年 5 月 1 日起施行,共三十一条。为了加快推进市政公用事业市场化,规范市政公用事业特许经营活动,加强市场监管,保障社会公共利益和公共安全,促进市政公用事业健康发展,根据国家有关法律、法规,制订本办法。

⑥《城镇燃气设施运行、维护和抢修安全技术工程》(CJJ 51—2006)经建设部批准、发布,自 2007 年 5 月 1 日起实施,共七章,主要内容有:总则、术语、运行与维护、抢修、生产作业、液化石油气设施的运行、维护和抢修、图档资料。该"规程"是目前燃气行业唯一一部指导生产运行、安全管理的技术规程,它不同于设计、施工规范的内容,重点在于对燃气设施的日常运行、维护、生产运营安全管理和事故状态下的抢修要求。

2.4
燃气企业规章制度

依据国家法律规定以及安全生产法规,燃气企业应当制订结合企业自身实际情况的安全管理制度,一般情况下,燃气企业需要制订以下安全管理制度(以某城市燃气公司的安全管理制度为例)。

2.4.1 安全例会制度

1)安全例会制度及形式

①定期安全工作会。

②不定期安全工作会。

2）安全会议内容

①贯彻、传达上级安全生产、交通、消防工作指示精神，研究、布置各项安全工作。

②对事故进行讨论、分析，提出事故处理意见，并制订改进和预防措施。

③重大节日、重大会议、重大活动前对安全工作进行重点部署。

④研究、讨论隐患的整改方案，提出解决意见。

⑤学习、交流先进的安全工作经验。

3）会议要求

①会议由安全主管领导或部门负责人担任会议主持人，并专人记录。

②会议参加人数、会议内容要有详细、准确的记录，与会人员要签字。

③召开传达上级安全指示精神的会议，如有缺席人员，要记录在案，并在会后保证传达到位。

4）时间安排

①定期安全工作会时间安排。

②公司级安全会议每季度至少召开一次。

③所、厂（包括三产单位）安全会议每月至少召开一次。

④队（站）、班组安全会议每月至少召开两次。

⑤不定期安全工作会时间安排。

⑥在重大节日、重大会议、重大活动、重大作业前都要召开安全会议。

⑦遇重大事故及重大事故隐患，相关单位、相关部门都要立即组织召开专门会议，研究整改措施及处理意见，并按"四定，四不推"的原则予以解决。

⑧上级紧急传达安全工作指示精神和安全生产部署时，要立即召开安全会议，传达指示精神，落实部署。

2.4.2　安全教育制度

1）新职工入厂三级安全教育制度

（1）一级教育

新职工进入公司，由公司进行一级安全教育，学时不得少于8学时，主要内容包括：

①燃气的基本知识；

②公司安全管理的规章制度及劳动纪律；

③公司生产工作特点和生产过程中存在的危险因素、防范措施和应急处理措施；

④劳动保护和消防的基本常识；

⑤本行业典型事故案例。

（2）二级教育

新职工分配到各科室或各基层单位，由各科室或各基层单位进行二级安全教育，学时不得少于8学时，主要内容包括：

①本单位的生产工作特点和各项安全管理制度；

②本部门主要生产岗位的安全操作规程；

③本部门各工作场所和工作岗位存在的危险因素、防范措施和各项本单位的各项应急预案；

④劳动防护用品和消防器材、设施的使用方法；

⑤本部门以往发生的事故案例。

（3）三级教育

新职工分配到班组，由班组根据本工种的情况与特点进行三级安全教育，学时不得少于8学时，主要内容包括：

①新职工所担任的工作任务和岗位纪律；

②完成本岗位工作所需掌握的各项安全操作规程；

③本岗位的安全管理制度；

④本岗位的设备性能和安全技术知识；

⑤本岗位存在的危险因素、防范措施和应急处置方法。

新职工经过班组安全教育后，在实习期内，应指定技术熟练的职工带领其工作。

（4）新职工经过安全教育后应填写《职工安全教育登记卡》，经本人签字及各级教育人签字后存入安全教育档案。未经三级安全教育的职工不得上岗工作。

2）转岗职工安全教育制度

转岗职工上岗前必须经过班组级安全教育，教育内容参照三级教育。考试合格后经上一级主管领导批准方可上岗。

3）新设备、新工艺操作人员的安全教育制度

采用新设备、新工艺，投产前应由安全技术部门拟定安全技术操作规程，组织操作人员学习掌握新设备、新工艺的安全技术特性和安全防护措施，经考试合格后，方可上岗操作。

4）特种作业人员及特种设备作业人员安全教育制度

①特种作业人员及特种设备作业人员,包括电工、电气焊工、司炉工、水质化验员、起重机械工、叉车驾驶员、压力容器操作工等,必须经国家有关部门培训,考试合格,取证后,方准上岗操作,并定期参加复审。

②对特种作业人员及特种设备作业人员,公司及各基层单位的安全管理部门每年至少进行一次专项安全教育。

③压缩机工、燃气调压工、管线运行工、开孔封堵机械操作员、测量工、直燃机工为公司重点工种,由劳人科组织进行安全技术培训,相关专业部门和单位具体实施,经考试合格后方准上岗操作。

5）经常性安全教育制度

经常性安全教育由各科室、各单位负责组织,每两周 1 次,每次不少于 2 小时。主要活动内容包括:

①对本科室、本单位的安全生产情况进行总结。

②学习上级的安全生产工作精神和劳动保护的方针、政策。

③学习安全生产知识、安全操作规程和安全管理制度。

④组织安全知识竞赛,开展对内、对外的安全宣传活动。

⑤组织事故应急演练。

⑥组织职工进行自救、互救、逃生等方面知识的学习。

6）安全管理人员培训考核制度

①公司每年定期对专、兼职安全员进行培训,培训内容包括:《中华人民共和国安全生产法》《北京市安全生产条例》等有关安全生产的法令法规,《技术操作规程》《安全管理制度》《安全操作规程》、燃气常识、消防常识、交通方面的法律法规、自我保护及救护常识等。

②公司每年对专、兼职安全员进行上岗考核,考核不合格者不得担任专职、兼职安全员。

③按照国家安全生产监督管理局《关于生产经营单位主要负责人、安全生产管理人员及其他从业人员安全生产培训、考核工作的意见》组织各单位主管安全工作的领导和专职安全管理人员进行培训考核。

7）全员安全上岗操作证制度

①公司对所有职工按岗位进行安全培训。培训内容包括:《中华人民共和国安全生产法》《中华人民共和国消防法》《机关、团体、企业、事业单位消防安全管理规定》《城镇燃气设施运行、维护和抢修安全技术规程》《北京市实施〈中华人民共和国道路交通安全法〉办法》《安全管理制度》《安全操作规程》及本岗位安全知识和操作技能等。

②职工考试合格取得"安全上岗证"后,方可上岗。

③新职工经过考核,取得"安全上岗证"后方可上岗。职工转岗前要进行安全培训,取得新岗位的"安全上岗证"后方可上岗。

④公司每年定期对职工进行安全上岗证复审考试,复审考试不合格的职工,收回"安全上岗证",不得上岗。

8）外来施工人员安全教育制度

外来施工人员上岗前必须由用工单位进行安全技术培训,培训内容包括:燃气常识、《安全管理制度》《安全操作规程》《技术规程》、消防知识和灭火设施及器材的使用、事故现场的逃生自救、交通安全教育、劳动纪律等方面的内容。上岗前必须进行考试,合格后方可录用。单位要建立外来施工人员个人教育档案,定期组织安全教育和培训,将考试成绩和安全教育情况记录在教育档案中。考试及安全教育记录要有本人签字。

9）典型事故案例教育制度

①典型事故案例包括:公司历年发生的各类安全事故及国内外相关行业发生的重特大事故和典型事故。

②典型事故案例资料由公司安全科和发生事故的基层单位负责收集,公司安全科分析汇总,每年编制《事故案例汇编》,下发各基层单位。

③典型事故案例教育由公司安全科和各单位安全部门负责组织,针对各类典型事故案例进行分析和总结,以达到增强职工的安全生产意识,避免类似事故再次发生的目的。

2.4.3 安全检查制度

1）日常安全检查制度

日常检查是指公司、各单位、各科室按周期进行综合安全检查。

（1）检查周期

①公司每季度组织进行一次安全检查。

②所(厂)每月进行一次安全检查。

③队(站)、班组每两星期进行一次安全检查。

(2)检查内容

①按照安全管理体系中的《安全控制点检查明细表》进行检查。

②检查各项安全指标完成情况。

③检查各部门、各单位安全工作、安全职责、安全管理制度、安全操作规程的落实情况。

2)专项安全检查制度

专项安全检查是指公司、各单位、各科室根据不同时期的特定要求进行的单项安全检查。专项安全检查的主要内容有:

①每年六月进行夏季"六防(防汛、防触电、防雷击、防暑降温、防火、防止食物中毒)"安全检查。

②每年十一月进行冬季"六防(防火、防冻、防煤气中毒、防风、防坠物、防滑)"安全检查。

③冬季进行采暖设备的安全检查。

④消防器材、设备和设施的安全检查。

⑤临时用火用电设备的安全检查。

⑥危险化学品的安全检查。

3)重大政治活动、节假日安全检查制度

公司和各单位在每年元旦、春节、五一国际劳动节、十一国庆节和"两会"等重大节日和重大活动前应进行安全检查。

检查以各单位自检、自查为主,由各单位主管安全工作的领导负责组织。公司对各单位进行抽检。

检查内容及要求:

①对保驾区域及周围200 m内的燃气管线、燃气设施进行安全检查。

②协助自管户(保驾单位)对燃气管线、燃气设施进行安全检查。

③对燃气管线进行打孔测漏,同时检查管线两侧各5 m范围内的相邻其他井室或地下设施内有无燃气浓度。

④对保驾预案中相关工作要求的落实情况及急抢修队伍的备勤情况进行检查。

⑤对保驾值班情况进行检查。

4)作业现场安全检查制度

①作业单位应设专人在作业前、作业中、作业后进行安全检查,公司安全科对作业现场进行抽查。

②作业现场安全检查的内容参照《安全操作规程》中对作业现场的要求。

5)危险作业安全管理制度

（1）详细作业细则

①危险作业范围

②危险作业的分类

③对危险作业的要求

④危险作业方案及内容

作业方案由作业单位拟定,内容包括:

a.作业任务和具体内容;

b.作业的具体部位,画草图说明(包括局部放大样图);

c.作业的准备工作;

d.作业的降压范围,加盲板的位置,吹扫置换的方式,燃气放散点位置,具体作业步骤;

e.作业的安全措施及注意事项;

f.作业的人员安排,包括现场指挥、安全监护人、作业人员分工及工作要求。

（2）危险作业审批程序

①一类危险作业范围内的动火作业:

a.一类危险作业范围内的动火作业,由作业单位与作业区域所属管网管理所或各输配厂联系作业配合,拟定作业方案。

b.作业方案由作业单位领导审核,送交分公司办公室,由办公室组织技术科、安全科、调度室、计划科、工程科传阅、会签,报分公司主管领导审批。

c.由计划科组织分公司有关科室、作业单位及配合单位进行方案交底。作业单位和配合单位根据分公司交底会要求各自向参加作业人员进行方案交底,并做交底记录。

d.由安全科签发动火证,作业单位持方案及动火证实施作业,并负责现场作业指挥,有关科室监护作业实施。

②一类危险作业范围内的非动火作业:一类危险作业范围内的非动火作业中高压及次高压A管线的跨区域通气作业由技术科制订作业方案,其他作业由管网管理所或

输配厂制订作业方案,所、厂领导审定签字后,报分公司技术、调度、安全等部门审定,并进行方案交底后,由分公司领导审批后方可实施。

③二类危险作业。

④二类危险作业范围内的动火作业:

a. 在二类危险作业范围内的动火作业由作业单位与作业区域所属管网管理所或各输配厂联系作业配合,拟定作业方案。

b. 作业方案由作业单位领导审批。

c. 相关作业单位根据作业方案要求向参加作业人员进行方案交底。

d. 由管网管理所或输配厂签发动火证,作业单位持方案及动火证实施作业,并负责现场作业指挥,相关单位领导及其他人员到场配合作业实施。

⑤二类危险作业范围内的非动火作业:由管网管理所或输配厂制订作业方案,所、厂领导审批,并向参与作业人员进行方案交底,方可实施作业。

⑥紧急状态下危险作业:紧急状态下危险作业,根据作业部位与性质,由属地管网管理所或输配厂与相关单位协商后制订抢险方案,用非书面的形式向公司领导和相关科室请示,经批准后方准执行。

⑦危险作业时间要求:危险作业要在动火证和作业方案所限定的时间内完成,如因故改期、改变方案的,要另行办理审批手续。

(3)危险作业动火证管理制度

①动火证管理执行北京市防火安全委员会文件(1988)防安字14号《关于加强电气焊割防火管理的通知》和京防安字(81)002号印发公安部《电气焊割防火安全要求》的补充通知的有关规定。

②动火证的级别划分。

a. 一级动火证,正面印有双红杠,背面印有动火安全措施,由分公司安全科审核发放。

b. 二级动火证,正面印有单红杠,背面印有动火安全措施,由管网管理所和输配厂安技股审核发放。

③动火作业范围的划分:

a. 一级动火作业范围:

● 燃气调压站站房(调压箱)内动火作业;

● 输配厂生产区内动火作业;

● 接切线作业中的次高压 A 管线机械和手工作业,次高压 B 及中压 DN300(含)以上管线的手工作业。

b.二级动火作业范围：

● 燃气调压站站房外、围墙内的动火作业；

● 输配厂内非生产区的动火作业；

● 接切线作业中的次高压 B 管线的机械作业,中压管线的机械作业、中压 DN300 (不含)以下的手工作业,低压管线机械和手工作业。

④动火证的审核发放：

a.动火作业必须在作业方案中注明动火的具体部位(附示意图标明每一处动火点位置)、作业的安全措施、作业的现场指挥人、每一处动火点的安全负责人、监护人、动火人以及作业时间。

b.一级动火作业的方案经分公司技术科、安全科、计划科、调度室、工程科等有关科室及主管领导会签、审批后,由安全科签发一级动火证。

c.二级动火作业的方案经管网所及输配厂安全部门及主管领导审批后,由安技股(生产办)签发二级动火证。

d.动火证仅限于分公司的施工作业现场使用,动火证必须由相应级别安全管理负责人签字并加盖本单位(或本部门)公章方可生效。

e.动火证必须配合作业方案使用,单独使用无效。

f.动火证必须注明使用的有效时间、有效地点(部位)、动火单位、动火人、动火负责人、监护人、动火方式、动火安全措施、动火安全措施审批人、动火批准人。

g.根据北京市防火安全委员会的有关规定,动火证不得连续使用,每次动火都应申报(一次使用不得超过 24 小时)。工程连续施工时,应在每次动火作业前一天申报动火证。

h.遇抢修抢险作业,安全科、安技股(生产办)需携带动火证赴事故现场。根据作业部位与性质,由属地管网管理所或输配厂与相关单位协商后制订抢险方案,用非书面的形式向分公司领导和相关科室请示,经批准后,方可开具动火证。

6) 事故等级划分制度

(1) 生产责任事故

①生产责任事故范围：因失职、渎职、违章指挥、违章操作造成的燃气管网停气或超压供气事故,燃气管道或设备损坏及由此引起的漏气、着火、爆炸、中毒事故,燃气储罐负压或超压事故,施工塌方,各种工程机械和电气设备事故等。

②等级划分：

a.一般事故：

● 燃气管线设备损坏及误操作引起燃气泄漏,未引起着火爆炸等次生灾害或不良社会影响的事故；

- 居民用户停气 1000 户以下（含），或停气时间未超过 24 小时的事故；
- 未影响用户的短时间超压事故；
- 未造成人员伤亡或设备损坏的塌方事故；
- 供电设备或电气短路、断路，影响生产不足半日，未造成次生灾害的事故；
- 直接经济损失在 5 万元以下（含）的事故。

b. 重大事故：

- 燃气管线设备损坏及误操作引起燃气泄漏，导致着火、爆炸等次生灾害的事故；
- 居民用户停气 1000 户以上 30000 户以下（含），或居民用户停气时间在 24 小时以上，48 小时以下的事故；
- 重点用户或工业企业停气 12 小时以下的事故；
- 居民用户超压 500 户以下（含），未造成用户重大损失的事故；
- 供电设备或电气短路、断路，影响生产半日以上，或引起着火、爆炸等次生灾害的事故；
- 直接经济损失在 5 万元以上，50 万元以下（含）的事故。

c. 特大事故：

- 管线、主要设备严重损坏，引发大范围着火、爆炸的事故；
- 居民用户停气 30000 户以上，且居民用户停气时间在 48 小时以上的事故；
- 重点用户或工业企业停气 12 小时以上的事故；
- 居民用户超压 500 户以上，造成用户重大经济损失的事故；
- 直接经济损失 50 万元以上的事故。

（2）生产安全事故

①生产安全事故范围

本企业职工在劳动过程中发生的人身伤害、急性中毒、窒息事故。即职工在本岗位劳动，或虽不在本岗位劳动，但由于企业的设备和设施不安全、劳动条件和作业环境不良、管理不善，以及企业领导指派到企业外从事本企业活动，所发生的人身伤害（即轻伤、重伤、死亡）和急性中毒、窒息事故。

②等级划分：

a. 一般生产安全事故：无死亡；重伤 5 人以下（不含）；造成人员轻伤。

b. 重大生产安全事故：死亡 3 人以下（不含）；重伤 5 人以上，10 人以下（不含）；死亡、重伤 5 人以上（含），10 人以下（不含）。

c. 特大生产安全事故：死亡 3 人以上；重伤 10 人以上；死亡、重伤 10 人以上。

（3）火灾事故

①火灾事故范围：生产设备、站房、机动车辆、仓库、办公室着火等。

②等级划分：

a. 一般事故：经济损失 5 万元以下（含）；死亡 3 人以下（不含）；重伤 10 人以下（不含）；死亡、重伤 10 人以下（不含）。

b. 重大事故：经济损失在 5 万元以上，100 万元以下（不含）；死亡 3 人以上，10 人以下（不含）；重伤 10 人以上，20 人以下（不含）；死亡、重伤 10 人以上，20 人以下（不含）。

c. 特大事故：经济损失 100 万元以上；死亡 10 人以上；重伤 20 人以上；死亡、重伤 20 人以上。

（4）交通责任事故

①交通责任事故范围：包括机动车、非机动车、行人交通事故。

②等级划分：

a. 轻微事故：一次造成轻伤 1 至 2 人；或经济损失机动车事故 1000 元以下；非机动车事故 200 元以下。

b. 一般事故：一次造成重伤 1 至 2 人，或轻伤 3 人以上；或经济损失 3 万元以下；非机动车事故经济损失 200 元以上。

c. 重大事故：是指一次造成死亡 1 至 2 人，或重伤 3 人以上 10 人以下；或经济损失 3 万元以上，6 万元以下的事故。

d. 特大事故：是指一次造成死亡 3 人以上，或重伤 11 人以上或死亡 1 人，同时重伤 8 人以上；或死亡 2 人，同时重伤 5 人以上；或经济损失 6 万元以上。

2.4.4　生产安全管理制度

1）生产区安全管理制度

①运行人员必须熟知生产区内各种生产设备的性能及使用要求，熟练掌握各种灭火设施及灭火器材的使用方法，经培训合格后方准上岗。

②行人员要根据本岗位工作要求穿戴劳动防护用品。

③行人员应按运行周期对生产区进行巡视检查，发现问题及时采取措施，并迅速上报厂领导。

④进入生产区人员不得携带火种。非本单位人员进入生产区，必须经厂领导批准，按规定登记并由有关人员陪同；非本单位人员未经许可不得动用生产区内的任何设备。

⑤生产区内作业应按《危险作业安全管理制度》和《动火证管理制度》办理审批、动

火手续。作业过程中,如有外来人员在生产区内施工,施工现场必须有本单位安全管理人员进行监护。

⑥生产区内的燃气设备及管线应保持完好,无燃气泄漏。压力容器应建档,并定期检验。

⑦生产区内的安全阀、压力表、温度计等安全附件应保持完好,并在校验合格期之内。

⑧生产区内避雷设施应保持完好,并进行定期检测,将检测报告存档。

⑨生产区内的监控摄像、边界报警等技防设施应完好有效。

⑩生产区内的消防系统应保持灵敏有效,按照《消防器材配置管理制度》配备足够数量的消防器材。

⑪生产区内严禁烟火,不得存放易燃、易爆物品,要经常清理生产区的杂草、杂物。

⑫球罐及过滤器排污所产生的污物应妥善处理,避免污染环境。

⑬车辆进入生产区必须安装防火帽,并按照规定路线行驶。

2)主控室安全管理制度

①运行人员在主控室工作必须穿工作服、工作鞋,工作期间必须坚守岗位,严格履行主控室岗位职责,对本单位的输配工艺系统进行有效监控,发现问题及时处理并报告。

②主控室内严禁烟火,按照《消防器材配置管理制度》配置灭火器材。

③主控室内应设有备用电源和应急照明设备。

④主控室内各类监控设备应有可靠的防雷接地措施。

⑤主控室内不得安装使用大功率电气设备。

3)调压计量车间安全管理制度

①运行人员进入调压计量车间必须穿防静电工作服,防静电鞋。

②调压计量车间运行检查,每次不得少于 2 名运行人员,并指定 1 人负责。

③调压计量车间内禁止使用非防爆电气设备。

④调压计量车间内动火,必须制订作业方案,按《危险作业安全管理制度》和《动火证管理制度》办理审批、动火手续,批准后方可实施。

⑤调压计量车间内的可燃气体浓度报警系统和防爆风机的联动、就地、远程控制应灵敏有效,并定期检查检测。

⑥调压计量车间内不得存放易燃、易爆物品;在明显位置悬挂"严禁烟火"安全标志

牌;按照《消防器材配置管理制度》规定配备足够数量的灭火器材。

4)加臭安全管理制度

①购入的加臭剂(四氢噻吩)应为符合国家标准的合格产品。

②使用的加臭剂应有安全标签,并向操作人员提供安全技术说明书。

③使用单位购进加臭剂时,必须核对包装(或容器)上的安全标签。安全标签若脱落或损坏,经检查确认后应补贴。

④使用单位购进的加臭剂需要转移或分装到其他容器时,应在转移或分装后的容器上加贴安全标签。

⑤加臭工作场所严禁烟火,在明显位置悬挂"严禁烟火"安全标志牌。按照《消防器材配置管理制度》规定配备足够数量的灭火器材。

⑥使用单位在加臭工作场所应设有急救设施,并制订应急处理方法。

⑦使用单位应将加臭剂的有关安全卫生资料向职工公开。教育职工识别安全标签,了解安全技术说明书,掌握必要的应急处理方法和自救措施。

⑧操作人员必须戴安全防护眼镜、戴乳胶手套、穿防毒物渗透工作服、佩戴防毒面具。

⑨加臭剂属危险化学品,其使用和储存应执行《危险化学品安全管理条例》。分公司不得运输、储存;每次需一次加注完毕,剩余残液和空桶应及时运走。

5)燃气调压站(箱)运行安全管理制度

①调压站(箱)由运行人员负责运行巡视。每组运行人员不得少于2人,并有1人负责。非工作人员不得进入调压站。

②运行人员运行时必须穿防静电服、防静电鞋。

③运行人员应注意检查调压站(箱)周围安全距离内有无违章建(构)筑物,有无施工或堵塞、占压消防通道的现象;如发现违章施工或占压,应立即与施工单位交涉制止,填写施工配合单,并上报管网管理所。

④运行人员应检查调压站(箱)内调压器出口压力是否正常,过滤器压差是否在正常范围内,水封水位是否处于正常位置,燃气设施有无泄漏、损坏或锈蚀现象,消防器材、安全标志牌是否齐全。

⑤运行人员应检查调压站内供电、供水、供暖、通信、排水系统和照明通风设备、监控技防设施是否完好、有效,房屋有无漏雨、裂缝或基础沉降,站内管线设施是否有应力变形现象。

⑥调压站内温度应保持在5 ℃以上。

⑦运行人员在巡视中发现设备故障、设施损坏等情况要及时采取措施处理；如不能立即解决要及时向上级汇报，并在现场盯守，在得到领导同意后，方准撤离。

⑧调压站（箱）内动火作业，应制订作业方案，按《动火证安全管理制度》办理动火手续，批准后方可作业。

⑨调压站（箱）内设备检修应遵守相关操作规程，检修后要将站内环境清理干净，从过滤器内清理出的污物要妥善处理，避免污染环境。

⑩调压站（箱）内调压器倒台或检修后投入使用，运行人员应值班观测至少一个供气高峰，确认调压器关闭压力正常后，方可撤离。

⑪调压站（箱）内严禁烟火，不准堆放易燃易爆物品，并在明显处悬挂"严禁烟火"字样的标志牌。

⑫调压站（箱）内应按照《消防器材配置管理制度》规定配备消防器材。

⑬调压站（箱）内的压力表、安全阀应灵敏有效，并在校验合格期之内。

⑭调压站的避雷设施应保持完好并定期检测。

6）燃气管线运行安全管理制度

①运行人员应按周期对管理范围内的管线进行运行检查，每组运行人员不得少于2人，并有1人负责。

②运行人员必须熟悉管理范围内管线的走向、位置、管径、压力、管道材质、埋深、供气范围、连通状态、设备设施状况、隐患部位以及钢塑接头、机械接（切）线点、阴极保护检测桩（井）和隐蔽工程的具体位置，并应熟悉有内衬管段、裂管施工管段。

③管线运行人员应检查管线安全距离内有无土壤塌陷、滑坡及《违章管理制度》中所规定的违章情况，运行人员应对闸井、抽水缸等设施进行重点检查。

④运行人员应根据钻孔检测计划对燃气管线进行钻孔检测，并使用可燃气体检测仪对与燃气管线两侧各5 m范围内的其他设施的井室、地沟以及小区内的热力管沟、人防通风口进行检测，发现漏气立即上报。

⑤运行人员在检查燃气闸井时，应打开井盖（双井口必须打开两个井盖），经检测闸井内燃气浓度，确认安全后，方可下井检查。闸井位于道路上时，下井检查前应在井口设置警示标志。下井检查时，运行人员必须有一人在井上监护。运行人员应检查闸井内管线、设备有无异常现象，闸井内有无积水或损坏现象。运行检查后应盖好井盖。若有井盖丢失，应立即上报管网管理所，并在现场维护安全，待采取妥善措施处理后方可离开。

⑥运行人员若发现管线、闸井有漏气现象,应检测燃气浓度,在燃气污染区周边划定警戒线,打开闸井和周边其他市政设施井的井盖,进行通风或强制通风,降低燃气浓度,并立即上报。运行人员应在现场看护,杜绝燃气污染区内一切可能的火源(附近建筑物内断电、熄火,车辆禁止通行)。漏气严重时,运行人员应组织危险区域内的人员疏散,并拨打110或119,请求协助。漏气处理过程中,运行人员要将漏气事故原因及漏气扩散浓度填入运行记录中存档。

⑦运行人员发现在燃气管线或设施安全距离附近有其他工程施工或准备施工时,应与施工单位负责人取得联系,核实工程情况后,告之燃气管线位置,提出安全注意事项,并填写《施工配合单》。需要对燃气管线或设施进行防护的,由施工单位出具对燃气管线或设施的防护方案,经管网管理所同意后,方可施工,并将有关资料存档备案。必要时,相关管网管理所应派专人全天候负责对施工现场的燃气管线或设施进行安全监护。若施工单位拒绝签署《施工配合单》、拒绝采取防护措施或已经形成违章的,运行人员向对方开具《燃气集团纠正违章通知书》,并及时上报。

⑧对现存的违章要定期检查,督促违章单位(或个人)进行整改。

7) 燃气管网带气作业安全管理制度

燃气管线带气作业分带气动火作业和带气不动火作业两种。带气作业的管理程序分为二级:分公司级和管网管理所级。

①燃气管线带气作业属危险作业,必须制订带气作业方案,并且由技术部门严格把关。作业方案的制订、审批执行《危险作业安全管理制度》。突发事故抢修作业由管网管理所与相关单位协商确定抢修作业方案,将抢修作业方案报告有关领导,经批准后,方可作业。需动火的带气作业,应按照《动火证管理制度》的规定由安全管理部门开具动火证。

②带气作业前应对所有参与作业人员进行技术、安全措施交底。

③参加作业人员必须按规定着装,作业现场必须按照《消防器材的配置管理制度》的规定配备消防器材,并设置警示牌、警示旗、警示灯等安全标志和围挡。参与作业各单位的安全部门在作业前必须指定专人对现场安全措施进行检查,确认符合要求后方可开始作业。

④作业现场由主要作业单位负责指挥,参与作业人员必须服从统一指挥。作业过程中,如出现违章指挥和违反操作规程的现象,安全人员有权制止。

⑤属于一类危险作业的带气作业,应有作业方案审批科室的负责人、参加作业单位的领导和安全技术人员到场。属于二类危险作业的带气作业,应有参加作业单位的领

导和安全技术人员到场。

⑥带气动火作业时,管道压力应控制安全范围之内。若在作业中管道压力过高或过低,应立即停止动火作业,待管道内压力恢复到正常作业压力后,方可继续实施动火作业。

⑦带气动火作业过程中应指定专人负责控制压力,并随时向作业指挥报告压力情况。

⑧带气不动火作业必须切断气源,将作业位置两端管线内燃气放空,并进行吹扫,将燃气实际浓度降至1%以下(双台 XP-311A 可燃气体检测仪检测)。在作业过程中加强通风并随时对环境燃气浓度进行监测。操作中应使用防爆的工具设备,对非防爆工具要采取防爆措施。

⑨燃气放散时,应有专人看护,选择合理的放散地点,杜绝放散地点周边一切火源,并对燃气放散量进行控制,防止放散地点周边燃气浓度过高。

⑩新管线、新设备在安装前必须连接电位平衡线。

8)施工作业现场安全管理制度

①施工作业人员必须按规定穿戴防护用品。参与带气作业人员必须穿防静电工作服、鞋,内衣应为纯棉制品,禁止穿化纤衣服;电工穿着绝缘鞋、戴绝缘手套;焊工穿焊工工作服、绝缘鞋及使用防护用具。未按要求着装的人员不得进入作业现场。

②作业现场应按《消防器材的配置管理制度》要求配备灭火器,并设专人负责监护。作业坑周边应设置围挡和警戒线、警示旗、警示灯、警示牌等标志。

③燃气污染区内杜绝火种,严禁使用非防爆通信、照明、拍照、摄像设备。夜间作业应采用防爆的照明设备,严禁使用碘钨灯。

④作业现场应设专人负责检查和监督安全管理制度、安全操作规程、作业方案、安全措施的落实和执行。作业过程应有专人记录,并做好记录的归档工作。

⑤作业现场应设专人负责维护作业现场的秩序,防止无关人员进入作业现场。作业现场在道路上时,还应做好交通秩序的维护和疏导工作。

⑥作业过程中应保持通讯畅通,严禁横向联系。

9)燃气管道抽水安全管理制度

①燃气管线应按周期抽除抽水缸内的燃气冷凝水,抽水操作人员不得少于2人。

②抽水作业前,操作人员要先检查抽水缸的井盖、转心门、丝堵及抽水积水井是否完好及抽水缸附件是否漏气。

③操作人员应检查积水井内冷凝水的蓄水量,合理安排抽水车抽水。燃气积水井内的冷凝水不得溢出积水井。

④中压(含)以上抽水缸必须一次将冷凝水抽完,直至排水管排出燃气为止;低压抽水缸要做到抽水泵不再出水,抽水管完全排气为止。

⑤抽水周期应根据燃气供应量和气候变化特点确定,确保燃气管线不发生水堵事故。

⑥抽水缸发生堵塞(包括冻堵)时,抽水人员应及时采取妥善措施,消除堵塞。

⑦燃气冷凝水不得随意排放,收集后应集中消纳处理。

⑧每次抽水后要详细填写抽水日志、遇有水量反常时要及时报告。

10) 开孔封堵作业安全管理制度

①开孔封堵作业必须制订作业方案,并报主管部门审批后方可执行。根据动火作业等级,作业单位还必须持有分公司安全科或管网管理所开具的动火证,方可作业。

②开孔封堵作业现场负责人应做好以下工作:

③核对接线任务和资料。

④检查工作现场安全操作条件、消防器材配置情况以及作业现场安全警示标志是否齐全。

⑤检查并了解新建管线的设备状态(如阀门开关状况)。

⑥检查所有工具、器材、设备和防护用品的准备情况。

⑦明确参加作业人员的分工,现场负责人和安全员应严格履行安全职责。

⑧备好通信联络器材。

⑨现场各工种作业人员必须听从指挥,不得擅自行动或脱离岗位。

⑩工作坑周围严禁烟火,非工作人员禁止进入现场。

⑪工作现场必须设有警示标志并按照《消防器材的配置管理制度》配备灭火器材。

⑫严禁外单位人员参与预制焊接工作。

⑬开孔封堵作业必须严格按照操作手册进行,作业人员必须集中精力,谨慎操作。作业过程中要注意以下几点:

a. 开孔封堵设备在吊装过程中,应有专人指挥,吊车指挥要安全到位。

b. 开孔封堵设备作业时,必须配备两名以上专业操作人员。

c. 操作人员必须随时了解机器运转情况,不得擅离岗位。

d. 开孔封堵设备动力系统必须由专人管理,开关动力系统,应服从现场负责人指挥,并在开孔封堵设备操作人员配合示意下,方可进行。

⑭作业过程中,放散和置换应有专人负责。

11）隐患管理制度

①各单位必须建立《安全隐患（漏气）情况档案》，将生产运行或安全检查中发现的隐患和隐患的整改消除情况进行详细完整的记录。

②各单位对于查出的隐患要按照"四定""四不推"的原则进行处理：各级检查中查出问题（隐患）的整改，要做到定措施、定负责人、定完成期限、定资金；运行人员能解决的不推给班组，班组能解决的不推给队（站），队（站）能解决的不推给所（厂），所（厂）能解决的不推给分公司。

③各单位应对本单位存在的安全隐患制订消隐计划，指定专人负责，明确完成期限。

④对于应及时解决但尚未解决的隐患，由安全管理部门限期解决。

⑤对于本单位无能力解决的隐患，应填写《重大隐患报告书》及时上报，并提出整改建议。

⑥对于一时难以整改的隐患，应采取有效的防护措施、制订消隐预案，及时上报。

12）违章管理制度

①违章是指在燃气管线、设施安全防护间距之内（按照《城镇燃气设计规范》5.3.2条的规定）出现的下列情况：

a.建造建筑物或者构筑物；

b.倾倒排放腐蚀性物质；

c.堆放物品、开挖沟渠、挖坑取土或者种植深根作物；

d.打桩、顶进或者建设变配电线路及设施；

e.进行爆破、钻探等危害燃气管道安全的作业。

②各单位必须建立《违章档案》，将运行或安全检查中发现的违章、违章的处理过程及违章的解决情况进行详细记录。

③填报《违章分析（月）报表》要求：

a.每月28日前各基层单位将《违章分析（月）报表》交安全科；

b.《违章分析（月）报表》填写要准确、完整；

c.已解决的违章应及时反馈信息。

④各单位对于检查出的违章要按"四定""四不推"的原则进行处理：

a.对于进行中的违章行为，管理单位要及时进行处理，开具并送达《燃气集团纠正违章通知书》，及时与办事处、城管等部门联系，共同对违章进行处理。并将违章处理情况报分公司安全科,由安全科报集团安保部移送北京市城市综合管理执法局。

　　b.对于已经形成的违章行为,管理单位要在三日内将违章处理情况报分公司安全科,由安全科报集团安保部移送北京市城市综合管理执法局。

　　●对于本单位管理范围内存在的违章,各单位要制订"消违"计划,指定专人负责,开具并送达《燃气集团纠正违章通知书》,及时与办事处、城管等部门联系,共同对违章进行处理。

　　●对本单位无能力解决的违章,应及时上报分公司,并提出整改建议。

　　●对一时难以整改的违章,应采取有效的防护措施,上报分公司。

13) 安全生产标志管理制度

　　①调压站(箱)应在明显地方悬挂警示标志。

　　②调压站在站门上喷涂明显"严禁烟火""禁止停车"标志。

　　③调压站在站房门上明显醒目位置悬挂"严禁烟火"标志和火警电话标志。

　　④调压箱在门上(护栏内)明显醒目位置喷涂或悬挂"严禁烟火"标志和火警电话标志。

　　⑤生产区应在明显醒目位置悬挂警示标志。

　　⑥生产区入口设置"严禁烟火"和"严禁携带火种入内"标志。

　　⑦调压间门口悬挂"严禁烟火"标志。

　　⑧主控室门口明显醒目位置悬挂"严禁烟火"标志。

　　⑨球罐明显醒目位置悬挂"严禁烟火"标志。

　　⑩仓库应在明显醒目位置悬挂"仓库重地严禁烟火"标志。

　　⑪维修车间和车库应在明显醒目位置悬挂"严禁烟火"标志。

　　⑫配电室门口应在明显醒目位置悬挂警示标志。

　　⑬配电室门口明显醒目位置悬挂"严禁烟火"标志。

　　⑭配电运行设备悬挂"设备运行,严禁拉闸"的警示牌。

　　⑮配电设备检修悬挂"设备检修,严禁合闸"的警示牌。

　　⑯消防栓应设置明显醒目标志。

　　⑰燃气作业现场(含急、抢修作业现场)应设置明显醒目警示标志。

　　⑱警示旗帜(或警示带)。

　　⑲"燃气抢修、车辆绕行"或"燃气作业、车辆绕行"警示。

　　⑳"燃气作业、严禁烟火"警示。

　　㉑夜间应设置警示灯。

㉒作业现场安全监护人员应佩带"安全员"标志。

㉓办公楼内应设置明显醒目警示标志。

㉔楼梯口设置"安全出口"标志牌(带灯箱或反光字牌)。

㉕楼道内设置"安全出口"指示箭头标志牌(反光字牌)。

㉖地下室门口设置"安全出口"标志牌(带灯箱)。

14)自管用户管理制度

①根据《北京市城市燃气管理办法》(北京市人民政府令 2002 年第 92 号)的规定:城市燃气设施的维护管理由其产权单位负责,城市燃气设施产权单位可以委托具备城市燃气设施维护管理资质的单位进行维护管理。因此,凡使用分公司供应的燃气,并且拥有城市燃气设施产权的单位统称为自管用户。分公司对自管用户的燃气设施不负责维护管理,自管用户的燃气设施由自管用户自行维护管理。

②管网管理所根据《城市燃气供气合同》建立本单位管辖范围内的自管用户档案。自管用户档案要包括分公司管辖范围内所有的自管用户,必须熟知本单位管辖范围与自管用户的划界,要明确每一个自管用户与分公司的划界,分清管理责任及法律责任。每年 1 月底前将各管网所自管用户档案报调度室。

③进行燃气作业需停气、降压时,必须会同销售公司提前通知受影响的自管用户。需自管用户配合的作业由自管用户自行负责作业期间自管燃气设施的值班、检查,必要时,管网管理所给予协助。

④发生突发性事故,影响到自管用户时,管网管理所应及时通知自管用户。抢修完成后,及时恢复正常供气。

⑤自管用户发生突发性事故需分公司配合时,由分公司调度室负责指挥公司急抢修人员配合自管用户进行抢险、抢修。未经分公司批准,分公司任何人员不得擅自操作、调试、维检修自管用户的燃气设施。各单位接到自管用户报警、报修电话必须及时请示分公司调度室,听从调度室的指挥、调度。

⑥自管用户进行正常燃气施工、作业、维检修需要分公司进行配合时,应向分公司递交申请书,提出正式申请,由分公司计划科统一安排作业。

⑦自管用户必须与燃气集团签订《燃气集团城市供用气合同》。

⑧凡签订《代管协议书》委托分公司维护管理其城市燃气设施的自管用户,其燃气设施的维护管理视同分公司的燃气设施。

2.5
安全生产责任追究制度

安全生产,责任重大,我国在《中华人民共和国劳动法》《中华人民共和国安全生产法》《中华人民共和国矿山安全法》《中华人民共和国民法》《中华人民共和国刑法》等法律及许多行政法规中,都对违反安全生产法律法规的法律责任做了明确规定。违反安全生产法律法规的法律责任包括行政责任、民事责任、刑事责任及党内责任。

1)行政责任

国家行政机关对于违反行政管理法规的单位或个人应依法追究其行政责任,在安全生产方面的行政处罚有两种:一种是安全生产监督管理机构对违反安全生产法规造成重大责任事故的单位(法人)或领导者执行的处罚;另一种是企业、事业单位及主管部门的行政领导对所属工作人员违反安全生产法规、规章制度的行为而给予的处罚。

(1)行政责任的概念

所谓行政责任,是指实施法律法规或企业事业单位规章禁止的行为引起的行政上必须承担的法律后果。其性质属于轻微违法、失职或者违反内部纪律,依照法律法规的规定给予的行政制裁。行政责任分为行政处罚和行政处分两类。

(2)行政处罚

行政处罚是指国家特定的行政机关对单位或者个人违反法律、法规而进行的处罚。处罚的依据是有关的法律和行政法规。治安管理处罚是特殊的行政处罚,行使处罚权的只能是国家公安机关,处罚的形式与其他行政处罚也不完全相同。

①行政处罚的实施:安全监督管理机构依据安全生产法规,对违反法规的单位(法人)给予下列行政处罚:

a. 罚款;b. 注销或收回所发的生产许可证、产品合格证;c. 停产、整顿、封闭。

对违反法规的责任者和领导者,安全监督管理机构可提出处理意见,按照干部管理权限由监察部门或主管部门给予纪律处分。纪律处分形式有:警告、严重警告、记过、记大过、降低职务(岗位)、降低工资等级、撤职、察看、开除公职。

②行政处罚的形式:

a. 罚款:即对违法者给予的经济制裁。罚款的具体办法和数额,除了个别法律做了规定外,一般由法律的实施条例或实施细则加以规定。

b.责令改正:即对违法者给予的必须立即纠正其违法行为的一种较轻的处罚。在给予责令改正的同时,还可以并处罚款。

c.责令限期改正(进):即对违法者给予的一种限定在一定的时间内纠正其违法行为的处罚。违法者在规定的期限内改正(进)了,就不再追究其责任。如果在规定的期限内仍不改正(进),法律通常都规定了更为严厉的处罚形式。

d.责令停产整顿:即对违法者给予的一种限定在一定的时间内停止生产以纠正其违法行为的处罚。它同责令限期改正处罚形式的主要区别在于:前者需要停止生产而后者不需要停止生产。可见,前者比后者的处罚要重。

e.责令停止生产(施工):即对违法者给予的停止生产(施工)以纠正其违法行为的一种较重的处罚。它同责令停产整顿处罚形式的主要区别在于:前者无限期地停止生产(施工),后者在规定的期限内停止生产。

f.吊销生产许可证:即对违法者给予的一种剥夺其生产许可权的最为严厉的处罚。吊销生产许可证由原发证机关执行。

g.吊销营业执照:即对违法者给予的一种终止其生产经营资格的最为严厉的处罚。引起的直接法律后果是:一切生产经营活动都必须停止。

以上所有的行政处罚,均应采用书面形式。

（3）行政处分

行政处分,是指国家机关和企业事业单位对所属工作人员或员工违法进行的处分。对国家机关工作人员行政处分的依据是《国务院关于国家行政机关工作人员的奖惩暂行规定》;对企业违法人员行政处分的依据是国务院颁布的《企业员工奖惩条例》。行政处分的形式有以下八种:

a.警告:即对违反纪律的、经批评教育仍不改正的人在其档案中记载的批评。这是最轻的行政处分形式。

b.记过:即在国家机关工作人员和企业员工的档案材料上登记过错。

c.记大过:即在国家机关工作人员和企业员工的档案材料中登记犯过较严重的过错。

d.降级:即降低国家机关工作人员和企业员工的工资级别。

e.降职:指国家行政机关工作人员在工作上犯有较为严重的错误或存在违法失职行为,对不适宜继续担任现任职务或者工作的人,降低其现任职务。

f.撤职:对犯有严重错误或存在违法乱纪行为,不适宜继续担任现任职务或者工作的人,解除其现任职务或者工作。

g. 留用察看(亦称开除留用查看):即对可以给予开除处分的人,根据具体情况暂不给予开除处分,使其有最后悔改的机会(一般为 1 年,悔改表现不好的,可以延长 1 年)。

h. 开除:即对严重违法失职或者严重违反劳动纪律、屡教不改的人,解除其公职。这是最严厉的行政处分形式。

(4)行政处罚与行政处分的比较

行政处罚与行政处分都是对有违法行为,情节轻微但尚不够刑事处罚的人员给予的一种强制性的行政制裁,这是它们的共同点。但两者又有区别。

①处罚的性质不同:行政处罚是一种行政制裁,是对违反国家行政管理法规的人给予的惩罚;行政处分是一种纪律制裁,是对违反机关、企业内部规章制度的失职行为给予的惩戒。

②处罚的依据不同:行政处罚的依据是国家有关法律和行政法规的规定;行政处分的依据是《企业员工奖惩条例》和《国务院关于国家行政机关工作人员的奖惩暂行规定》。

③处罚的对象不完全相同:行政处罚的对象是我国全体公民和在我国境内的外国人,且不仅可以对个人,也可以对单位进行;行政处分的对象只能是国家机关和企业事业单位的工作人员和员工。

④程序不同:对行政处罚的决定不服的,除可以向做出决定的上一级行政机关提出书面申诉外,也可以向人民法院起诉;而对行政处分的决定不服的,只能向做出决定的机关的上一级领导机关提出书面申诉。

2) 民事责任

《中华人民共和国民法通则》是调整一定范围的财产关系和人身关系的法律规范的总和。民事责任是民事主体违反民法的规定,违反民事义务应承担的法律后果。所谓民事主体,就是依照法律规定能够享有民事权利和承担民事义务的人。

民事责任主要有侵权民事责任、国家机关和法人侵权的民事责任、违反《中华人民共和国劳动法》造成劳动者损害的民事责任、违反《中华人民共和国产品质量法》的民事责任,以及高度危险的作业造成他人损害的民事责任。

(1)侵权民事责任

公民合法的财产权利和人身权利是受国家法律保护的,任何人不得侵犯。侵犯他人财产权利或人身权利的,须依法承担相应的民事责任。

在安全生产上,公民、法人由于违章作业、违章指挥造成责任事故,侵害国家与集体财产的,侵害他人财产及人身安全的,应当承担相应的民事责任。对承担民事责任的公民、法人,需要追究行政责任的,应当追究行政责任。

(2)国家机关和法人侵权的民事责任

国家机关或者国家机关工作人员在执行公务活动中,侵犯公民,法人的合法权益(包括人身安全健康和经济利益,财产安全等)造成损害的,应当承担民事责任。法人的业务活动是通过其机构、代表和工作人员的职务活动实现的。法人工作人员执行职务的活动就是法人的活动,因此,任何人以法人的名义进行职务活动时,法人应对其行为的损害后果负责。若法人的工作人员所进行的活动与本人的职务无关,则在其致人损害时应自己负责赔偿。

(3)违反《中华人民共和国劳动法》造成劳动者损害的民事责任

《中华人民共和国劳动法》第八十九条规定:"用人单位制订的劳动规章制度违反法律、法规规定的,由劳动行政部门给予警告,责令改正;对劳动者造成损害的,应当承担赔偿责任。"

(4)违反《中华人民共和国产品质量法》的民事责任

《中华人民共和国产品质量法》规定:"因产品存在缺陷造成人身、他人财产损害的,受害人可以向产品的生产者要求赔偿,也可以向产品的销售者要求赔偿。

(5)高度危险的作业造成他人损害的民事责任

从事高空、高压、易燃、易爆、剧毒、放射性、高速运输工具等对周围环境有高度危险的作业造成他人损害的,应当承担相应民事责任。如果能够证明损害是由受害人故意伪造的,则不承担民事责任。

在当前科学技术条件下,这些活动对周围环境有极大的危险性,即使从事该业务活动的人十分谨慎,有时也难免造成他人的人身或财产损害。为了促使从事这些业务活动的人更进一步改进技术、加强安全措施,以保障他人人身和财产安全,从事高度危险作业者致人损害时,不论其是否有过错,都应当负责赔偿。在这种情况下,致害人的赔偿责任属于无过错责任,只要有损害后果发生,致害人就须负责赔偿。如果致害人能够证明损害结果的发生是因不可抗力或受害人的故意假造引起的,则可以免除或减轻其责任。

3)刑事责任

我国刑法分别对违反安全生产法律的犯罪,规定了以下几种犯罪类型:

(1)重大责任事故的犯罪

刑法第一百三十四条规定:"工厂、矿山、林场、建筑企业或者其他企业、事业单位的职工,由于不服管理、违反规章制度,或者强令工人违章冒险作业,因而发生重大伤亡事故或者造成其他严重后果"的行为。

犯罪的主体只限于企业、事业单位的员工。主要是指直接从事生产作业的人员、指挥生产作业的人员和领导。构成该项犯罪的,处三年以下有期徒刑或者拘役;情节特别恶劣的,处三年以上七年以下有期徒刑。为加强对事故隐患的治理,刑法第一百三十五条规定:"工厂、矿山、林场、建筑企业或者其他企业、事业单位的劳动安全设施不符合国家规定,经有关部门或者单位员工提出后,对事故隐患仍不采取措施,因而发生重大伤亡事故或者造成其他严重后果的,对直接责任人员,处三年以下有期徒刑或者拘役;情节特别恶劣的,处三年以上七年以下有期徒刑。"

（2）违反危险物品管理规定的犯罪

根据刑法第一百三十六条规定,该项犯罪是指"违反爆炸性、易燃性、放射性、毒害性、腐蚀性物品的管理规定,在生产、储存、运输、使用中发生重大事故,造成严重后果"的行为。爆炸性物品是指各种起爆器材、起爆药和各种炸药等;放射性物品是指铀、镭及其他各种具有放射性能并能对人体和物体造成严重损害的物品;毒害性物品是指砒霜、敌敌畏、敌百虫、氧化钾等;腐蚀性物品是指硫酸、硝酸、盐酸等。该种犯罪行为应处三年以下有期徒刑或者拘役;后果特别严重的,处三年以上七年以下有期徒刑。

（3）交通重大事故的犯罪

根据刑法第一百三十三条规定,该项犯罪是指"违反交通运输管理法规,因而发生重大事故,致人重伤、死亡或者使公私财产遭受重大损失"的行为。构成该项犯罪的,处三年以下有期徒刑或者拘役;交通运输肇事后逃逸或者有其他特别恶劣情节的,处三年以上七年以下有期徒刑;因逃逸致人死亡的,处七年以上有期徒刑。

（4）铁路运营安全事故的犯罪

根据刑法第一百三十二条规定,该项犯罪是指"铁路职工违反规章制度,致使发生铁路运营安全事故,造成严重后果"的行为。构成该项犯罪的,处三年以下有期徒刑或者拘役;造成特别严重后果的,处三年以上七年以下有期徒刑。

（5）航空重大飞行事故的犯罪

根据刑法第一百三十一条规定,该项犯罪是指"航空人员违反规章制度,致使发生重大飞行事故,造成严重后果"的行为。构成该项犯罪的,处三年以下有期徒刑或者拘役;造成飞机坠毁或者人员死亡的,处三年以上七年以下有期徒刑。

（6）工程质量重大安全事故的犯罪

根据刑法第一百三十七条规定,该项犯罪是指"建设单位、设计单位、施工单位、工程监理单位违反国家规定,降低工程质量标准,造成重大安全事故"的行为。构成该项犯罪的,对直接责任人员,处五年以下有期徒刑或者拘役,并处罚金;后果特别严重的,处五年以上十年以下有期徒刑,并处罚金。

（7）校舍教育教学设施重大伤亡事故的犯罪

根据刑法第一百三十八条规定,该项犯罪是指"明知校舍或者教育教学设施有危险,而不采取措施或者不及时报告,致使发生重大伤亡事故"的行为。构成该项犯罪的,对直接责任人员,处三年以下有期徒刑或者拘役;后果特别严重的,处三年以上七年以下有期徒刑。

（8）违反消防管理法规的犯罪

根据刑法第一百三十九条规定,该项犯罪是指"违反消防管理法规,经消防监督机构通知采取改正措施而拒绝执行,造成严重后果"的行为。构成该项犯罪的,对直接责任人员,处三年以下有期徒刑或者拘役;后果特别严重的,处三年以上七年以下有期徒刑。

（9）玩忽职守的犯罪

根据刑法第三百九十七条规定,该项犯罪是指"国家机关工作人员滥用职权或者玩忽职守,致使公共财产、国家和人民利益遭受重大损失"的行为。构成该项犯罪的,处三年以下有期徒刑或者拘役;情节特别严重的,处三年以上七年以下有期徒刑。

4）党内责任

中共中央于 1997 年 2 月 27 日发布的《中国共产党纪律处分条例（试行）》（简称《条例》）,对在安全工作中犯有失职类错误的共产党员纪律处分规定如下:

在安全工作方面,有下列情形之一,造成较大损失的,给予直接责任者严重警告或者撤销党内职务处分。造成重大损失的,对直接责任者,给予留党察看或者开除党籍处分;负有主要领导责任者,给予撤销党内职务或者留党察看处分;负有重要领导责任者,给予警告、严重警告或者撤销党内职务处分。造成巨大损失的,加重处分。

• 不认真执行安全生产和消防方面的法规,致使发生爆炸、火灾、翻车、沉船、飞机失事、工程倒塌以及其他事故的;

• 在灾害面前,未采取必要和可能的措施,贻误时机,使本来可以避免的损失未能避免的;

• 在组织群众性活动时,缺乏周密布置,对可能发生的问题未采取有效的防范措施,发生恶性事故的。

《条例》还规定:对因工作失职,所造成的后果虽不够较大损失的标准,但是给本地区、本单位造成严重不良影响的直接责任者,以及所造成的后果虽不够重大损失的标准,但给本地区、本单位造成严重不良影响的主要领导责任者,根据损失数额及影响程度,给予警告、严重警告或者撤销党内职务处分。

2.6

职业健康安全管理体系

2.6.1 OHSMS 产生的背景

1)企业自身发展的需要

企业自身发展的需要具体有以下方面：

- 企业规模扩大和生产集约化程度不断提高；
- 我国经济体制改革对企业管理水平提出更高的要求；
- 体现企业的安全管理水平、企业的社会责任感、品质和社会形象；
- 要求企业采用现代化的管理模式以强化自身的安全管理；
- 要求企业的所有经营活动科学化、标准化、法律化。

2)全球经济一体化推波助澜

（1）关贸总协定（GATT）

乌拉圭回合谈判协议：各国不应由于法规和标准差异而造成非关税贸易壁垒和不公平竞争，应尽量采用国际标准。

（2）美、欧等工业化国家要求"公平竞争"——主要观点

各国安全卫生状况的差异使发达国家在成本价格和贸易竞争中处于不利地位。由于发展中国家在劳动条件改善方面投入的不足而使其生产成本降低，因此而造成的"不公平"是不能接受的。

应把人权、环境保护和劳动条件纳入国际贸易范畴，将劳动者权益和安全卫生状况与经济问题挂钩（即轰动一时的所谓"社会条款"）。

（3）美、欧等工业化国家要求"公平竞争"——采取的行动

北美和欧洲都已在自由贸易区协议中做出规定：只有采用同一环境及职业健康安全标准的国家与地区，才能参与贸易区的国际贸易活动。以对抗通过降低环境和劳动保护投入（低标准）作为贸易竞争手段的地区和国家，对环境保护及职业健康安全条件较差而又不采取措施改进的国家与地区进行制裁和谴责。

（4）劳工标准问题——WTO 的一道难题

- 乌拉圭回合谈判：提出在国际贸易自由化的同时，应在贸易协议中制订出统一的国际劳工标准，并对达不到国际标准国家的贸易进行限制；
- 新加坡宣言（1996）：将"核心劳工标准"作为新议题明确列入宣言的二十三个内容之中；
- 西雅图会议（1999）：发达国家坚持将劳工标准必须与贸易相联系，声称这关系到WTO 的信誉问题；发展中国家担心发达国家可能以此作为贸易保护主义的工具，强烈反对将劳工标准列入贸易谈判中。
- 曼谷联合国贸易发展大会（2000）：劳工标准和贸易壁垒再次成为会议焦点之一。

（5）国际社会对我国安全生产状况的关注

- 在每年的国际劳工组织大会上常有批评中国职业健康安全状况的发言。
- 工伤事故与职业病问题也是世界人权大会和其他一些国际组织攻击中国"忽视人权"的借口之一。
- 发生特重大工伤事故时，国外知名媒体都会较为关注事件的进展和影响。
- 国外一些友好人士也对中国的职业健康安全状况表示关心与忧虑。一位劳工组织官员曾讲过："中国已成为政治、经济大国，但不应成为工业事故的大国"。

3）OHSMS 概述

（1）OHSMS 与 ISO 9000,ISO 14000 的关系

三项标准之间具有以下相互联系的特点：

- 承诺、方针和目标的相容性；
- 基本程序的多样性（如记录控制、内审与管理评审等）；
- 强调过程控制和生产现场；
- 都是通过 PDCA 管理模式实现可持续改进。

（2）OHSMS 与 ISO 9000,ISO 14000 相同点

- 都是推荐采用的管理性质标准；
- 遵循相同的管理原理、依据标准建立文件、依靠文件实施管理；
- 框架结构和要素内容相似。

OHSMS 与 ISO 9000,ISO 14000 比较如表 2.1 所示。

表 2.1　OHSMS 与 ISO 9000, ISO 14000 对比

项　目	ISO 9000	ISO 14000	OHSMS
目标	产品质量针对顾客	生产过程和产品对环境之影响服务于众多相关方	生产过程和产品对环境之影响侧重组织内各相关方
供需关系	一对一的经济利益或服务的直接关系	多方面相关方组织之间间接、直接关系	同 ISO 14000
承诺持续改进	不必须	必须	同 ISO 14000
组织覆盖内容	指定产品或服务有关的生产阶段	组织所有部门和活动	组织所有部门和活动并分解到每个生产岗位
与外部联系	没有特殊要求	必须征求外部相关方意见	同 ISO 14000
特殊要素	质量控制、质量保证	环境因素	危害识别、危险评价和危险控制计划

4) OHSMS 运行模式

PDCA 模式:PDCA 模式也叫戴明模式,包括规划(PLAN)、实施(DO)、检查(CHECK)和改进(ACTION)。即规划出管理活动要达到的目的和遵循的原则;实现目标并在实施过程中体现以上原则;检查和发现问题,及时采取纠正措施,保证实施与实现过程不会偏离原有目标和原则;实现过程与结果的改进提高。

5) OHSMS 的特点

①采取系统化、结构化、科学化的管理机制。

②OHSMS 遵循自愿原则,不改变组织法律责任。OHSMS 不是法律,是规定组织如何遵守法律,基于原有国家地方行业的法律。

③未对 OHSMS 绩效提出绝对要求,不确定取得最佳结果。不同基础与绩效的组织都可能满足 OHSMS 要求,同基础与绩效组织不一定取得一样的结果,提供创造最优的条件与基础。

④OHSMS 不必独立于其他管理系统体系。

⑤具有广泛适用性,适于各种类型规模、地理、文化和社会条件。

⑥具有很大灵活性,没有行为标准。关心的是如何实现目标,不注重目标是什么。

⑦坚持持续改进和工伤职业病预防,安全第一和预防为主贯穿于持续改进中。

6)建立 OHSMS 基本步骤

①体系策划:学习培训\制订计划\初始评审\OHSMS 设计。

②文件编写:管理手册;程序文件;作业文件。

③OHSMS 运行:体系运行;内部审核与管理评审;纠正与预防。

④持续改进和保持:体系能否持续有效和适用,保持是关键。

7)OHSMS 的内容及基本要求

(1)职业健康安全管理体系要素及其相互关系(表2.2)。

表2.2 职业健康安全管理体系

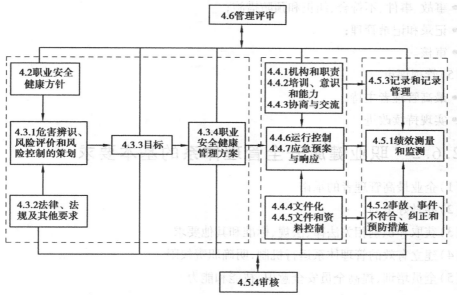

(2)职业健康安全管理体系内容

①职业健康安全方针:

* 组织的 OSH 最高纲领;

* 最高管理者的承诺。

②策划:

* 对危险源辨识、风险评价和风险控制的策划;

* 法规和其他要求;

* 目标;

● 职业健康安全管理方案。

(3)实施和运行

● 机构和职责；

● 培训、意识和能力；

● 协商和交流；

● 文件；

● 文件和资料控制；

● 运行控制；

● 应急准备和响应。

(4)检查和纠正措施

● 绩效测量和监测；

● 事故、事件、不符合、纠正和预防措施；

● 记录和记录管理；

● 审核。

(5)管理评审

● 最高管理者主持；

● 实现持续改进。

2.6.2　职业健康安全管理体系的基本要求

(1)企业最高管理者的承诺

(2)要做好策划

(3)获取和识别相关法律、法规、标准和其他要求

(4)建立有效的管理体系运行机制，明确职责权限

(5)全员培训，提高全员安全意识、技能和能力

(6)实施全过程控制

(7)加强监督和管理

(8)定期进行管理评审

📖 学习鉴定

1. 填空题

（1）《中华人民共和国安全生产法》于____年____月____日第九届全国人民代表大会第二十八次常务委员会通过，同年 11 月 1 日颁布实施。共七章，九十七条。

（2）国家基础法和一般法包括 _____、_____、_____、_____等。

（3）《中华人民共和国职业病防治法》于____年____月____日闭会的九届全国人民代表大会常务委员会第二十四次会议上获得通过，于____年____月____日起施行。

2. 简答题

（1）法律与道德的区别有哪些？

（2）燃气管线违章是指在设施安全防护间距之内出现的哪些情况？

3 危险源辨识及风险评价

3.1

危险源辨识

3.1.1 什么是危险源辨识

危险源辨识就是识别危险源并确定其特性的过程。危险源辨识不但包括对危险源的识别,而且必须对其性质加以判断。在进行危险源辨识时,需要充分考虑危险源的三种时态和三种状态。

（1）三种时态

①过去:作业活动及活动场所过去遗留的危险源。

②现在:作业活动及活动场所在现有(或拟定)的控制措施下的危险源。

③将来:作业活动及活动场所将来可能会出现的危险源。

（2）三种状态

①正常(常规):在进行正常的作业活动时存在的危险源,如电气设备、机械设备以及其他设备设施在正常工作状态下或人的不安全行为等。

②异常(非常规):在作业活动中不能按正常的活动、经营、服务流程进行可能发生的危险源,如电气、机械设施设备的试运转、维修、停机及发生故障时的危险源,恶劣天气(风雾天、雨雪天、高温寒冷天)作业时的危险源等。

③紧急(事故):主要指在作业活动中不能预见因素可能发生重大事故或灾害,如地震、发生火灾爆炸、交通事故、高处坠物或滑坡掩埋窒息等危险源。

3.2

危险源辨识的程序

尽管危险与危害因素无处不在,但在安全管理中,我们更注重生产场所的危险辨识,特别是重大危险因素的辨识。因为生产中涉及的危险与危害因素更集中,如果发生危害与事故,后果也会更严重。生活中的危险与危害因素辨识除需要具有安全意识和相关的安全知识以外,往往还要加上生活经验的积累。

1）确定辨识的范围

进行危险辨识，首先要确定辨识的范围，即明确哪些工艺、场所需要进行危险与危害因素的辨识，并且弄清楚哪些地方需要重点考虑。辨识范围的确定要具有科学性、针对性和明确性。

2）危险源的调查

危险源是事故发生的前提，是事故发生过程中能量与物资释放的主体。在确定所要分析的系统后，要对所分析系统中的危险源情况进行调查，调查的内容主要有以下几方面：

①生产工艺设备及材料情况：工艺布置，设备名称、容积、温度、压力，设备性能，设备本质安全化水平，工艺设备的固有缺陷，所使用的材料种类、性质、危害，使用的能量及强度等。

②作业环境情况：安全通道情况，生产系统的结构、布局，作业空间布置等。

③操作情况：操作过程中的危险，工人接触危险源的频度等。

④事故情况：过去事故及危害状况，事故处理应急方法，故障处理措施。

⑤安全防护：危险场所有无安全防护措施，有无安全标志，燃气、物料使用有无安全措施等。

3）危险区域的界定

划定危险源点的危险范围也很重要。一般应先对系统进行划分：可按设备、生产装置及设施划分子系统，也可按作业单元划分子系统。然后分析每个子系统中所存在的危险源点，一般将产生或具有能量、物质、操作人员作业空间、产生聚集危险物质的设备容器作为危险源点。以危险源点为核心加上防护范围即为危险区域，这个危险区域就是危险源的区域。在确定源区域时，可按以下方法界定。

①按照危险源是固定的还是移动的界定：例如运输车辆、车间内的搬运设备为移动式，其危险区域应随设备的移动空间而定；而锅炉、压力容器（储罐）、压缩机等则是固定式，其区域范围也是固定的。

②按照危险源是点源还是线源界定：一般线源引起的危害范围较点源的大。例如燃气管道在腐蚀开裂、发生泄漏时多为线源，腐蚀穿孔、发生泄漏时则为点源。

③按照危险作业场所来划定危险源的区域：例如有发生爆炸、火灾危险的场所，有被车辆伤害的场所，有触电危险的场所，有高处坠落危险的场所，有腐蚀、放射、辐射、中

毒和窒息危险的场所等。

④按照危险设备所处位置作为危险源的区域：如锅炉房、油库、氧气站、变配电站、储罐区、液化石油气灌装区、钢瓶储存区等。

⑤按照能量形式界定危险源：如化学危险源、电气危险源、机械危险源、辐射危险源及其他危险源等。

4）存在条件及触发因素的分析

一定数量的危险物质或一定强度的能量，由于存在条件不同，所显现的危险性也有所差异，被触发转换为事故的可能性大小也不同。因此存在条件及触发因素的分析是危险源辨识的重要环节。

（1）存在条件分析

存在条件主要包括：危险物资的储存条件、物性参数、设备状况、人员防护条件、操作管理条件等。

（2）触发因素可分为人为因素和自然因素

人为因素包括个人因素（如操作失误、不正确操作、粗心大意、漫不经心、心理因素）和管理因素（如不正确管理、不正确的训练、指挥错误、判断决策失误、设计差错、错误安排等）。自然因素是指引起危险源转化的各种自然条件及其变化（如气候条件变化、雷电、地震、洪水等）。

5）潜在危险性分析

危险源转化为事故，其表现是能量和危险物质的释放，因此危险源的潜在危险性可用能量的强度和危险物质的量来衡量。

能量包括电能、机械能、化学能、核能等，危险源的能量越大，表明其潜在危险性越大。

危险物质主要包括燃烧、爆炸危险物质和有毒、有害危险物质两大类。前者泛指能够引起火灾或爆炸的物质，如可燃气体、可燃液体、易燃固体、可燃粉尘，易爆化合物、自燃性物质、混合危险性物质等。后者系指直接加害于人体，造成人员中毒、致病、致畸、致癌等的化学物质。可根据使用的危险物质量来描述危险源的危险性。

6）危险源等级划分

危险源分级一般是按照危险源在触发因素作用下转化为事故的可能性大小与发生事故后果的严重程度划分的。危险源分级实质上是对危险源的评估、评价。

①按照事故出现的可能性大小可以定性地分为：非常容易发生、容易发生、较容易发生、不容易发生、难发生、极难发生等。

②按照发生事故后可能造成的危害程度可分为：可忽略的、临界的、危险的、破坏性的等级别。

③按照单项指标划分等级，一般为定量指标。例如高处作业，是根据高度差指标将坠落事故危险源划分为四级：一级 2～5 m，二级 5～15 m，三级 15～30 m，特级 30 m以上。

3.2.1　危险源辨识的主要内容

在进行危险辨识的过程中，应坚持"横向到边、纵向到底、不留死角"的原则，辨识的结果应科学、准确。这就要求参与危险辨识的人员不仅要具备相应的安全管理知识，对辨识的系统及场所也应熟悉，还应了解工艺过程及物料、设备特性等。如果对系统及场所不了解，在辨识过程中很难抓住重点、找出关键部位，辨识结果可能不够准确、清晰，不能为有效的安全管理提供可靠依据。

一般从以下几方面对危险因素与危害因素进行辨识与分析。

①厂（站）址及环境条件：一般要从厂（站）址的工程地质条件、地理地形、自然灾害、周围环境、气象条件、资源交通、抢险救灾支持条件等方面进行分析。例如对厂（站）区平面布局的分析应注意：功能分区（生产、管理、辅助生产、生活区）布置情况；高温、有害物质、噪声、辐射、易燃、易爆、危险品设施布置情况；工艺流程布置；建筑物、构筑物布置；风向、安全距离、卫生防护距离等。

②运输线路及码头：厂（站）区道路、厂（站）区铁路、危险品装卸区、厂（站）区码头等。

③建（构）筑物：建筑结构，防火、防爆措施，建筑朝向、采光条件，操作（安全、运输、检修）通道、门窗设置，生产卫生设施等。

④生产工艺过程：物料特性（毒性、腐蚀性、燃爆性等）、温度、压力、流速、作业及控制条件、事故及失控状态。

⑤生产设备及装置，包括以下方面：

a.生产设备、装置：高温、低温、腐蚀、高压、振动环境下的情况，控制、操作、检修及故障、失误时的紧急异常情况，关键部位的设备及备用设备；

b.机械设备：运动零部件和工件、操作条件、检修作业、误运转和误操作；

c.电气设备：断电、触电、火灾、爆炸、误运转和误操作、静电、雷电；

d.危险性较大设备、高处作业设备；

e.特殊单体设备、装置:锅炉房、储罐、LNG 装卸设施、LPG 灌装设备等。

⑥粉尘、毒物、噪声、振动、辐射、高温、低温等有害作业部位。

⑦管理设施、事故应急抢救设施和辅助生产、生活卫生设施。

⑧劳动组织生理、心理因素及人机工程学因素等。

3.2.2　危险源辨识的方法

危险源辨识是建立应急救援体系的基础。许多系统安全评价方法,都可用来进行危险有害因素的辨识。危险有害因素的分析需要选择合适的方法,应根据分析对象的性质、特点和分析人员的知识、经验和习惯来选用。常用的辨识方法大致可分为两大类。

1) 经验法

经验法适用于有可供参考先例、有以往经验可以借鉴的危险有害因素辨识过程,不能应用在没有先例的新系统中。经验法包括对照法和类比法。

（1）对照法

对照法是对照有关标准、法规、检查表或依靠分析人员的观察分析能力,借助于经验和判断能力直观地分析评价对象的危险性和危害性的方法。对照经验法是辨识中常用的方法。其优点是简便、易行,其缺点是受辨识人员知识、经验和占有资料的限制,可能出现遗漏。为弥补个人判断的不足,常采取专家会议的方式来相互启发、交换意见、集思广益,使危险有害因素的辨识更加细致、具体。

对照事先编制的检查表辨识危险有害因素,可弥补知识、经验不足的缺陷,具有方便、实用、不易遗漏的优点,但必须事先编制完备适用的检查表。检查表是在大量实践经验基础上编制的,我国一些企业和行业的安全检查表、事故隐患检查表也可作为参考。

（2）类比法

利用相同或相似系统或作业条件的经验和安全生产事故的统计资料来类推、分析评价对象的危险有害因素。

2) 系统安全分析方法

即应用系统安全工程评价方法进行危险有害因素辨识。该方法常用于复杂系统和没有事故经验的新开发系统。常用的系统安全分析方法有:事件树分析(ETA),故障树分析(FTA),作业条件危险性评价法,故障模式及影响分析(FMEA)等。

（1）事件树分析（ETA）

事件树分析是一种逻辑演绎分析法，它在给定内一个初因事件的前提下，分析此初因事件可能导改的各种事件序列的结果。

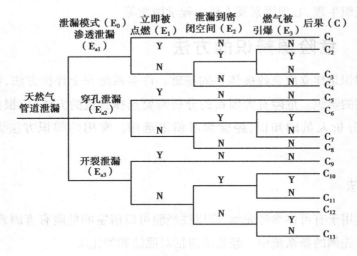

图3.1 天然气管道系统泄漏事件树

由于天然气泄漏是造成管道安全风险的根本原因，本文选择天然气泄漏作为事件树分析的初因事件，将天然气管道泄漏分渗透泄漏、穿孔泄漏和开裂泄漏这三种基本模式同时作为事件树分析的初因事件。图3.1为天然气管道系统泄漏事件树，代码为 $E_1 \sim E_3$ 的事件表示后续事件，代码正下方的字母 Y 表示该事件发生，而 N 表示事件不发生。由于各后续事件是否发生而使得管道泄漏具有13种不同的后果，分别用代码 $C_1 \sim C_{13}$ 表示。

各后果事件代码的意义见表3.1。

表3.1 后果事件代码的意义

代　码	意　义	代　码	意　义
C_1	着火	C_8	无灾害
C_2	密闭爆炸	C_9	射流火灾
C_3	窒息	C_{10}	密闭爆炸
C_4	无灾害	C_{11}	窒息
C_5	射流火灾	C_{12}	气云爆炸
C_6	密闭爆炸	C_{13}	无灾害
C_7	窒息	—	—

天然气管道渗透泄漏包括天然气从管道直接渗透到空气中以及管道穿孔、开裂并经过土壤渗透到空气中两种情况;而穿孔泄漏和开裂泄漏则表示天然气由于管道穿孔或开裂而直接泄漏到空气中。燃气以何种模式泄漏由管道的敷设方式及失效原因决定。

立即点燃泛指天然气泄漏后且未大量积聚前被点燃的情况,即不会导致爆炸、闪火、火球情况的点燃,而并非仅指燃气一泄漏就马上被点燃。燃气发生泄漏立即点燃后,由于燃气被消耗掉,因而不会再发生泄漏到密闭空间或燃气被引爆的情况。渗透泄漏由于泄漏流量小,压力降低到较低水平,立即点燃后一般发生普通的着火,而不会发生射流火灾;而穿孔泄漏和开裂泄漏后的立即点燃,则会产生喷射火,从而导致射流火灾。天然气泄漏到密闭空间时,若被引爆,则会发生密闭空间爆炸,若密闭空间里面有人,还有可能导致窒息。天然气管道开裂,且泄漏流量特别大时,即使泄漏在开敞空间,也有可能被引爆,从而发生开敞空间气体爆炸。

（2）故障树分析（FTA）

故障树是一种由结果到原因描述事故发生的有向逻辑树,是一种将系统故障的各种原因（包括硬件、环境、人为因素）由总体到部分,按倒置树枝状结构从上到下逐层细化的逻辑归纳分析方法,非常适合分析事件树中初因事件和后续事件的原因,故障树分析还可用于计算这些事件的概率。

（3）作业条件危险性评价法

作业条件危险性评价法是一种简单易行的评价作业环境危险性的半定量评价方法,它是由美国的格雷厄姆和金尼提出的。影响作业条件的危险性因素是事故发生的可能性(L)、人员暴露于危险环境中的频繁程度(E)、一旦发生事故可能造成的后果(C)。再用这三个因素分值的乘积 $D=L \cdot E \cdot C$ 来评价作业条件的危险性 D。D 值越大,作业条件的危险性越大。

事故发生的可能性分值 L 定量表达事故发生的概率。必然发生的事故的概率为1,规定对应的分值为10;实际上不可能发生事故的情况对应的分值为0.1。以此为基础,根据事故发生可能性确定的取值范围见表3.2。

表3.2 事故发生可能性分值 L

分数值 L	事故发生可能性	分数值 L	事故发生可能性
10	完全会被预料到	0.5	可以设想,很不可能
6	相当可能	0.2	极不可能
3	可能,但不经常	0.1	实际上不可能
1	完全意外,很少可能		

①人员暴露于危险环境的频繁程度分值 E：人员暴露在环境中的时间越多，受到伤害的可能性越大，相应的危险性也越大。规定人员连续出现在危险环境中的分值为 10，最小分值为 0.5，其具体取值范围见表 3.3。

表 3.3　人员暴露于危险环境的频繁程度分值 E

分数值 E	暴露于危险环境的频繁程度	分数值 E	暴露于危险环境的频繁程度
10	连续暴露	2	每月暴露一次
6	每天工作时间内暴露	1	每年暴露几次
3	每周一次或偶然暴露	0.5	非常罕见暴露

②发生事故可能造成的后果分值 G：由于事故造成人员的伤害程度的范围很大，规定把需要治疗的轻伤对应分值 1，10 人以上同时死亡对应的分值为 100，具体取值范围见表 3.4。

表 3.4　发生事故可能造成后果分值 C

分数值 C	事故造成的后果	分数值 C	事故造成的后果
100	10 人以上死亡	7	严重伤残
40	数人死亡	3	有伤残
15	1 人死亡	1	轻伤，需救护

③危险陛等级划分标准 D：该方法规定危险性分值 D 在 20 以下为低危险性，比日常骑车上班的危险性略低；D 为 70～160，有显著的危险性，需要采取整改措施；D 为 160～320，有高度危险性，必须立即整改；$D>320$ 时，有异常危险性，应立即停止作业，彻底整改。按危险性分值划分危险性等级见表 3.5。

表 3.5　危险性等级划分标准 D

分数值 D	危险程度	分数值 D	危险程度
≥320	极度危险不能继续作业	≥20～70	比较危险需要注意
≥160～320	高度危险需要立即整改	<20	稍有危险可以接受
≥70～160	显著危险需要整改		

由以上作业条件危险陛评价法的实施步骤和评分标准可以看出，该方法较为简易，可以用来初步判断危险有害因素在各个单元中的危险程度。这种方法广泛应用于建设项目的各类评价中，可以简洁直观地让评价人员对建设项目（系统）总体有概括的认识。

3.2.3 危险源辨识中应注意的问题

在危险辨识的过程中,还应注意以下几点。

(1)正确使用危险辨识表格

针对不同的辨识场所,可以归纳、推荐一些固定格式的表格,以方便进行危险辨识,避免由于辨识的人员不同导致辨识结果的差异,尽可能使辨识结果客观、有效。在应用这些预先制作的表格进行危险辨识的过程中,应注意根据具体的辨识场所对表格内容作适当的取舍和补充。目前,针对城镇燃气行业的危险辨识固定表格还很少,大部分是借鉴危险化学品行业、石油化工行业的表格。应逐步建立、完善城镇燃气系统各类场所专用的危险辨识、评价表格,为安全管理提供参考依据。

(2)依危险与危害因素的分布顺序进行辨识

为了有序、方便地进行分析、辨识,防止遗漏,一般按厂(站)址、平面布局、建(构)筑物、物质、生产工艺及设备、辅助生产设施(包括公用工程)、作业环境危险几部分,分析其存在的危险、危害因素,列表登记、综合归纳,得出系统中存在哪些危险因素与危害因素及其分布状况的综合资料。

(3)明确伤害(危害)方式和途径

①伤害(危害)方式:指对人体造成伤害、对人身健康造成损坏的方式。例如,机械伤害的挤压、咬合、碰撞、剪切等,中毒等导致生理功能异常、生理结构损伤等(如黏膜糜烂、植物神经紊乱、窒息、粉尘在肺泡内游留、肺组织纤维化、肺组织癌变等)。

②伤害(危害)途径和范围:大部分危险因素与危害因素是通过与人体直接接触造成伤害。如爆炸是通过冲击波、火焰、飞溅物体在一定空间范围内造成伤害;毒物是通过直接接触(呼吸道、食道、皮肤黏膜等)或一定区域内通过呼吸到的空气作用于人体;噪声是通过一定距离内的空气损伤听觉的,低频噪声也可以通过固体传播,造成危害。

(4)确定主要危险与危害因素

对导致事故发生条件的直接原因、诱导原因进行重点分析,从而为确定评价目标、评价重点,划分评价单元,为选择评价方法、采取控制措施、制订实施计划提供基础。应分清主次,以使安全管理工作有的放矢,突出重点。

(5)明确重大危险与危害因素

分析时要防止遗漏,特别是对可导致重大事故的危险与危害因素要给予特别的关注,不得忽略。不仅要分析正常生产运转、操作时的危险与危害因素,更重要的是要分析设备、装置破坏及操作失误可能产生严重后果的危险与危害因素。

3.2.4 危险源辨识的结果

危险辨识活动的结果,通常是可能引起危险情况的材料或生产条件的清单,如表3.6所示。分析人员可利用这些结果确定适当的范围和选择适当的方法开展安全评价或风险评估。总的来说,安全评价的范围与复杂程度直接取决于识别出危险的数量与类型,以及对它们的了解程度。如果有些危险的范围不清楚,则在进行安全评价之前需要开展另外的专门研究或试验。

表3.6 危险辨识的结果

序 号	结 果
1	可燃材料清单
2	毒物材料和副产品清单
3	危险反应清单
4	化学品及释放到环境中可监测量的清单
5	系统危险清单(如毒性、可燃性)
6	污染物和导致失控反应的生产条件清单
7	重大危险源(危险因素)清单

3.3
危险源管理

3.3.1 危险源的分类

危险源是指一个系统中具有潜在能量和物质释放危险的、在一定的触发因素作用下可转化为事故的部位、区域、场所、空间、岗位、设备及其位置。也就是说,危险源是能量、危险物质集中的核心,是能量传出来或爆发的地方。危险源存在于确定的系统中,不同的系统范围,危险源的区域也不同。例如,从全国范围来说,对于危险行业(如石油、化工等)具体的一个企业就是一个危险源。而从一个企业系统来说,可能是某个车间、仓库就是危险源;一个车间系统中某台设备可能是危险源。因此,分析危险源应按系统的不同层次来进行。

根据上述对危险源的定义,危险源应由三个要素构成:潜在危险性、存在条件和触发因素。

①潜在危险性:是指一旦触发事故,可能带来的危害程度或损失大小,或者说危险源可能释放的能量强度或危险物质量的大小。

②存在条件:是指危险源所处的物理状态、化学状态和约束条件的状态,如物质的压力、温度、化学稳定性,盛装容器的坚固性,周围环境障碍物等情况。

③触发因素:是指危险源转化为事故的外因。每一类危险源都有相应的敏感触发因素。例如,对于易燃、易爆物质,热能是其敏感的触发因素;对于压力容器,压力升高是其敏感触发因素。触发因素虽然不属于危险源的固有属性,但它是危险源转化为事故的外因。因此一定的危险源总是与相应的触发因素相关联。在触发因素的作用下,危险源会转化为危险状态;如果这种状态得不到改善,则可能转化为事故。

危险源是可能导致事故发生的、潜在的不安全因素。实际上,在生产、生活过程中不安全因素很多,而且非常复杂。它们在导致事故发生、造成人员伤害和财产损失方面所起的作用很不相同;相应地,控制它们的原则、技术和方法也不相同。根据危险源在事故发生、发展中的作用,可以把危险源分成两大类:第一类危险源和第二类危险源。

1) 第一类危险源分析

根据能量意外释放原理,事故是能量或危险物质的意外释放,作用于人和物的过量的能量或干扰人体和外界能量交换物质是造成人员伤害的直接原因。于是,把系统中存在的、可能发生意外释放的能量或危险物质称作第一类危险源。一般地,能量被解释为物体做功的本领。做功的本领是无形的,只有在做功时才显现出来。因此,实际工作中往往把产生能量的能源或拥有能量的能量载体看作第一类危险源来处理。

(1)常见的第一类危险源

可以列举的工业生产过程中常见的伤害事故类型与第一类危险源,如表3.7所示。

表3.7 伤害事故类型与第一类危险源

事故类型	能量源或危险物的产生贮存	能量载体或危险物
物体打击	产生物体落下、抛出、破裂、飞散的设备、场所、操作	落下、抛出、破裂、飞散的物体
车辆伤害	车辆、使车辆移动的牵引设备、坡道	运动的车辆
机械伤害	机械的驱动装置	机械的运动部分、人体
起重伤害	起重、提升机械	被吊起的物
触电	电源装置	带电体、跨步电压区域

续表

事故类型	能量源或危险物的产生贮存	能量载体或危险物
灼烫	热源设备、加热设备、炉、灶、发热体	高温物体、高温物质
火灾	可燃物	火焰、烟气
高处坠落	高度差大的场所、人员借以升降的设备装置	人体
坍塌	土石方工程的边坡、料堆、料仓、建筑物、构筑物	边坡土(岩)体、物料、建筑物、构筑物、载荷
冒顶片帮	矿山采掘空间的围岩体	顶板两帮围岩
放炮、火药爆炸	炸药	—
瓦斯爆炸	可燃性气体、可燃性粉尘	—
锅炉爆炸	锅炉	蒸汽、热水
压力容器爆炸	压力容器	内容物
淹溺	江、河、湖、海、池塘、洪水、贮水容器	水
中毒窒息	产生、储存、聚集有毒有害物质的装置、容器、场所	有毒、有害物质

①产生、供给能量的装置、设备:例如变电所、供热锅炉等,它们运转时供给或产生较高的能量。

②使人体或物体具有较高势能的装置、设备、场所:如起重、提升机械、高度差较大的场所等。

③能量载体:如带电的导体、运动的车辆、有压流体、高温物质等。

④一旦失控可能产生巨大能量的装置、设备、场所:一些正常情况下按人们的意图进行能量的转换和做功,在意外情况下可能产生巨大能量的装置、设备、场所,例如强烈放热反应的化工装置、充满爆炸性气体的空间等。

⑤一旦失控可能发生能量蓄积或突然释放的装置、设备、场所:正常情况下多余的能量被释放而处于安全状态,一旦失控时发生能量的大量蓄积,其结果可能导致大量能量意外释放的装置、设备、场所,例如各种压力容器、受压设备,容易发生静电蓄积的装置、场所等。

⑥危险物质:除了干扰人体与外界能量交换的有害物质外,也包括具有化学能的危险物质。具有化学能的危险物质分为可燃烧爆炸危险物质和有毒、有害危险物质两类。前者指能够引起火灾、爆炸的物质,按其物理化学性质分为可燃气体、可燃液体、易燃固体、可燃粉尘、易爆化合物、自燃性物质、忌水性物质和混合危险物质等八类;后者指直

接加害于人体,造成人员中毒、致病、致畸、致癌等的化学物质。

⑦生产、加工、贮存危险物质的装置、设备、场所:这些装置、设备、场所在意外情况下可能引起其中的危险物质起火、爆炸或泄漏。例如炸药的生产、加工、贮存设施,石油化工生产装置等。

⑧人体一旦与之接触将导致人体能量意外释放物体:如设备棱角、工件毛刺、锋利的刀刃等:运动的人体与之接触可能受伤。

（2）第一类危险源危害后果的影响因素

第一类危险源的危险性主要表现为导致事故而造成后果的严重程度方面。第一类危险源危险性的大小主要取决于以下几方面情况:能量或危险物质的量;能量或危险物质意外释放的强度;能量的种类和危险物质的危险性质;意外释放的能量或危险物的影响范围等。

2）第二类危险源分析

在生产、生活中,为了利用能量,让能量按照人们的意图在生产过程中流动、转换和做功,就必须采取屏蔽措施约束、限制能量,即必须控制危险源。约束、限制能量的屏蔽应该能够可靠地控制能量,防止能量意外地释放。然而,实际生产过程中绝对可靠的屏蔽措施并不存在。在许多复杂因素的作用下,约束、限制能量的屏蔽可能失效,甚至可能被破坏而发生事故。因此,我们把导致约束、限制能量屏蔽措施失效或破坏的各种不安全因素称作第二类危险源,包括人、物、环境三个方面的问题。

①在安全工作中涉及人的因素问题时,采用的术语有不安全行为和失误。

不安全行为一般指明显违反安全操作规程的行为,这种行为往往直接导致事故发生。例如,不断开电源就带电修理电气线路而发生触电等。

失误是指人的行为的结果偏离了预定的标准,例如,合错了开关使检修中的线路带电,误开阀门使有害气体泄放等。

人的不安全行为、失误可能直接破坏对第一类危险源的控制,造成能量或危险物质的意外释放;也可能造成物的不安全因素问题,物的不安全的因素问题进而导致事故。

②物的不安全因素问题可以概括为物的不安全状态和物的故障（或失效）。

物的不安全状态是指机械设备、物质等明显的不符合安全要求的状态,例如没有防护装置的传动齿轮、裸露的带电体等。在我国的安全管理实践中,往往把物的不安全状态称作隐患。

物的故障（或失效）是指机械设备、零部件等由于性能低下而不能实现预定功能的现象。

物的不安全状态和物的故障（或失效）可能直接使约束、限制能量或危险物质的措施失效而发生事故，例如电线绝缘破坏，发生漏电。

③环境因素主要指系统运行的环境，包括温度、湿度、照明、粉尘、通风换气、噪声和振动等物理环境，以及企业和社会的软环境。不良的物理环境会引起物的不安全因素问题或人的因素问题。例如，潮湿的环境会加速金属腐蚀而降低结构或容器的强度；工作场所强烈的噪声影响人的情绪、分散人的注意力而发生操作失误；企业的管理制度、人际关系或社会环境影响人的心理，可能造成人的不安全行为或失误。

第二类危险源往往是一些围绕第一类危险源随机发生的现象，它们出现的情况决定事故发生的可能性。第二类危险源出现得越频繁，发生事故的可能性越大。

3) 危险源与事故发生的关联性

事故的发生是两类危险源共同作用的结果。第一类危险源的存在是事故发生的前提，没有第一类危险源就谈不上能量或物质的意外释放，也就无所谓事故；另一方面，如果没有第二类危险源破坏对第一类危险源的控制，也不会发生能量或危险物质的释放。第二类危险源的出现是第一类危险源导致事故的必要条件。在事故的发生、发展过程中，两类危险源相互依存、相辅相成。第一类危险源在发生事故时释放出的能量是导致人员伤害或财物损坏的能量主体，决定事故后果的严重程度；第二类危险源出现的难易决定事故发生的可能性的大小。两类危险源共同决定危险源的危险性。

第二类危险源的控制应该在第一类危险源控制的基础上进行，与第一类危险源的控制相比，第二类危险源是一些围绕第一类危险源随机发生的现象，对它们的控制更困难。

3.3.2 危险源的控制途径

危险源的控制是利用工程技术手段和管理手段消除、控制危险源，防止危险源导致事故、造成人员伤亡和财物损失的工作。

危险源的控制可从三方面进行：技术控制、人的行为控制和管理控制。

（1）技术控制

控制危险源主要通过技术手段来实现。危险源控制技术包括防止事故发生的安全技术和减少或避免事故损失的安全技术。在采取技术措施对危险源进行控制时应着眼于前者，即尽量做到防患于未然；另一方面也应做好充分准备，一旦发生故障、事故时，能防止事故扩大或引起其他事故，把事故造成的损失限制在尽可能小的范围。危险源控制主要技术有消除、控制、防护、隔离、监控、保留和转移等。

（2）人的行为控制

控制人为失误，减少人不正确行为对危险源的触发作用。人的失误主要表现为：操作失误、指挥错误、不正确的判断或缺乏判断、粗心大意、厌烦、懒散、疲劳、紧张、疾病或生理因素、错误使用防护用品和防护装置等。人的行为控制首先是加强教育培训，做到人的安全化；其次应做到操作安全化。

（3）管理控制

实行科学的安全管理对危险源进行控制，也是非常重要的手段。通过一系列有计划、有组织的安全管理活动，也可以达到对危险源控制的目的。一般可采取以下管理措施对危险源实行控制。

①建立健全危险源管理的规章制度：危险源确定后，在对危险源进行系统危险性分析的基础上，健全各项规章制度，包括岗位安全生产责任制、危险源重点控制实施细则、安全操作规程、操作人员培训考核制度、日常管理制度、交接班制度、检查制度、信息反馈制度、危险作业审批制度、异常情况应急措施、考核奖惩制度等。

②明确责任、定期检查：应根据各危险源的等级，分别确定各级的负责人，并明确他们应负的具体责任。特别是要明确各级危险源的定期检查责任。除了作业人员必须每天自查外，还要规定各级领导定期参加检查。对于重点危险源，应做到公司总经理（厂长、所长等）半年一查，分厂厂长月查，车间主任（室主任）周查，工段、班组长日查。对于低级别的危险源也应制订出详细的检查安排计划。

对危险源的检查要对照检查表逐条逐项，按规定的方法和标准进行检查，并做记录。如发现隐患则应按信息反馈制度及时反馈，使其及时得到消除。凡未按要求履行检查职责而导致事故发生者，要依法追究其责任。规定各级领导人参加定期检查，有助于增强他们的安全责任感，体现管生产必须管安全的原则，也有助于重大事故隐患的及时发现和解决。专职安全技术人员要对各级人员实行检查的情况定期检查、监督并严格进行考评，以实现管理的封闭。

③加强危险源的日常管理：要严格要求作业人员贯彻执行有关危险源日常管理的规章制度。搞好安全值班、交接班，按安全操作规程进行操作；按安全检查表进行日常安全检查；危险作业经过审批等。所有活动均应按要求认真做好记录。领导和安全技术部门定期进行严格检查考核，发现问题，及时给以指导教育，根据检查考核情况进行奖惩。

④加强危险源的日常管理反馈，及时整改隐患：要建立健全危险源信息反馈系统，制订信息反馈制度并严格贯彻实施。对检查发现的事故隐患，应根据其性质和严重程度，按照规定分级实行信息反馈和整改，做好记录，发现重大隐患应立即向安全技术部

门和行政第一领导报告。信息反馈和整改的责任应落实到人。对信息反馈和整改的情况各级领导和安全技术部门要进行定期考核和奖惩。安全技术部门要定期收集、处理信息,及时提供给各级领导研究决策,不断改进危险源的控制管理工作。

⑤搞好危险源控制管理的基础建设工作:危险源控制管理的基础工作除建立健全各项规章制度外,还应建立、健全危险源的安全档案并设置安全标志牌。应按安全档案管理的有关内容要求建立危险源的档案,并指定由专人保管,定期整理。应在危险源的显著位置悬挂安全标志牌,标明危险等级,注明负责人员,按照国家标准的安全标志表明主要危险,并扼要注明防范措施。

⑥搞好危险源控制管理的考核评价和奖惩:应对危险源控制管理的各方面工作制订考核标准,并力求量化,划分等级,定期严格考核评价,给予奖惩。可逐年提高要求,促使危险源控制管理的水平不断提高。

3.3.3 危险源的分级管理

危险源点分级管理是系统安全工程中危险辨识、控制与评价在生产现场安全管理中的具体应用,体现了现代安全管理的特征。与传统的安全管理相比较,危险源点分级管理有以下特点:体现"预防为主";全面系统的管理;突出重点管理。根据危险源点危险陛大小对危险源点进行分级管理,可以突出安全管理的重点,把有限的人力、财力、物力集中起来解决最关键的安全问题。抓住了重点也可以带动一般,推动企业安全管理水平的普遍提高。

危险源分级一般是按照危险源在触发因素作用下转化为事故的可能性大小与发生事故后果的严重程度划分的(参见表3.8—表3.10)。危险源分级实质上是对危险源的评估、评价。

①按事故出现的可能性大小可以定性地分为:非常容易发生、容易发生、较容易发生、不容易发生、难发生、极难发生等。

②按发生事故后可能造成的危害程度可分为:可忽略的、临界的、危险的、破坏性的等级别。

③按单项指标划分等级,一般为定量指标。例如高处作业,是根据高度差指标将坠落事故危险源划分为四级:一级 $2 \sim 5$ m,二级 $5 \sim 15$ m,三级 $15 \sim 30$ m,特级 30 m以上。

表 3.8　发生事故可能性大小(L)

分值数	发生事故的可能性
10	完全可以预料
6	相当可能
3	可能,但不经常
1	可能性小,完全是意外
0.5	很不可能,可以设想
0.2	极不可能
0.1	实际不可能

表 3.9　人员暴露于危险环境的频繁程度(E)

分值数	人员暴露于危险环境的频繁程度
10	连续暴露
6	每天工作时间暴露
3	每周一次,或偶然暴露
2	每月一次暴露
1	每年仅几次暴露
0.5	非常罕见的暴露

表 3.10　发生事故造成后果的严重程度(C)

分数值	发生事故可能造成的后果
100	大灾难,许多人死亡,或造成重大财产损失
40	灾难,数人死亡,或造成很大财产损失
15	非常严重,一人死亡,或造成一定的财产损失
7	严重,重伤,或较小的财产
3	重大,致残,或很小的财产损失
1	引人注目,不利于基本的安全卫生要求

3.4
危险源风险评价

风险评估,就是利用风险技术对可能发生的事故的时间、后果、影响、发生概率,及相关各种技术经济效果进行准确的量化分析,给出可接受的风险水平、风险控制方法和原则,制订出减少系统风险的有效措施。

3.4.1　风险评价的目的

风险评价的目的在于:系统地从计划、设计、施工、运行等过程中考虑安全技术和安全管理问题,提出生产过程中潜在的危险因素,并提出相应的安全措施;对潜在的事故进行定性、定量分析和预测,求出系统安全的最优方案;评价设备或生产的安全性是否符合相关规定和标准,实现安全技术与安全管理的标准化和科学化。

3.4.2　风险评价的工作程序

城市燃气系统是城市公用基础设施的重要组成部分,现代化的城市燃气系统是一个可维修的、复杂的、网络化的综合设施,包括低压、中压以及高压不同压力等级的燃气管道,各种类型的调压站或调压装置,各种类型的储配站,监控与调度中心,维护管理中心,用户燃具及其他设施。考虑到上述因素,对我国城市燃气管道进行风险评价技术路线可按以下思路进行。

①将燃气(天然气)管道系统分为储配站系统、输配管道系统和用户系统,利用不同方法对各系统进行风险辨识。

②对各系统采用不同的分类原则,管道分段的基本原则是在管道重要参数有重大变化时插入分段点,用模糊聚类方法将风险状态相似的管段归类,然后将模糊综合评价方法引入管道的风险分析。根据管道设计参数及环境的参数选择权重集,综合评价得到管道的风险状态的定性描述。储配站的评价从厂站位置及环境、阀门、承压容器、工艺流程、仪器仪表、泄漏及安全设施等方面进行评价。用户系统评价采用故障树分析法和专家调查法。

③将故障树定性分析或者定量分析方法引入城市燃气系统风险评价中,先对故障树进行模块化分解,求出每个模块的最小割集,作出定性评价,提出相应的减小风险的

对策。引入针对故障树基本事件概率的专家调查法和历史事故统计方法,对管道某些特定的系统部件进行使用寿命的统计推断。

④分别建立事故后果事件树,例如,对燃气泄漏后果进行统计分析。对某些重要的事故后果给出后果事件的概率计算公式,分析这些事件的危害程度,提出相应的减小事故发生概率的对策。

⑤开展管道腐蚀(大气、土壤及管道内部)参数试验研究,重点分析埋地燃气管道腐蚀影响因素,探讨管道及其防腐层受土壤腐蚀的影响程度和腐蚀规律,研究埋地燃气管道的腐蚀机理,建立土壤腐蚀速率预测模型,开发地下燃气管道腐蚀数据库管理系统。

学习鉴定

1. 填空题

(1)危险源辨识就是识别危险源并确定其_____的过程。危险源辨识不但包括对危险源的识别,而且必须对其_____加以判断。

(2)危险源转化为事故,其表现是_____和危险物质的释放,因此危险源的潜在危险性可用_____和危险物质的量来衡量。

(3)风险评估,就是利用风险技术,对将要发生的_____、时间、_____、影响及其发生概率,以及各种技术经济效果进行准确的量化分析,给出可接受的风险水平、_____和原则,制订出减少系统风险的有效措施。

2. 问答题

(1)危险源辨识的方法有哪些?

(2)危险源风险评价的目的是什么?

4 管道完整性管理及评价

■ 核心知识

- 管道完整性管理的定义
- 完整性管理的技术
- 城镇管网完整性管理的特点

■ 学习目标

- 了解管道完整性管理的定义、标准
- 掌握完整性管理的相关技术
- 了解管道完整性评价的方法

4.1

概　述

4.1.1　管道完整性的定义

管道完整性(Pipeline Integrity)是指:

①管道始终处于安全可靠的工作状态。

②管道在物理上和功能上是完整的,管道处于受控状态。

③管道运营商已经并仍将不断采取行动防止管道事故的发生。

燃气管道完整性与管网的设计、施工、维护、运行、检修的各个过程是密切相关的。

燃气管道完整性管理(Pipeline Integrity Management,PIM)定义为:燃气公司根据不断变化的管网因素,对天然气管网运营中面临的风险因素进行识别和技术评价,制定相应的对策,并不断改善不利影响因素,从而将管网运营风险水平控制在合理、可接受的范围内。

4.1.2　管道完整性管理的原则

管道完整性管理的原则如下:

- 在设计、建设和运行新管道系统时,应融入管道完整性管理的理念和做法;
- 结合管道的特点,进行动态的完整性管理;
- 要建立负责进行管道完整性管理的机构和管理流程,配备必要的手段;
- 要对所有与管道完整性管理相关的信息进行分析、整合;
- 必须持续不断地对管道进行完整性管理;
- 应当不断将各种新技术运用到管道完整性管理过程中去。

管道完整性管理是一个与时俱进的连续过程,腐蚀、老化、疲劳、自然灾害、机械损伤等能够引起管道失效的多种因素皆随着时间推移不断地侵蚀着管道,因此必须持续不断地对管道进行分线分析、检测、完整性评价、维修、人员培训等完整性管理。

4.1.3　管道完整性管理的标准

管道完整性管理标准是实施管道完整性管理的重要指导性文件,研究国内外完整性管理的标准是燃气企业的重要任务。一方面要寻找适合于企业自身管理和发展特点的标准,为己所用;另一方面根据企业自身特点,编制自身的标准。

美国标准 ASME B 31.8S—2001《Managing Integrity System of Gas Pipeline》(ASME B 31.8S—2001《燃气管道完整性管理》)针对气体输送管道完整性管理的过程和实施要求进行规定。ASME B 31.8S—2001 标准是对 ASME B 31.8《Gas Transmission and Distribution Piping System》(ASME B 31.8《天然气输配管道与配气管道系统》)的补充,目的是为管道系统的完整性管理提供一个系统的、广泛的方法。ASME B 31.8S—2001 已得到 ASME B31 标准委员会和 ASME 技术规程与标准委员会的肯定,在 2002 年被批准为美国国家标准。

西欧、加拿大、澳大利亚等国都制定了管道完整性管理的标准及规范。加拿大 STD. CSAZ 662—99 标准中规定,管道运营商应定期对系统完整性进行平衡测量,定期对泄漏检测方法进行检查,确定其精度。对于含有缺陷的管道要求进行评价后确定是否可以继续使用,以确定哪一部分容易发生故障,以及这部分是否适合连续使用。

4.1.4　国内外管道完整性管理的法律法规

1)国外管道完整性法律法规

从 2001 年美国对管道完整性管理立法以来,世界各国开始对管道完整性提出具体要求,但各个国家的具体要求不同,所以完整性管理推广应用的力度也不同。

美国在 1968 年制定的天然气管道安全法案(P. L. 90-481)是最早规定管道安全的法规,主要涉及管道安全的主要问题,包含设计、施工、运行和维护,以及泄漏应急预案。2002 年 12 月 12 日,美国通过了管道安全促进法案(P. L. 107-355),该法案扩大了不是"有意和蓄意"造成管道损坏的种种情况应承担的刑事责任。美国 CFR49 Part 192 和 Part 195 要求天然气管道运营商能运用内部检测、压力检测、直接评估或其他同样有效评估手段对事故结果严重区域所有管道统一进行评估的完整性管理计划,对每一段管道,运营商必须通过补救措施和增强保护性的缓解措施为管道的完整性提供保护。

1996 年英国制定了管道安全规范,应用于所有引起或协助气体流动的设备,包括所有压力设备的设计、建议、安装、运行和报废,重大事故危害管线的通告书、重大事故预防文件、应急程序和应急方案等。

世界各国(如白俄罗斯、俄罗斯、美国、英国和加拿大等国家)的法律法规规定了必须采取措施进行管道检测以保证管道的安全。

2)国内管道完整性法律法规

中华人民共和国国家经济贸易委员会令,《石油天然气管道安全监督与管理暂行规定》自 2000 年 4 月 24 日起施行。中华人民共和国国务院令第 313 号《石油天然气管道保护条例》2001 年 7 月 26 日颁布。此条例涉及管道设施的保护,禁止任何单位和个人从事危及管道设施安全的活动:

①移动、拆除、损坏管道设施以及为保护管道设施安全而设置的标志、标示。

②在管道中心两侧各 5 m 范围内,取土、挖塘、修渠、修建养殖水场,排放腐蚀性物质,堆放大宗物资,采石、盖房、建温室、垒家畜棚圈、修筑其他建筑物、构筑物或者种植深根植物。

③在管道中心线两侧或者管道设施厂区外各 50 m 范围内,爆破、开山和修筑大型建筑物、构筑物工程。

④在埋地管道设施上方巡查便道上行驶机动车辆或者在地面管道设施、架空管道设施上行走。

⑤危害管道设施安全的其他行为。

条例规定在管道中心线两侧 50~500 m 范围内进行爆破的,应当事先征得管道运营商同意,在采取安全措施后方可进行。另外,除在保障管道设施安全的条件下为防洪和航道通航而采取的疏浚作业外,不得修建码头,不得抛锚、拖锚、淘沙、挖沙、炸鱼、进行水下爆破或者可能危及管道设施安全的其他水下作业。

4.2
管网完整性管理的技术

管道完整性管理的技术体系主要由数据分析整合、风险评价、管道检测、监测、评价、修复、信息技术平台、公众警示等方面构成,组成一个完整的有机整体,如图 4.1 所示。

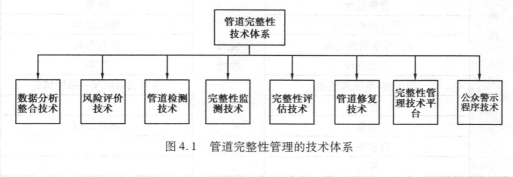

图 4.1 管道完整性管理的技术体系

4.2.1 数据分析整合技术

数据分析整合技术主要包括数据构成、数据收集、数据整合分类等。

1) 数据的构成

本章所说的数据是指管道完整性管理过程中所需要的数据,包括特征数据、施工数据、操作运行数据、检测数据和监测数据等,见表4.1。

表4.1 完整性数据构成

施工	安装年份	特征数据	管道壁厚
	弯制方法		直径
	连接方法、工艺和检测结果		焊缝类型和焊缝系数
	埋深		制管厂家
	穿越/套管		制造日期
	试压		材料性能
	现场涂层方法		设备性能
	土壤、回填	检测	试压
	检测报告		管道内检测
	阴极保护		几何变形检测
	涂层类型		开挖检测
操作	气质		阴极保护检测
	流量		涂层状况检测
	规定的最大、最小操作压力		审核和检查
	泄漏/事故记录		内腐蚀情况
	涂层状况		内外壁壁厚
	阴极保护系统性能		沉降变形
	管壁温度		线路
	管道检测报告		地质位移
	内/外壁腐蚀监测	监测数据	运行参数
	压力波动		气质
	调压阀/泄压阀性能		外防腐层状况—腐蚀调查
	侵入		泄漏
	维修		站场设施
	故意破坏		
	外力		

2）数据的收集

数据收集主要有以下几个方面：

①应重点收集受关注区域的评价数据，以及其他特定高风险区域的数据。

②要收集对系统进行完整性评价所需的数据，要收集对整个管道和设施进行风险评估所需的数据。

③随着管道完整性管理的实施，数据的数量和类型要不断更新，收集的数据应逐渐适应管道完整性管理的要求。

3）数据整合

（1）开发一个通用的参考体系

由于数据种类很多，来源于不同的系统，单位可能需要转换。它们的相互关系应有一致的参考系统，才能对同时发生的事件及位置进行判断和定位。对线路里程、里程桩、标志位置、站场位置等数据需要建立通用的参考体系。

（2）采用先进的数据管理系统

国外已采用卫星定位系统（GPS）确定管道经、纬度坐标，也有将管道位置参数纳入国家地理信息系统（GIS）的。

（3）建立专用的完整性管理数据库

4.2.2 管道检测技术

管道完整性管理检测技术主要包括管道外检测、管道内检测和其他检测技术，如图4.2所示。

1）管道内检测

管道内检测是指针对管道本体管壁完整性即金属损失情况的检测。检测管壁金属损失的方法有漏磁检测法（MFL）和超声波检测法（UT）两种，另外的管道内检测为针对裂纹缺陷的检测。

（1）漏磁检测

①漏磁检测的基本原理：漏磁检测通过在管壁上放置磁极，能使磁极之间的管壁上形成沿轴向的磁力线。无缺陷的管壁中磁力线没有受到干扰，产生均匀分布的磁力线；而管壁金属损失缺陷会导致磁力线产生变化，在磁饱和的管壁中，磁力线会从管壁中泄漏。传感器通过探测和测量漏磁量来判断泄漏地点和管壁腐蚀情况。漏磁信号的数

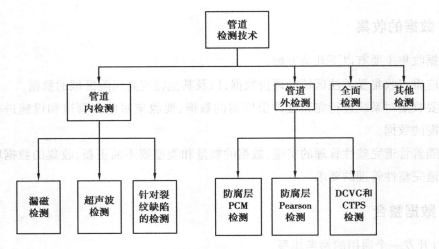

图4.2　管道完整性管理检测技术

量、形状常常用来表征管壁腐蚀区域的大小和形状。

②漏磁检测的特点：

- 复杂的解释手段来进行分析；
- 用大量的传感器区分内部缺陷和外部缺陷；
- 测量的最大管壁厚度受磁饱和磁场要求而限制；
- 信号受缺陷长宽比的影响很大，轴向的细长不规则缺陷不容易被检出；
- 检测结果会受管道所使用钢材性能的影响；
- 检测结果会受管壁应力的影响；
- 设备的检测性能不受管壁中运输物质的影响，既适用于气体运输管道也适用于液体运输管道；
- 进行适当的清管（相对于超声波检测设备必须干净）；
- 适用于检测直径大于等于3 in(8 cm)的管道。

③可检测缺陷类型：

- 外部缺陷；
- 内部缺陷；
- 各种焊接缺陷；
- 硬点；
- 焊缝：环形焊缝、纵向焊缝、螺旋形焊缝、对接焊缝；
- 冷加工缺陷；
- 凹槽和变形；
- 弯曲；

- 三通、法兰、阀门、套管、钢衬块、支管；
- 修复区；
- 胀裂区域(与金属腐蚀相关)；
- 管壁金属的加强区。

漏磁在线检测设备一般分为标准分辨率(也叫作低的或常规分辨率)设备,高分辨率设备,超高分辨率设备。其中高分辨率设备适合于检测不规则管道,所需处理的数据量比较大,数据处理的过程复杂。

(2)超声波检测

①超声波检测原理:当在线检测设备在管道中运行时,超声波检测设备可以直接测量出管壁的厚度。其通过所带的传感器向垂直于管道表面的方向发送超声波信号,管壁内表面和外表面的超声反射信号也都被传感器所接收,通过它们的传播时间差以及超声波在管壁中的传播速度就可以确定管壁的厚度。

②超声波检测的特性:

- 采用直接线性测厚的方法结果准确可靠；
- 可以区分管道内壁、外壁以及中部的缺陷；
- 对多种缺陷的检测都比漏磁检测法敏感；
- 可检测的厚度最大值没有要求,可以检测很厚的管壁；
- 有最小检测厚度的限制,管壁厚度太小则不能测量；
- 不受材料性能的影响；
- 只能在均质液体中运行；
- 超声波检测设备对管壁的清洁度比漏磁检测设备要求更高；
- 检测结果准确,尤其是检测缺陷的深度和长度直接影响评价结果的准确性；
- 设备的最小检测尺寸可达到 6 in(15 cm)。

③可检测的缺陷类型:

- 外部腐蚀；
- 内部腐蚀；
- 各种焊接缺陷；
- 凹坑和变形；
- 弯曲、压扁、翘曲；
- 焊接附加件和套筒(套筒下的缺陷也可以发现)、法兰、阀门；
- 夹层；
- 裂纹；

- 气孔；
- 夹杂物；
- 纵向沟槽；
- 管道管壁厚度的变化。

（3）裂纹缺陷的检测

裂纹缺陷出现后会导致管道泄漏和破裂，对裂纹最可靠的在线检测方法是超声波检测，这是因为大多数裂纹缺陷都垂直于主应力成分，而超声波发送的方式使管道得到最大的超声响应。

①超声波液体耦合检测器：液体耦合装置让超声脉冲通过一种液体耦合介质（油、水等）调整超声脉冲的传播角度，可以在管壁中产生剪切波。在钢结构管道检测中，超声波入射角可以调整为45°的传播角，更适合于裂纹缺陷的检测。

a. 检测器特性：

- 只能用于液体环境；
- 气体管道在充填液体的情况下进行检测；
- 可以对管道的全管体进行检测；
- 可区分缺陷类型；
- 可区分内壁缺陷、外壁缺陷和管壁内部缺陷等；
- 可进行壁厚测量。

b. 可检测的缺陷类型：

- 纵向裂纹和类裂纹缺陷；
- 裂纹缺陷，包括应力腐蚀裂纹、疲劳裂纹和角裂纹；
- 类裂纹，包括缺口、凹槽、划痕、缺焊和纵向不规则焊接；
- 与几何尺寸相关的类型，如焊接和凹痕；
- 与安装有关的类型，如阀门、T形零件和焊接补丁；
- 管壁中的缺陷类型，如夹杂和层叠。

②超声波轮形耦合检测器：这种装置使用液体填充盘作为传感器，产生剪切波以65°的入射角进入管壁。

检测器特性：

- 在气体或者液体管道中运行；
- 能区分内部和外部缺陷；
- 目前不能用于直径小于20 in（51 cm）的管道。

③电磁声学传感器装置（EMAT）：电磁声学传感器由放置在管道内表面的磁场中的

线圈构成。交变电流通过线圈在管壁中产生感应电流,从而形成洛仑兹力(由磁场控制),产生超声波。传感器的类型和结构决定超声波的类型模式以及超声波在管壁中传播的特征。电磁声传感器在在线检测设备中的应用目前还处于研发阶段,电磁声传感器不需要耦合介质,可稳定地应用于气体输送管道。

④其他方法:环形漏磁检测装置也可用来进行管道沟槽、裂纹的检测。其特性是在气体和液体运输管道中运行,不能区分内壁和外壁缺陷,能检测管壁金属的腐蚀。

2)管道外检测

(1)防腐层的 PCM 检测

①检测原理:通过仪器发送机对管线施加外加电流,便携式接受机能准确探测到经管线传送的信号,跟踪和采集该信号,输入计算机,测出管道上各处的电流强度。由于电流强度随着距离的增加而衰减,在管径、管材、土壤环境不变的情况下,管道的防腐层的绝缘性能越好,施加在管道上的电流损失越少,衰减亦越小,如果管道防腐层损坏、如老化、脱落,绝缘性就差,管道上电流损失就越严重,衰减就越大,通过这种对管线电流损失的分析,从而实现对管线防腐层的不开挖检测评估。

②检测结果:检测时发射机沿管线发送检测信号,在地面上沿管道记录各个检测点的电流值及管道埋深,用专门的分析软件,经过数据处理,计算出防腐层的绝缘电阻及图形结果。计算出的绝缘电阻 R_g 通过与行业标准对比即可判断各个管段防腐层的状态级别,图形结果可直接显示破损点的位置。

(2)防腐层的 Pearson 法检测

此种古典的检测方法是由 John Pearson 博士发明的,因此叫 Pearson 检漏法,在国内也称为人体电容法。

①检测原理:检测原理主要是利用电位差法,即交流信号加在金属管道上,防腐层破损点有电流泄漏流入土壤中,管道破损裸露点和土壤之间就会形成电位差,在接近破损点的部位电位差最大,埋设管道的地面上检测到这种电位异常,即可发现管道防护层破损点。

②具体的检测方法:操作时,先将交变信号源连接到管道上,检测人员带上接收信号检测设备,两人牵引测试线,相隔 6~8 m,在管道上方进行检测。

③方法优、缺点:

优点:

- 是常用的防腐层漏点检测方法,准确率高;
- 很适合油田集输管线以及城市管网防腐层漏点的检测。

缺点:

● 干扰能力差;

● 要探管仪及接收机配合使用,必须准确确定管线的位置,通过接收机接收管线泄漏点发出的信号;

● 受发送功率的限制,最多可检测 5 km;

● 只能检测到管线的漏点,不能对防腐层进行评级;

● 检测结果很难用图表形式表示,缺陷的发现需要熟练的操作技艺。

(3)DCVG 检测技术

①工作原理及测试方法:在施加了阴极保护的埋地管线上,电流经过土壤介质流入管道防腐层破损的钢管处,会在管道防腐层破损处的地面上形成一个电压梯度场。根据土壤电阻率的不同,电压梯度场的范围将在十几米到几十米的范围变化。对于较大的涂层缺陷,电流流动会产生 200 ~ 500 mV 的电压梯度,缺陷较小时,也会有 50 ~ 200 mV。电压梯度主要分布在离电场中心较近的区域(0.9 ~ 18 m)。

②判断标准:由于管道距离较长,实测 DCVG 数据较多,采用实测数据与标准电压梯度相比较判断缺陷工作量较大,而实际检测过程中由于检测位置的变化,检测的 DCVG 数据的电压梯度变化较大,为方便判断,对 DCVG 数据进行转换并定义了一个电压 V_1 标准,其定义为:

$$V_{1标准} = 50 \text{ mV} - V_{实测的绝对值}$$

当 $V_{1标准} \geq 0$ 时,在防腐层基本无缺陷;

当 $V_{1标准} < 0$ 时,防腐层很可能存在缺陷。

随着防腐层破损面积增大或越接近破损点,电压梯度会变大和更集中。为了去除其他电源的干扰,DCVG 检测技术采用不对称的直流间断电压信号加在管道上,其间断周期为 1 s。这个间断的电压信号可通过通断阴极保护电源的输出实现,其中"断电"阴极保护的时间为 2/3 s,"通电"阴极保护的时间为 1/3 s。

(4)CIPS 密间隔电位测量技术

在阴极保护运行过程中,多种因素能引起阴极保护失效,如防腐层大面积破损,引起保护电位低于标准规定值,又如杂散电流干扰引起的管道腐蚀加剧等。因此,阴极保护的有效性评价是当务之急,而 CIPS 密间隔电位测量技术就可解决此问题。

①工作原理:

密间隔电位测量是国外评价阴极保护系统能否达到有效保护的首选标准方法之一,其原理是在有阴极保护系统的管道上通过测量管道的管地电位沿管道的变化(一般是每隔 1 ~ 5 m 测量一个点)来分析判断防腐层的状况和阴极保护是否有效。

②判断依据：

测量时能得到两种管地电位,一是阴极保护系统电源开时的管地电位(V_{ON} 状态电位)。通过分析管地电位沿管道的变化趋势了解管道防腐层的总体平均质量优劣状况。防腐层质量与阴极保护电位的关系可用下式来衡量：

$$L = \frac{1}{a\ln\left(\frac{2E_{max}}{E_{min}}\right)}$$

式中　L——管道的长度；

　　　a——保护系数(与防腐层的绝缘电阻率、管道直径、厚度和材料有关)；

　　　E——管道两端的阴极保护电位值(V_{ON})。

管道的防腐层质量好时,单位距离内 V_{ON} 值衰减小,质量不好时,V_{ON} 值衰减大。

CIPS 测量时同时获得阴极保护电流瞬间关断电位(V_{OFF} 管地电位),该电位是阴极保护电流对管道的"极化电位",由于阴极保护系统已关断,此瞬时土壤中没有电流流动,因此 V_{OFF} 电位不含土壤的 IR 电压降,所以,V_{OFF} 电位是实际有效的保护电位。国外评价阴极保护系统效果的方法完全是用 V_{OFF} 值判断($\leqslant -850$ mV 有效,$\leqslant -1\,250$ mV 时过保护)。通过分析 V_{ON}/V_{OFF} 管地电位变化曲线,可发现防腐层存在的大的缺陷。当防腐层有较严重的缺陷时,缺陷处防腐层的电阻率会很低,这时阴极保护电流密度会在缺陷处增大。由于电流的增大土壤的 IR 电压降也会随之增大,因此在缺陷点周转管地电位值(V_{ON},V_{OFF})会下降。在曲线图上出现漏斗形状,特别是 V_{OFF} 值下降的更多些。

3)管道全面检验

管道全面检验是指按一定的检验周期对在用埋地压力管道进行的较为全面的检验。在役埋地压力管道检验周期一般不超过 6 年,使用 15 年以上的在用埋地压力管道,检验周期一般不超过 3 年。埋地压力管道定期检验周期可根据具体情况适当缩短或延长。

属于下列情况之一的管道,应适当缩短检验周期：

* 新投用的管道检验应在 2 年内完成首次检验；
* 发现应力腐蚀或严重局部腐蚀的管道；
* 承受交变载荷,可能导致疲劳失效的管道；
* 埋地压力管道定期停用一年后再启用,应进行全面检验；
* 埋地压力管道定期输送介质种类发生改变时,应进行全面检验；
* 多次发生泄漏、爆管等事故的管道以及受自然灾害和第三方破坏的管道；
* 介质对管道腐蚀严重或管道使用环境腐蚀严重的；

● 防腐层损坏严重或无有效阴保的管道；

● 运行期限超过 10 年的管道；

● 一般性检验中发现严重问题的管道；

● 检验人员和使用单位认为应该缩短检测周期的管道。

（1）全面检验的项目

全面检验的项目一般包括：

● 一般性检验的全部项目；

● 管道智能内检测；

● 管道敷设环境调查；

● 管道防腐层检测与评价；

● 管道阴极保护检测与评价；

● 管体腐蚀状况测试；

● 焊缝内部质量检验；

● 理化检验；

● 压力试验。

（2）全管段划分原则

在进行全面检验时,应将整条埋地压力管道定期划分为若干管段,管段划分原则为：

①应按管道材质规格相近、外部环境相似、腐蚀条件和状况相同,具有相似的地电条件,可采用相同的地面非开挖检测仪器等要求设定管道划分标准。

②管段划分标准可以根据地面非开挖检测结果做适当调整。

③具有相同性质的管段可以是不连续的,即可分别处于管道的不同地段,如跨越河流的两岸条件相似,可将两岸的管道划为同一个管段。

（3）全金属管道敷设环境及阴极保护调查与评价

金属管道敷设环境及阴极保护调查与评价按相关管道腐蚀与阴极保护标准实施。

4）其他检测

①土壤检验:包括土壤腐蚀性检测,土壤剖面描述,土壤腐蚀电流密度与土壤平均腐蚀速度检测,土壤理化性质测试,土壤腐蚀性初步评价。

②防腐层检验:包括防腐层状况检测,防腐层外观检测,防腐层厚度检测,防腐层黏结力检测,电火花检测,防腐层性能指标检测,防腐层状况初步评价。

③外部管体检测:包括腐蚀产物分析,腐蚀类型分析（细菌型腐蚀,pH 值腐蚀）,腐

蚀类型确定,腐蚀坑检测及腐蚀面积测量,射线无损探伤检测,超声波无损探伤,磁粉探伤,管道硬度检测等。

④管道材料性能、机械性能测试:包括材料性能测试,化学成分分析,拉伸性能测试。

4.2.3 管道监测技术

监测技术体系的建立,主要包括腐蚀监测、内外壁壁厚监测、沉降变形定量监测、一般性监测与检验、线路监测、地质位移监测和运行参数监测等多个方面的内容。

监测技术是完整性管理的重要内容,其作用为:

- 科学管理与决策提供依据;
- 预防事故的发生;
- 测设备寿命;
- 改善管道运行状态,提高设备的可靠性,对保证管道的安全、操作人员的安全和减少环境污染方面起到有益的作用;
- 有利于分析影响管道完整性的原因,了解失效过程与管道运行工艺参数之间的关系,评价技术方法的实际效果。

1) 管道腐蚀监测技术

（1）管道腐蚀监测技术分类

腐蚀监测方法分为两大类,一是内部腐蚀监测,二是外部腐蚀监测。

①内部腐蚀监测方法的分类:管道内部腐蚀监测是通过在管道内部或对管道内部排出的液体进行分析监测,以达到定性或定量分析或获取管道内部金属损失或金属损失速率的方法,内部腐蚀监测方法分类见表4.2。

表 4.2 内部腐蚀监测方法分类

方　法	检测原理	应用情况	测量装置
电阻探针法	通过正在腐蚀的与管道同等材料的电阻对金属损失进行累积测量,可以计算出腐蚀速度和腐蚀量	经常使用	通过插入管道内部的电阻探针,气流经过后,引起的冲蚀和腐蚀会引起探针电阻的变化,同时将监测数据记录到记录仪中,通过变送器传到调控中心,实时监测

续表

方 法	检测原理	应用情况	测量装置
电位监测法	测量被监测的管道相对于参比电极	用途适中	可用一个输入阻抗约10 MΩ、满刻量程0.5～2 V的简单电压表进行测量的金属电极可以单独设计或者参比电极改制成腐蚀探头的参比电极测量通常是Cu—CuSO$_4$
腐蚀挂片试验法	经过固定的暴露期后，根据试样失重或增重测量平均腐蚀速度	当腐蚀是以稳定的速度进行时效果良好；在禁用电气仪表的危险地带有效，是一种费用中等的腐蚀监测方法，可说明腐蚀的类型；使用非常频繁	放入管路和容器中的腐蚀短管和金属试样容易安装；此法劳动强度大；加工试样的费用视材料而变化
化学分析法	测量腐蚀下来的金属离子浓度或缓蚀剂浓度	可用来逐一鉴别正在腐蚀的设备；只有中等程度的用途	需要对范围广泛的分析化学方法，但是对特定离子敏感的专门的离子电极很有用
pH值分析法	监测诸如管道排放废液pH值的变化，废液的酸性可引起严重腐蚀	应用非常频繁	各种标准pH计

②外部腐蚀监测方法分类：

外部腐蚀监测方法分类见表4.3。

表4.3　外部腐蚀监测方法分类

方 法	检测原理	应用情况	测量装置
辐射显示法	通过射线穿透作用和在膜上的探测，检查缺陷和裂纹	特别适用于探测焊缝缺陷；广泛应用	X射线设备、γ射线设备
超声波法	通过对超声波的反射变化，检测金属厚度和是否存在裂纹、空洞等	普遍用作金属厚度或裂纹显示的检查工具；广泛应用	超声波测厚仪、超声波探伤仪
涡流法	用一个电磁探头对管道进行扫描	探测管道缺陷，如裂纹和坑；广泛应用	涡流探测仪

方 法	检测原理	应用情况	测量装置
红外成像	用温度或温度图像指示物体物理状态	用于耐火材料和绝热材料检查,炉管温度测量,流体物体探测和电热指示;应用不广泛	带有快响应时间的灵敏红外探测器
声发射法	(1)探测泄漏,空泡破灭,设备振值等; (2)通过裂纹传播期间发出的声音探测裂纹	用于检查泄漏和磨粒腐蚀、腐蚀疲劳以及空泡腐蚀的可能性,用于探测管道的应力腐蚀破裂和疲劳破裂。目前还只是一种新技术,严格来说不是一种监测;应用不广泛	单通道或多通道的声发射仪
零电阻电流表法	在适当的管道液体排污物电解液中测定两种不同金属电极之间的电偶电流	显示管道腐蚀的极性和腐蚀电流值,对大气腐蚀指示漏点条件;可作为金属开裂而有腐蚀剂通过的灵敏显示器;不常使用	使用零电阻电流表法;采用运算放大器可以测量微弱电流(10^{-8}A),也可以采用小型恒电位仪
定点壁厚测量法	当管道壁厚的变化量显示出管道的极限容许壁厚时	用在腐蚀冲蚀造成无规律减薄的管道弯头处;可以防止泄漏,穿孔等破坏性事故发生;经常应用	从设备内壁或管道外侧定位一点或多点,定期监测管道壁厚的变化,从而推断腐蚀速率和腐蚀量的变化
警戒孔法	当腐蚀裕度已经消耗完的时候给出指示	用在特殊的管道腐蚀能造成无规律减薄的管道弯头处;可以防止灾难性破坏;是最早的监测手段,监测周期一年、两年或更长(直接在管道外壁上操作);不常应用	从设备内壁或管道外侧钻一孔,使剩余壁厚等于腐蚀裕度;一个正在泄漏的孔就指示出腐蚀度已经消耗完;用一锥形销打入洞内可将泄漏临时修补,适合低压

（2）内腐蚀探头监测技术

内腐蚀探头监控是使用与管道材质相同的探头,通过检测探头金属失重引起的电阻变化来监测管道的腐蚀速率。

满足的功能要求：

- 应用于长距离、大口径、高压天然气管道的内腐蚀速率监控；
- 系统的设计、加工及使用应符合相关标准和规范；
- 系统应能在任何具有腐蚀和磨蚀过程的天然气环境下，实现快速、准确测量腐蚀速率的功能；
- 探头应具有伸缩性；
- 系统反应快、使用寿命长；
- 对操作温度和介质组分的范围具有一定的适用性。

满足的安装要求：

- 对于系统所有的现场安装的设备，防爆等级必须满足电工标准 EEx(d)ⅡCT 5，防护等级满足 IP 65；
- 探头采用水平方式安装和垂直方式安装时，系统应能正常工作。

腐蚀监测系统至少由监测探头、变送器、数据记录仪、数据接口转换器、安装短管和阀门几部分组成。

监测位置的选择：

- 监测点的选择以检测天然气对管道内壁的腐蚀速率为主要出发点，监测气质、压力及流速等对内壁腐蚀速率的影响；
- 应对工艺流程进行分析后，安装的内腐蚀速率监测系统应考虑到管道流速大、粉尘冲刷严重等点的问题；
- 如果是建设期，设计上要选择在管道低洼地段进行安装；
- 如果是运行期，建议在站场进行安装，为减少或避免站内带压开口施工，在保证监测点数据具有代表性和真实性的前提下，每个站探头安装位置都尽量选择在有旁路的站内管线上。

内腐蚀监测分析报告内容：

- 应分析管道的腐蚀速率与磨蚀速率；
- 应分析管道的年腐蚀量、月腐蚀量、日腐蚀量；
- 应分析气量与腐蚀速率与磨蚀速率的分析；
- 应分析天然气气质与腐蚀速率及磨蚀速率的关系；
- 应评价腐蚀量是否在许可范围内。

（3）金属挂片监测技术

在停气或在生产过程中，把试片挂入装置各个部位，经过一定时间，取出试片称重，计算挂片前后的质量变化，对于管道内部腐蚀试片的安装需结合管道站场的情况，选择合适的地点安装,如果监测外部环境对管道的腐蚀,则需要与管道外部环境相同的地点安装。

为了使挂片腐蚀速率接近于实际腐蚀情况,挂片时间应不少于 30 d。

长方形试片一般采用长度 30~200 mm,宽度 15~25 mm,厚度 2~3 mm;圆形试片一般采用直径 30 mm,壁厚 3~5 mm,挂片的穿孔直径与绝缘瓷环一致,可使用低碳钢或与管道同等材料。

两试片间使用外径 9.5 mm、内径 6.5 ram、长度 12 mm 的瓷环隔开,穿过试片的不锈钢丝或者钢条与试片间用外径 5.5 mm、内径 3.5 mm、长度 6.5 mm 的瓷环绝缘,两端用角钢固定。

试验后处理可使用机械法、化学法和电解法去除试片表面的腐蚀产物,也可采用三者结合处理,然后干燥称质量,描述试片表面腐蚀情况。

2) 管道内外壁壁厚、沉降变形定量监测

线路和站内外露管线关键部位壁厚检测,测量部位包括:

- 运行露天管线弯头背部;
- 三通背部及拐角处;
- 排污管线;
- 调压阀阀体;
- 其他受冲刷较严重部位;
- 低洼地段管道。

应定期对干线、站场管道,全面测量管线关键部位的壁厚,以监测管线由于天然气粉尘的冲刷影响产生的壁厚变化。测量及相关要求如下:

①建立管道壁厚监测数据库,保留测量相关记录。

②每次测量的位置应固定,在管线上标出测量位置。

③测量结果由各单位初步分析后,根据测量结果进行安全评估,根据评价结果,如果超过临界壁厚,确定具体整改方案后进行整改。

④壁厚的测量位置尽可能保持一致,选择合适的测量点,以减少人为误差的影响,采用面壁厚测量和点壁厚测量进行对比测量,以保证测量精度。

水平管线水平度测量范围包括:

- 站场所有外露水平管线;
- 站场水平设备(或设备基础);
- 沙漠中管段;

- 采空区沉降；
- 黄土塬地段的管段；
- 其他地段的管道。

根据测量结果进行安全评估，定期进行全面的安全评价，如果管道受力状态超过临界沉降应力，应确定具体整改方案后进行整改。

报警管理是针对不同的隐患，其影响程度表现为缓慢增加，通过检测、监测等方式确定出了缺陷的大小，进一步预测其缺陷的发展趋势，并及时对管道运行提出报警，包括以下几项：

- 粉尘磨损壁厚报警；
- 内外腐蚀壁厚报警；
- 与干线相连管道沉降、变形报警；
- 管道线路交叉、并行、重载报警。

报警报告应包括目前的情况、依据何种标准、标准控制范围、事情发展的动态和经历，并提出继续安全使用的时间。

3）日常监测与检验

日常监测与检验是为检查管道的安全保护措施而进行的常规性检验。

日常监测与检验一般以宏观检查和安全保护装置检验为主，必要时进行腐蚀防护系统检查。

管道的重点监测部位包括：

- 穿跨越管段；
- 管道出土、入土点、管道分叉处、管道敷设时位置较低点；
- 经过四类地区的管道以及穿跨越管道；
- 曾经出现过影响管道安全运行的问题的部位；
- 工作条件苛刻及承受交变载荷的管段。

日常监测与检验的项目有：宏观监测与检查、防腐保温层检测、电法测试、阴极保护系统测试、环境腐蚀性调查、壁厚检查、介质腐蚀性检测等。

检查人员应对管道运行记录、开停车记录、管道隐患监护措施实施情况记录、管道与调压站改造施工记录、检修报告、管道故障处理记录进行检查，并根据实际情况制订检验方案。

宏观检查的主要项目和内容如下：

①泄漏监测与检查：主要检查管道穿跨越段、阀门、闸井、法兰、套管、弯头等组成件

的泄漏情况。

②位置与走向检查：

• 管道位置和走向是否符合安全技术规范和现行国家标准的要求；

• 管道与其他管道、通信电缆、有轨交通、无轨交通之间距离是否符合有关规范要求。

③地面标志位移检查：管道标志位移桩、锚固墩、测试桩、围栏、拉索和标志位移牌等是否完好。

④管道沿线防护带调查：

• 监测和检查管道是否存在覆土塌陷、滑坡、下沉、人工取土、堆积垃圾或重物、管道裸露、管道下沉、管道上搭建（构）筑物等现象；

• 管道防护带和覆土深度是否满足标准要求，管线防护带内地面活跃程度情况（包括地面建设及管道周围铁路、公路情况等）与深根植物统计。

⑤管道埋深检查：检查管道埋深及覆土状况，管道埋深应符合《输气管道工程设计规范》（GB 50251）的规定。

⑥穿跨越管段检查：

• 穿越段锚固墩、套管检查孔完好情况；

• 跨越段管道外覆盖层是否完好，伸缩器、补偿器完好情况；

• 吊索、支架、管子墩架是否有变形、腐蚀损坏。

⑦法兰检查：

• 法兰是否偏口，紧固件是否齐全，有无松动和腐蚀现象；

• 法兰面是否发生异常翘曲、变形。

⑧绝热层、外防腐层检查：

• 检查跨越段、入土端与出土端、露管段、阀室前后的管道的绝热层与外防腐层是否完好；

• 检查外防腐层厚度与破损情况（包括露管段统计）。

⑨电法测试：

• 测试绝缘法兰、绝缘接头、绝缘固定支墩和绝缘垫块的绝缘性能是否满足 SY/T 0023、SY/T 0087 标准要求；

• 试采用法兰和螺纹连接的弯头、三通、阀门等非焊接件连接的管道附件的跨接电缆或其他电连接设施的电连续性，电阻值应满足 SY/T 0023 标准；

• 测试辅助阳极和牺牲阳极接地电阻是否满足标准 SY/T 0023 和 SY/T 0087 的要求。

4）线路巡检监测

（1）管道线路巡检监测的工作范围和要求：

①沿管道徒步巡线。

②检查水工保护是否完好，发现轻微损坏应就地取材进行维修，严重损坏应立即汇报地区公司。

③检查管道是否发生露管，一旦发现应立即回填，并向地区公司汇报。

④检查三桩是否完好，发现三桩倾、倒，应将其恢复位置并回填固定，发现桩体严重损坏或丢失，应记录其桩号当天汇报地区公司。

⑤检查管道两侧 100 m 范围内，是否有机械施工行为。

⑥检查管道周围 50 m 范围内是否有挤占管道的行为。

⑦检查管道沿线是否有可疑人员或车辆出现，管道上方、两侧是否有新近翻挖动土迹象。

⑧每天应将线路巡检、维护情况记录在巡线记录中，并按要求的内容向地区公司汇报。

⑨巡线中要穿、戴公司配发的劳保用品及工具，遵守公司有关的 HSE 要求。

（2）违章设施和违章行为监测

①建立所辖管线的违章档案，详细记录沿线现有违章设施情况。

②将违章档案内容分解并对其进行有关内容的专题培训，应采取多种形式，长期向当地政府、属地居民等宣传法规和管道保护的重要性。

③对于管道经过人口稠密、正在进行大规模修路、经济开发建设的地区，根据实际情况适当埋设加密桩和警示桩，标清管道走向和报警方式。

④在巡线过程中发现违章行为，如在管道两侧 5 m 之内取土、建房、挖塘、排放腐蚀性物质等，要立即制止并汇报，在问题没有得到彻底解决之前，要安排管道维护工对该地点进行加密巡线。

⑤处理违章应主要依据法规条例，在地方政府的协助下解决，必要时可通过司法程序解决。

⑥对于管道建设期遗留下的问题应积极与当事人协商，寻求解决方案。

此外线路巡检监测还应包括相关工程监测管理、周边工程监测管理、埋深监测管理、地上标志位移物管理、重车载荷监测管理、人为破坏监测管理等。

5）地质位移监测

（1）地质位移监测的方法

• 以用井眼位移计来对小量滑坡位移进行监测；

- 利用水位指标器对地下水位进行监测,以确定滑坡可能发生的部位;
- 利用管体焊接装置来监测地表滑动;
- 利用应变仪监测地层移动导致的管道应变等;
- 用目测观察法来判断滑坡和塌方;
- GPS 监测管道位移。

（2）地质位移监测的方法的选择遵循原则

- 地质位移监测装置的选择要遵循易于安装的原则;
- 地质位移监测装置的选择要遵循数据传输可行的原则;
- 地质位移监测装置的选择要优先考虑地震断裂带和黄土塬地区;
- 地质位移监测装置的选择要考虑洪水冲击、水文情况复杂、滑坡倾向的地区。

（3）地质位移监测的数据传输

数据传输可采用:

- 数据存储方式,统一在固定时间下载的方式,实现本地计算机与记录仪之间的数据传输存储方式;
- 数据在有微波传输的区域或光缆传输信号的区域,或 RTU 卫星传输的三种方式实现远程传输。

（4）地质位移监测的报警

可采用自动报警和监测分析后报警两种:

①自动报警:设定报警值后,当位移超过设定值后,自动在控制中心或信息传输地出现。

②监测分析后报警:主要是在不具备时时传输条件下,经过离线分析后,得出目前的位移影响管道的运行,预报会出现地质位移的萌芽期。

优先选择自动传输报警方式,但必须考虑监测项目的经济性和可行性。

（5）GPS 位移测量

GPS 位移测量的技术设计是进行 GPS 定位的最基本性工作,它是依据国家有关规范及 GPS 网的用途、用户的要求等,对测量工作的网形、精度及基准等的具体设计。

GPS 位移测量内容包括:

①基础控制点的测量:选择管线沿线已有的控制点约 10 个进行测量,作为最后平差的已知点用。

②标志位移点的测量:用 GPS 静态测量方法测量出已经设置好标志位移点的坐标,经平差后提供三维坐标,并按照甲方要求对所做点进行编号。

4.2.4 管道修复技术

管道运营公司应按照管道内外检、试压、直接评估中发现的危险缺陷的严重程度,确定缺陷点维修的先后顺序时间表,维修计划应从发现缺陷时开始。根据发现的缺陷,在6个月内进行缺陷检查和做修复计划表。

(1)修复方法

修复方法主要包括:换管,打磨,钢制修补套筒A型套筒,钢制保压修补B型套筒,玻璃纤维修补套筒(复合材料纤维缠带),焊接维修、堆焊、打补丁,环氧钢壳修复技术,临时抢修——夹具维修。

(2)修复方法的应用范围

①永久修复——陆上——无泄漏缺陷或破坏。a.切除管道;b.通过打磨去除缺陷(只有非刻痕缺陷);c.通过堆焊金属修复外在腐蚀引起的金属减薄;d.A型套筒或环氧钢壳技术;e.clock spring(一种采用玻璃钢补强片的增强方法),只用于外部腐蚀引起的金属减薄;f.开孔封堵。

②永久修复——陆上——泄漏。a.切除管道;b.B型套筒;c.开孔封堵。

③永久修复——海上。a.切除管道;b.特殊设备修复。

④临时修复——陆上。a.带螺栓的夹具;b.泄漏夹具;c.对内部腐蚀用A型套筒;d.对内部腐蚀用clock spring;e.对于电阻焊或电弧焊焊缝熔合线上的缺陷用B型套筒。

(3)主要维修情况

本书考虑三种主要维修情况:外部金属损失管道(由腐蚀或机械损伤造成的)、内部金属损失(由腐蚀、侵蚀造成的)管道、管道泄漏。

①外部金属损失管道:外部腐蚀呈现的方式很多,但不考虑实际材料退化,管线最终都以金属损失,即壁厚减薄的形式破坏。金属损失可能是局部腐蚀(由管道支撑下方的腐蚀造成),也可能是大面积腐蚀。管线的破坏可能不会伴随金属损失。例如,在没有管壁凿坑或管壁减薄的情况下,凹坑会导致管道变形。小于管道直径6%的单纯凹痕无须维修。若更深的凹坑会引起管道的工作问题,如阻碍清管器运行。考虑到凹坑可能引起的破坏,应将其归为局部机械损伤破坏。管道裂纹缺陷的维修包括阻止裂纹扩展和修复裂纹。不论是否是由外部金属损失造成的管道破坏,为防止管道的进一步腐蚀,都要重视破坏。

②外部金属损失管道:视管道内部破坏或者腐蚀的严重程度,管线可能已经泄露或者即将泄漏。相对应的维修方案只考虑内部金属损失尚未造成管道泄漏的情况。与外部腐蚀不同,由于无法完全掌握内部金属损失机理,破坏/腐蚀随时间变化。只有掌握

内部金属损失机理,才能选择可阻止管道进一步腐蚀的维修方法。由于这些原因,管道完整性的恢复只能是临时性的,设计的维修方法需专门针对每种腐蚀形式,至少要确实能延长管线的使用寿命。

③管道泄漏:内部或外部金属损失(或者二者的结合,这种情况很少)都可导致管道泄漏。焊缝、管接头或母材裂纹也会导致泄漏。按照发生泄漏破坏的程度,在维修中需要安装维修管卡(在局部维修时)或更换部分管道接头或接箍。在任何情况下,只要管道泄漏,就要考虑管道附件的适用性。不仅要考虑压力容器的要求,也要考虑液体的腐蚀性及其他影响。例如,应用特定维修管卡/接头的弹力密封条易受挥发性碳氢化合物等的腐蚀。长时间下密封条可能出现老化/松弛的情况,因此,开始需要考虑堵住/封住泄漏处的所遇到的问题。针对法兰泄漏,法兰表面/垫片区域的腐蚀或松弛最有可能导致这种泄漏;且管道法兰焊缝(平焊法兰时贴角焊,对焊法兰时圆周角焊)也可能会出现泄漏。

4.2.5 公众警示

管道完整性管理公众警示技术主要包括,管道公众警示程序的制定、告知对象、信息内容、信息传递方式和传递媒体等。

1)公众警示流程

城市燃气公司建立公众警示的总体目标是通过公共意识增强来实现公共环境和财产的安全保护。公众警示程序应提高受影响公众和相关责任人对于管道现状、知情度的理解,了解管道在运输能源中的作用。沿管线公众对管道的更详细了解是燃气公司安全措施的补充,可以减少管道紧急情况及泄漏的发生的可能性及潜在危害。公众警示程序也会帮助公众理解,它们在防止第三方破坏、管道占压方面起着重要角色。

建立公众警示程序的流程:

①定义程序的目标;

②获得管理机构的认可和支持;

③明确程序管理机构;

④确定程序涉及的管线资产;

⑤确定告知机制;

⑥确认信息形式和内容;

⑦确定每类信息的发布周期;

⑧确定每类信息发布方法;

⑨评估补充程序;

⑩程序执行和跟踪；

⑪执行程序评估；

⑫实施持续改进。

2）告知对象

制定一个公众警示程序的首要任务就是确认告知对象。燃气公司的公众警示程序潜在的告知对象，包括：受影响的公众、政府应急部门、当地政府官员和挖掘者。

燃气运营公司应该考虑到调整它的信息覆盖区域以适应特殊管段的位置和泄漏后果，应该参照国家规定考虑高后果区域。对某一管段如果情况特殊，要求更广泛的覆盖面积，应该适当的扩大它的通信覆盖区域。

3）信息内容

燃气公司应该选择合适的信息、宣传方式和频次来满足潜在公众告知对象的需求。信息材料也可包括关于管道运营公司、管道操作、管道安全记录和其他信息等为宣传对象准备的补充信息。

公众告知对象宣传的基本信息应满足运营公司程序目标需求。信息交流应包含足够的信息以满足管道应急状况，公众告知对象应知道如何辨识潜在危害、自我保护、通知应急人员并通知管道运营公司。

4）公众警示信息传递方式和传递媒体

运营公司的信息传递和交流根据下面内容量身定制：公众告知对象的需求；管道或者设施的类型；信息交流的目的；相应的方法或媒体。

（1）有目标的发放印刷材料

印刷材料的使用是一种与公众有效的交流方式。运营公司应依据不同的情况向公众来选择传递信息、信息类型、语言和格式，具体如下：

①手册、传单、小册子、活页。

②信件。

③管道走向图。

④回音卡：回音卡和商业的回复卡可以是一种印刷好，写好地址并已付邮资的卡片，邮寄给受影响的公众作为其他方式的补充。回音卡可以采用多种方式。

⑤广告：广告经常由燃气公司印刷，一起和收费账单据下发给居民。城市燃气公司随其他公用设施，如电和水的账单邮寄。将关于管道安全和地下破坏预防的广告邮寄

到所有的附近居民,即便不是天然气用户也收到该广告。

（2）人员交流

人员交流意味着运营公司和公众告知对象面对面的交流。这种方法是最有效的沟通形式且双方交流可表达明确和彻底。人员交流可以定位为与个人的或者与团体的。包含以下内容:管道路权的逐户的沟通、电话交流、团体会议、记者招待会、社区活动。

（3）电子交流方法

①影像和CD:运营公司使用各种方法比如影像和CD提供给公众警示程序的使用。影像和CD在某些情况下对管道运营公司或者公众告知对象非常有帮助。影像媒体可以显示印刷材料不能显示的内容,如天然气或石油消费者、管道路径、预防性的维护活动、模拟或实际泄漏和应急状态演练或者实际反应等。

②电子邮件。

（4）大众媒体交流

①公共服务通知:公共媒体通知是告知大部分公众的一种有效的方式。尽量与公共广告媒体部门联络,允许管道公众警示的信息在广播电视中作为公益广告播出。如果运营公司是广播或电视台的广告客户,这对于获得公共服务通知时间起一个促进作用。

②报纸和杂志:燃气公司可以邀请或者资助记者撰写具有宣传教育警示性的的文章,包括当地建设项目挖掘影响管道安全或损坏能源设施的案例等内容。

③付费广告:如电视广告、广告牌是一种有效地与整个社区和地区信息沟通的方式。

④社区活动:社区活动信息中关于管道安全的信息邮递到管道附近的居民,该方法对于管道附近居住的公众告知对象相当有效,尤其是对管道穿过的地区和途经的土地。

（5）专业的广告材料

专业的广告材料可介绍燃气公司或该地区的管道是一种特别有效的方法。这些材料可附带管道安全信息、项目信息、重要的电话号码和其他联系方式的方法。这种广告的最大的好处就是相对于印刷材料能保持一个更长的时间更容易接受。由于印刷到广告材料上的信息有限,广告材料只能是附加印刷材料和传递方法的补充。

（6）管道标志信息

地下输送管道的标志信息包括:管道的位置的标志;警示公众附近存在埋地管道或设施;警示挖掘者管道或者多个管道的存在;为应急提供运营公司联络信息;通过提供地下管道参考点为空中和地面监视管道路权。

（7）燃气公司的网站

拥有网站的管道运营公司可以通过公司网站的使用来增强同公众的交流。公司的网站组织结构和设计应该适应管道运营。

4.3

管道完整性评价

4.3.1 管道完整性评价的内容

管道完整性评价是在役管道完整性管理的重要环节,主要用于风险排序结果表明需要优先和重点评价的管段。完整性评价内容包括:

①对管道及设备进行检测,评价检测结果。包括用不同的技术检测在役管道,评价检测的结果。

②评价故障类型及严重程度,分析确定管道完整性。对于在役管道,不仅评价它是否符合设计标准的要求,还要对运行后暴露的问题、发生的变化和产生的缺陷进行评价。

③根据存在的问题和缺陷的性质、严重程度,评价存在缺陷的管道能否继续使用及如何使用,并确定再次评价的周期,即进行管道适用性评价。

4.3.2 管道完整性评价的方法

美国 API STANDARD 1160—2001,ASME B31.8—2001 和英国 BS7910—1999《金属结构内可接受缺陷的评价方法指南》推荐的完整性评价方法有三种:在线检测、压力试验、直接评价。它们适用的失效类型及检测的指标见表4.4。

表4.4 三种完整性评价方法适用的失效类型检测指标

评价方法	适用的失效类型	主要方法	指 标
在线检测	内、外壁金属腐蚀	磁漏法、超声波、涡流法	管壁失重、厚度变化、点蚀等缺陷
	应力腐蚀开裂	超声波、涡流法	裂纹长度、深度和形状
	第三方破坏	管径量规、测壁厚	管道截面变形、局部凹坑等
压力试验	与时间有关的失效	强度试验或泄漏试验	管道壁厚、裂纹的综合情况
	制造及焊接缺陷	强度试验或泄漏试验	管道本身及焊缝的原始缺陷
直接评价	管道外壁腐蚀	外腐蚀直接评价法	管道外腐蚀位置和程度
	管道内壁腐蚀	内腐蚀直接评价法	管道内腐蚀位置和程度

1）在线检测（In-Line Inspection）

应用在线检测器在管内运行来完成对管道缺陷及损伤的检测，又称内检测。从20世纪60年代开始应用的内检测器，目前在检测能力、范围、精度等方面得到了很大改善。

（1）可检测到的管道缺陷

可以检测到的管道缺陷主要有三种：几何形状异常（凹陷、椭圆变形、位移等）；金属损失（腐蚀、划伤等）；裂纹（疲劳裂纹、应力腐蚀开裂等）。

（2）在线内检测器的主要类型

内检测器按其功能也有三类：变形检测器、金属损失检测器、裂纹检测器。从检测原理区分，目前用于检测管道的腐蚀缺陷和裂纹检，主要有漏磁检测器和超声波检测器两种，其性能及应用各有其特点。

内检测器是将无损检测设备及数据采集、处理和存储系统装在智能清管器上，在管道中运行时对管体逐级扫描，能对管道缺陷的形貌、尺寸、位置等进行检测、记录、储存，是获取管道完整性信息的最直接的手段。但内检测器价格昂贵，不同缺陷类型及不同口径的管道需要不同型号、规格的检测器。有的早期建设项目的在役管道受条件所限，不能顺利通过内检测器。

（3）在线检测的工作程序

为了使内检测顺利进行并确保价格昂贵的内检测器安全运行，必须做好检测工作的程序安排，并严格执行：

第一步：管道调查及附属设施整改。

对管道走向沿线地理环境等进行现场勘察，了解管道运行维修历史情况如阀门、管件、三通等有无变形，卡堵清管器的情况；收发球装置长度能否满足检测器要求等，若不符合检测器要求，需进行整改。为便于跟踪检测器，在线勘察过程中要沿线设立标志，确定管顶位置及走向。

第二步：检测前清管。

①常规清管：一般进行几次清管，尽可能将管壁的结蜡层等附着物清除干净。

②管径检测：用测径器进行检测，分析管道变形并对严重处开挖检查，对不满足检测器通过的管段进行改造。并再次运行测径器以确认已无妨碍内检测器之处。

③特殊清管：管径检测后还应针对所输介质特点进行清管，以排除可能造成伪信号的管内杂质。

第三步：通过模拟器。

模拟器是一个外形及尺寸与内检测器相同的模型。用以检查管道通过检测器的能力。万一它在运行中发生堵卡，抢修过程中不致损坏价格昂贵的检测器。

第四步：投运检测器。

①设备调试：对检测器的探头进行标准化调试，使它们对相同的信号有相同的信号输出，从而保证在线检测的准确性。

②检测器投运及跟踪：检测器装入发球筒后，切换输油流程为发球流程，跟踪人员携带地面标记器，按沿线设立的标志，定点对检测器跟踪，并用标记器向检测器发射标记信号，为检测器的里程记录及缺陷定位提供参考点，这可以减少里程定位的误差。

③测器接收及数据处理：检测器到达收球筒后，切换收球流程为正常输油流程。取出检测器，打开记录仪的密封舱盖，将记录的数据传入数据分析计算机。处理数据后，可得到检测出的全部缺陷清单及严重缺陷的清单。

④提交检测报告：检测报告的概述中包括管道的腐蚀状况、检测器技术指标、管道运行参数、清管情况等。要以数据或直方图的形式表示管道缺陷的分类统计数据，并对严重缺陷进行描述，列出开挖检查点。

⑤开挖验证：根据检测报告提供的严重金属损失或几何变形的缺陷，从中选择适当管段进行开挖、验证、测量及测绘，做出开挖验证报告。将开挖的检测结果与内检测结果比较，以检查在线检测的精度是否满足检测器的精度指标。

有关在线检测过程的管道调试、施工组织、检测报告及开挖验证报告是管道完整性管理的重要资料，应长期保存。

2）压力试验（Pressure Testing）

对不能应用内检测器实施在线检测的管道，要确定某个时期内其安全运行的操作压力水平，可以采用压力试验。压力试验一般指水压试验，特定条件下也有用空气试压的。这是长期以来被工业界接受的管道完整性验证方法。它可以用来进行强度试验或泄漏试验，可以检查建设及使用过程中管段材料及焊缝的原始缺陷及腐蚀缺陷等的综合情况。

在有关的规范中对试压过程中试压介质选择、升压过程、应达到的试验压力、持续时间、检查方法等均有详细规定。在美国 ASME B 3.14《液态烃和其他液体管道输送系统》及 API STANDAR 1160 中都规定了强度试验压力不得小于最大操作压力的 1.25 倍，持续压力时间不得少于 4 h；当外观检测无泄漏时，可降低压力到严密性试验，试验压力为 1.1 倍最大操作压力，持续 4 h。我国的输油管道、输气管道工程设计规范中也对试压有明确的规定。

在役管道的水压试验的局限性在于需要停输几天到几周来进行试压,而且可能有破坏性;大型管道试压用水量很大,含油污水的排放和处理花费大。水压试验与最贵的内检测相比,试压的费用陆上管道较后者高 2.6 倍,而海底管道的试压费用更高。在役管道的试压对正在持续发展的腐蚀缺陷,特别是局部腐蚀的检测不是很有效,因为它只能证明试压时管道是完好的,不能保证管道今后长期完好。因此,运用压力试验来评估管道完整性时一定要注意管道腐蚀控制的情况,要研究阴极保护状况、防腐涂层状况的检测资料、管道泄漏情况,综合研究管道风险评估结果及预计的缺陷类型、程度等,来确定何时进行及如何进行压力试验。

若第一次压力试验后,与时间有关的、很小的缺陷已扩展到临界状态,就需要再次压力试验。试验的间隔时间取决于多种因素:试验压力与实际操作压力之比值,特殊缺陷长大的速率(如腐蚀造成的金属损失、应力腐蚀裂纹、疲劳裂纹等长大的速率),可以应用完整性评价数据及风险评价模型帮助确定再一次试压的间隔时间。

3)直接评价(Direct Assessment)

直接评价方法主要针对内、外腐蚀缺陷,在它们发展到破坏管道完整性之前,进行缺陷检测和预防。对于输气管道,可能同时存在内、外腐蚀的情况。

(1)油气管道外腐蚀的直接评价

以下内容主要介绍管道外腐蚀的直接评价步骤,它包含预评价、管段检测、直接调查和后评价 4 个过程。其关键是确定管道外腐蚀位置和程度,同时也能提供其他失效,如机械损伤、硫化物应力腐蚀、第三方破坏等方面的信息。

①预评价:目的是选择先前发生过或当前可能发生腐蚀的管段作为调查区,确定间接调查方法;收集并综合分析管道历史及现状的资料、数据,估计腐蚀程度和可能性,以确定需要进行直接评价的管段,并选择在该条件下使用的检测方法和工具。

②管段检测:采用地上或间接检测的方法检测管段阴极保护情况、防腐层缺陷或其他异常。例如,对于埋地管道的外腐蚀,常用变频—选频法、多频管中电流法、防腐层检漏等方法来检测防腐层性能;密间隔电位法、直流电位梯度法等检测阴极保护有效性;土壤电阻率、自然电位等测试土壤腐蚀性等。

由于这些间接检测方法各有特点,没有一种是绝对准确的,除了检测方法本身的局限性以外,还与检测人员的素质直接相关。因此,每个管段上至少需要两种方法来检查管道及涂层的缺陷,在基本调查方法出现困难或有疑问时,应采用第二种方法做补充调查。补充调查范围至少为基本调查的 25%。若两种方法的结果出现矛盾时,应考虑第三种方法以保证检测结果的可靠性。检测结果应提供缺陷的量化数据(缺陷的连续或孤立状况、严重程度及等效壁厚损失等),并和再评价间隔周期相联系。缺陷确认不仅要靠检测结果,而且还要有合理的解释。通过对检测数据的分析得出管段缺陷的状况、性质及严重程度。

③直接调查:对上一步发现的最严重危险部分进行开挖和自测检查,以证实检测评价的结论。一般每个直接评价的管段开挖点控制在 1~2 个,至少开挖一处。在防腐层破损处及管壁腐蚀处详细测量、记录缺陷情况,用于评估管道最大缺陷的情况及平均腐蚀速率。并对环境参数(土壤电阻率、水文条件、排水状况等)进行测量记录。如果条件许可,应对足够多的防腐层缺陷样本进行统计分析,推算可能存在的最大缺陷尺寸。如果缺乏其他数据,可以按已发现缺陷的深度、长度的 2 倍,作为最大缺陷的估计值。

④再评价:综合分析上述各个步骤的数据及结论,确定直接评价的有效性和再评价的间隔时间。

再评价的间隔时间是以保证上次评价中经过修复的缺陷不至发展成为危及管道安全的危险缺陷来确定。若修复缺陷的数量多、占发现缺陷的比例大、修复的标准越高,再评价周期就越长。例如,对间接调查发现的所有缺陷点进行开挖,并将在 10 年内可导致管道失效的缺陷全部修复,那么再评价周期可以选定为 10 年;如果只进行部分开挖,同样只修复 10 年内可导致管道失效的缺陷,则再评价周期应当减半,可定为 5 年。

再评价过程是重复上述管段检测、直接调查步骤,其中至少应当包括一次在原缺陷部位的开挖。结合开挖结果,根据开挖实测的腐蚀缺陷与腐蚀发展预测值的比较,来衡量直接评价方法的有效性。如果实测值小于预测值,则方法有效;实测值大于预测值时,方法无效。这种情况就需要修正腐蚀发展模式、改变再评价周期或改进调查方法。

(2)输气管道内腐蚀的直接评价

本方法主要用于短期内可能存在湿气及游离水的输送天然气的钢质管道。如果管内从不存在水或其他电解质,则不需要本方法。如果整条管道内部都存在腐蚀(如污水管道),则这一方法也不适用,而应利用在线检测或水压试验等方法进行评价。

以下介绍管道内腐蚀的直接评价步骤,它包含预评价、选择调查点、局部调查和再评价四个过程。其关键是发现输气管道内部可能发生游离水积聚的部位,因为只有这些部位及其下游区域才可能出现管道内腐蚀。

①预评价:预评价需要收集管道与附件、管输介质、操作运行、管道走向、地形等方面的数据资料。

②选择调查点:分析管道内水的原始积聚位置需要多相流知识及其他参数(如管道沿线地形、海拔高度、管内压力和温度变化等)。大型管道的气体流速很高,管输气体的

含液量很少时,液体一般呈薄膜附着在管壁或呈细微的液滴分散在气流中,形成环雾型流动。若气流速度下降或液膜厚度增加(例如在管道的下坡段或凹陷部分),当液膜所受的重力大于与管壁的剪切力时,就会出现液体成层流动和滞留。根据多相流计算可以确定管内出现积液时的流速和管段倾斜角度的临界值。

③局部调查:局部调查在电解液最可能积聚的位置进行,一般需要开挖和用超声波检测管壁厚度。其他方法也可以作为调查工具,如挂片法、各种电化学腐蚀探针以及旁通管法等。如果在被怀疑为腐蚀最严重部位并没有检测到腐蚀,那么可认为整个管段无内腐蚀危险,反之可以确定存在内腐蚀的潜在危险。

④再评价:再评价重复上述过程,但需要一次新的开挖,位置应选在原始水积聚部位的下游,并且管道倾斜角大于上述计算的临界角度。如果被怀疑最可能发生腐蚀的位置并没有发生腐蚀,那么可以认为整条管道不存在内腐蚀危险,反之则需要新的开挖调查或修改管道内腐蚀直接评价的方法。

4)完整性评价方法选择

由于许多在役管道现有的条件无法运行内检测器,采用水压试验费用很高且需要停输,还将面临大量含油污水处理等各种困难,为了按要求在规定时间内完成评价过程,采用直接评价方法是一种可行的选择。

4.4
我国城镇燃气管道完整性管理现状

4.4.1 城镇燃气管道特点

城市燃气管道中,高压天然气管道一般与长输管道的设计标准是一致的,但市政管网建设和运行中执行标准与长输管道有很大的区别,管道的通过能力和清管维护的标准也不一致。为了更好地开展城市燃气管道的完整性管理,充分理解城市燃气管网的特点非常重要:

①城市燃气管道多为环状、枝状,阀门、三通及凝液缸等管件密布,管道变径较普遍。

②城市燃气管道则随着城市建设的进展逐步形成,且不断拓展。由于投资来源复

杂,设计、施工和验收标准往往参差不齐,质量缺陷相对较多。

③城市燃气管道周边环境复杂,环境的改变有时为突变,另外,城市杂散电流干扰很普遍且严重。

④国内城市燃气管道管理相对薄弱,日常管理侧重于巡线检漏,即使发现问题,由于涉及市政管理诸多方面,处理手续较为繁杂,隐患往往无法及时消除。

4.4.2　城镇燃气高压管道检测

随着我国城市化进程的迅速发展,建设在城市地区的高压燃气管道越来越多。同时,高压管道的安全管理系统——管道完整性管理的相关规范和规定正在日益完善。在《城镇燃气设计规范》(GB 50028—2006)第6.4.20中规定:高压燃气管道设计应考虑日后清管和电子检管的需要,并宜预留安装电子检管器收发装置的位置。

虽然城镇燃气运营商有着多年丰富的运营管理经验,有一套比较完善的运营体系,一直保障着各个城镇燃气的安全稳定供应,但是,针对高压天然气管道的安全保障系统,目前国内各城镇燃气运营商还没有完全建立起来。北京市的高压天然气管线建设从1997年陕气进京工程开始,至今已有10年的发展历史。高压A天然气管道已建成投产约160 km,高压B天然气管道已投产约500 km,形成了以六环高压A天然气管道和五环高压B天然气管道为供气主干线的高压天然气管网,然而也未建立完善的完整性管理系统。

以城镇燃气高压管道检测和监测为例,选择适合的监测方法,尽量避免泄漏后进行抢修的被动方式,把安全隐患在泄漏之前通过某些检测方法查找出来,为安排定期维修提供依据,为城镇天然气管网形成完善的安全体系作第一步的基础性工作。

1)高压管道检测方法综述

管道泄漏检测技术的分类方法有多种。就检漏的实时性而言,可分为离线泄漏检测和在线泄漏检测系统两大类。

（1）离线检测

离线检测即非连续地、定期检测管线系统完整性的方法,主要包括人工巡线、智能清管器、静压实验法等。

人工巡线常用的检测方法包括光学检漏法、空气取样法、土壤电参数检测法等。人工巡线检漏技术应用最为广泛:一是由专业人员携带对天然气特别敏感的仪器对管线巡查,该方法简单方便,但是对小泄漏不敏感,易受环境的干扰出现伪报警;二是由专业人员携带各类仪器通过对防腐层绝缘性能的检测,判定管道的腐蚀程度,但是防腐层绝缘性能降低不完全等同于管道的腐蚀程度。因此,人工巡线检漏技术一般不单独使用,而作为一种辅助手段。

采用智能清管器对管道进行内检测是目前日益广泛使用的检测方法之一。利用带有检漏仪和设备的清管器,对管线进行不停输检测。当清管器在管内随流体移动时,其电子数据系统将收集的管道几何形状、管壁腐蚀和裂纹、介质泄漏和涂层损坏等有关数据,发送到地面或储存在微记录仪内,最后对这些数据统一进行处理,以检测管线的完整性。智能清管器主要采用光学检漏法、空气取样法、土壤电参数检测法、漏磁通检测法和超声波检测法。

①光学检漏法:泄漏会引起管道周围环境的温度变化。采用搭载在车辆或直升飞机上的光谱监测和分析设备或者便携式设备,通过检测泄漏引起的热点进行检漏。比较典型的设备有手持式激光甲烷遥距检测仪,车载式 OMDTM 光学甲烷检测仪。

图 4.3　手持式激光甲烷遥距检测仪

图 4.4　车载式 OMDTM 光学甲烷检测仪

②空气取样法:可通过携带采样器(如目前采用最广泛的火焰电离检测器、可燃气体检测器和示踪气体检测器),沿管线或平行于管线的埋地传感器进行气体采样检漏。该方法目前发展较快,在输气管道上应用较多。

③土壤电参数检测法:根据管道泄漏点必然有漏铁的事实,通过检测埋地金属管线防腐层缺陷,来辅助确定管道漏点的方法。其主要有选频变频法、雷迪仪器、C-扫描(C-SCAN)埋地管线检测系统、DCVG(直流电位梯度法)。该方法的主要优点,在于检测定位准确性高,但仅仅为一种辅助方法,因为管道的防腐层漏电点不一定为泄漏点,因此,

其必须与其他燃气管道直接检测方法结合。

图 4.5　SSG VGDI 型多用途燃气泄漏巡检仪　　图 4.6　C-扫描埋地管线防腐检测系统

图 4.7　漏磁通检测器　　　　　图 4.8　超声波检测器

④漏磁通检测法：由于漏磁通检测器向高精度、高清晰度、高智能化的发展非常迅速，近年来漏磁通检测技术占主导地位，检测器已经配备了惯性导航装置的激光陀螺仪、加速度仪和高清晰度探头。高清晰度漏磁通检测法是发达国家较为普遍使用的管道腐蚀检测设备，它利用更多更精确的探头以采集到更多的数据，具有更好的数据精度和可信度，无论内外缺陷都能做到精确定位，同时也可以报告出管道的壁厚变化、周向裂纹等。

漏磁通检测法是基于检测管壁上磁通变化来确定管壁的缺陷（含穿孔、破裂），从而确定管线泄漏点及可能的泄漏点（管壁薄弱点）。该方法的优点在于可全面真实地确定管壁的技术状况，缺点是内检测的有效性取决于所测管段的状况和内检测器与检测要求的匹配性，要求传感器与管壁紧密接触，会由于焊缝等因素引起的管壁凹凸不平而影响检测结果；另外监测器对不同管径的管道没有通用性。

⑤超声波检测法：利用超声波探头发生超声波，根据管道内外壁反射波的时间差来检测壁厚及腐蚀情况，来确定管线泄漏点的方法。由于从发射器到管壁之间需要均相

液体作为声波传播媒介,所以用于天然气时需要一个液体段(通常为凝胶)的两端运行两个常规清管器,超声波检测器放入液体段中运行。超声波检测器能再现管道壁厚和管道内壁表面的图像,探测焊缝腐蚀,检测腐蚀深度为管壁厚度的10%左右。

(2)在线检测

在线检测方法可以连续监测管线系统的流体损失,指示管线的完整性故障,主要有线破裂系统、负压波检测、物质平衡系统、独立感测线和音波测漏等方法。

①线破裂系统:根据流体从"稳态"到"瞬态"的变化来判断管线的泄漏。主要方法又分为压力梯度检测法、流量检测法等。

②负压波检测:由于发生泄漏的瞬间会产生"负压波",并在管线内从漏点向两端传播,应用专门的沿管线安置的检测器(差压变送器或测压传感器)就能检测出由该压力波的前沿引起的压力迅速变化,根据其到达两端的时间差来计算漏点位置、大小。在泄漏判断时必须接受管线管理系统的有关信息,把设备启停状态变化所激发负压波的伪漏信号屏蔽掉。

③物质平衡系统:依赖于"流进必须等于流出"这一原则,其范围从简单地计算管线的进出流量到采用先进模拟技术的在线系统,这些系统包括用动态模型计算管线容积的变化。管道是否泄漏的判断取决于工作人员的敏感性和责任心。该方法简单、直观,但要求在每个站的出、入管道上安装测量精准的流量计。因管道内的流量变化有一个过渡过程,该方法不能及时检测管道的泄漏也不能确定泄漏点的位置,更不适用于输气量频繁变化的情况。

④独立感测线:该方法需要沿管壁敷设小口径、可渗透碳氢化合物的塑料管。当管壁出现泄漏时,泄漏的气体会扩散到塑料管内;定时抽取管内样品,当样品中的管输气体浓度达到一定域值时产生泄漏报警,并根据浓度峰值到道的时间计算漏点位置。一般来说,该系统仅适用于较短的管线,精度和可靠性较高。

⑤音波测漏系统:通过安装在管段两端的现场数据采集处理器来接收管段区间的音波,当管道发生破裂时,现场数据采集处理器能立即接收管道内输送介质泄漏的瞬间所产生的音波震荡,通过比较数据库中的模型来确定管道是否发生了泄漏以及泄漏等数值;同时,利用管段两端的现场数据采集处音波理器传送信号的时差,判断泄漏位置。因为其有极低的误报率,音波测漏系统在管道发生泄漏时,可不经人工判断以自动化模式迅速关闭阀门。

2)高压管道采用的检漏方法

目前某燃气公司在高压管道中采用的检漏方法有:

- 人工巡线中携带嗅敏仪测漏;
- 定期安排打孔测漏;
- 牺牲阳极测试桩电位测试。

新装备使用的设备有雷迪探管仪、手持式激光甲烷遥距检测仪。目前使用的高压管道检测方法,基本上属于离线泄漏检测中比较被动的方式,对管道内存在的隐患进行预判和实时监控的手段不够完善。根据本文对各种检测手段的介绍和分析,目前,比较可能在北京市高压天然气管道上使用的检测方法如下:

- 属于管道内检测技术的漏磁通检测法;
- 属于在线泄漏自动报警的音波测漏系统;
- 属于通过检测埋地金属管道防腐层缺陷,来辅助确定管道漏点的方法,日渐广泛使用的有雷迪、C-扫描(C-SCAN)埋地管线检测系统和DCVG(直流电位梯度法)。

4.4.3 逐步实施燃气管道完整性管理

国外油气管道系统的完整性管理已日趋成熟,形成了系列的安全规范或标准,提供安全管理的方法和程序,要求经营者遵循,从而使管道事故率下降,保持安全可靠地运行并节约维修费用。当前,提高安全管理水平已成为提高企业的综合效益及竞争能力,是进入国际市场的重要手段。

要全面改进我国城镇燃气管道的安全水平,必须建立长期、稳定可靠和整体性的安全保障机制。发达国家目前依法推行的管道完整性管理体系就是这种长效机制,是一种先进的、行之有效的安全管理方法。因此,实施管道完整性管理,逐步由初级向完善过渡,改善和提高管道系统安全水平,是摆在我们面前的迫切任务。需要抓好以下几方面工作,来应对面临的挑战。

1)建立和健全相关的规范、标准,加强对管道完整性管理的技术支持力度和监管力度

通过制定新规范,修订及整合不适应现在情况的原有规范,或等同采用国外规范等途径,建立和健全有关管道安全管理的技术规范及管理章程,使企业在计划、实施、修订完整性管理程序时有法可依,有章可循。使国家行政职能机构能够依法进行安全监察管理。

2）加强管道安全科研及其成果应用，提高安全科研水平

国外风险评价方法及数学模型都是在理论分析和模拟试验的基础上，通过大量数据的统计分析，逐步建立起来的，还在不断完善之中。虽然我们可以借鉴和应用国外的研究成果，但有关基础数据、评价标准等应有适合我国国情的内容。一方面要将前一阶段对风险评价、可靠性评价、安全评价技术等的研究成果系统化，逐步用于工程实际；同时需要加强基础数据的收集、统计分析，深化对数据完整性、评价标准等基础工作的研究。例如对事故统计，除了应加强事故上报的要求，对于原因分析、趋势分析、各种损失的大小和概率、对环境影响、事故率统计等，应有与国际接轨的统计要求。对风险评价中可接受的事故水平、管道相对风险评分等级、管道腐蚀程度划分、维修或更换管段的依据、HCA 地区的划分等，应借鉴国外标准并根据我国情况来确定。此外，引进国外先进技术，如防止第三方破坏的安全预警系统等，也对提高安全水平有重要的作用。

3）根据实际情况，对不同时期、不同条件的管道，制订不同层次的、分段实施的完整性管理计划

国外实践表明，管道在线内检测是获得管道完整性数据最好的来源。但全面实施点检测存在很多困难。我国能够或已经进行内检测的管道比一些发达国家更要少得多；其他的基础工作，如事故的统计分析，有关资料及数据库等也不完善。多数情况下，要进行量化风险评价困难很大。对此我们可以根据不同情况，分阶段实施不同层次的完整性管理。

①在新管道建设过程中，要认识到管道规划的前期工作及可行性研究阶段对于管道本质安全的重要性，深入调研和进行多种设计方案比选，保证推荐的路由、工艺、设备及自控等方案技术经济合理而且安全可靠。坚持做好可行性研究报告的安全预评价，指出主要危险因素及重大风险，评定该工程能否满足安全要求，并补充必要的安全对策及建议。认真贯彻工程建设招、投标、施工监督及管道焊接质量的第三方检测等制度，保证施工质量，确保管道系统的本质安全。做好工程的安全验收评价，为今后的安全管理打下良好的基础。

②对近年新建成的大型管道，在已有设计资料、安全预评价、工程验收安全评价基础上，及时制订数据收集、基线评价、完整性管理程序的计划并逐步实施，使其管理逐步达到国际先进水平。

③对运行多年的老管线，实施在线内检测有各种困难，可以采用直接评价法或其他综合的技术来评价腐蚀管道的完整性。通过对管道系统或某些管段的物理特性和运行

历史调查、腐蚀及防腐检测和评价等来得到管道完整性的资料。应重点做好管道外腐蚀情况、防腐层损伤及阴极保护系统的检测,对有内腐蚀危害的管道重点检查易于腐蚀的管段。在缺乏定量风险评价的条件时,可以通过定性风险评价或应用专家评分等风险评价方法,重点进行风险排序工作,确定管道潜在的重大风险段,据此制订降低风险措施及视情维修计划。用风险管理的方法代替传统的安全管理方式,保障管道安全并节约维修费用。

4)选定典型管线进行完整性管理试点,总结经验后逐步推广

选定一两条不同类型的管道,进行完整性管理试点。组织各方面力量。集中帮助解决实施过程中各种问题,定期总结经验教训,提高职工的现代安全管理素质,为全面推广实施完整性管理打下基础。

虽然我国目前还没有法令规定燃气管道必须实施完整性管理,但面对经济全球化的挑战,贯彻以人为本的国策的前提下,必须提高我国燃气管道的安全管理水平,有必要制订长期规划及近期规划,以点带面地分阶段实施燃气管道的完整性管理。

学习鉴定

1.填空题

(1)燃气管道完整性管理定义为:燃气公司根据不断变化的管网因素,对天然气管网运营中面临的风险因素进行_____和_____,制订_____,并不断_____,从而将_____控制在_____、_____的范围内。

(2)管道完整性管理的技术体系主要由数据分析整合、_____、_____、_____、_____、信息技术平台、_____等方面构成,组成一个完整的有机整体。

(3)管道完整性评价的方法主要有_____、_____、_____。

2.问答题

(1)管道完整性管理的原则是什么?

(2)城镇燃气管道检测的方法有哪些?

5 特种设备安全管理

5.1

特种设备概述

中华人民共和国国务院 373 号令公布的《特种设备安全监察条例》已于 2003 年 6 月 1 日起开始执行。2009 年,国务院颁布第 549 号令,公布《国务院关于修改〈特种设备安全监察条例〉的决定》,自 2009 年 5 月 1 日起实施。国务院特种设备安全监督管理部门负责全国特种设备的安全监察工作,县以上地方特种设备安全监督管理部门对本行政区域内特种设备实施安全监察。

5.1.1 特种设备概念

特种设备是指涉及生命安全、危险性较大的承压、载人和吊运设备或设施,包括锅炉、压力容器、压力管道、电梯、起重机械、客运索道、大型游乐设施、场(厂)内机动车辆及其安全附件、安全保护装置和与安全保护装置相关的设施。

按照特种设备的特点,可将其划分为承压类特种设备和机电类特种设备。承压类特种设备包括锅炉、压力容器和压力管道;机电类特种设备包括电梯、起重机械、客运索道、大型游乐设施、场(厂)内机动车辆(图 5.1)。

| 锅炉 | 压力容器 | 压力管道 |
| 电梯 | 客运索道 | 起重机械 |

大型游乐设施　　　　　　　　　　场（厂）内机动车辆

图 5.1　特种设备示意图

5.1.2　特种设备的作用

特种设备是工业化生产中必不可少的生产设备,同时也是现代社会中必备的生活设施,在经济社会发展中起着越来越重要的作用。

1）特种设备是国民经济建设的重要基础设备

①作为热能动力,锅炉被广泛地应用于电力、化工、冶金、纺织、机械、轻工、军工等各个行业,对国民经济发展发挥了不可取代的重大作用。

②压力容器提供介质反应、换热、分离和储存的空间,是介质物性、物态变化和保持的必备设备,而压力管道则提供介质流动的通道,压力容器和压力管道是石油化工产业的"命脉"。

③起重机械产品种类繁多,广泛应用于冶金、化工、电力、港口、建筑、制造业等各个领域,它是现代工业的基础,是支撑工业、交通业、建筑业等主要产业的"骨干"。现代生产主要依靠起重机械来完成物料的搬运作业,目前起重机械在我国市场经济建设中日益发挥出巨大作用,需求呈现迅速发展的态势。

④随着我国物流业和工程建设业的发展,场（厂）内机动车辆成为提高生产效率必不可少的最基本的工具。

2）特种设备是人民群众生活的重要基础设施

①电梯是现代城市生活不可缺少的代步工具。

②气瓶是人们生活中最常用的压力容器。气瓶在广泛用于工业、建筑业、农业、交通运输业等的同时,也大量使用于人民群众日常生活中。我国已经成为世界气瓶生产大国,每年生产气瓶约 2 500 万只。

③燃气压力管道被喻为城市的"生命线"。改革开放 20 年来,我国城市燃气使用率大幅度提高。

④随着大型主题公园的开发、修建,建设较多大型游乐设施。

⑤客运索道可用于运送乘客和旅游观光。客运索道能适应复杂地形,跨越山川河谷,为人们游览风景名胜提供了安全快捷的交通工具。

特种设备的重要性正在被社会各界和广大人民群众所认识和关注。

5.1.3 特种设备的典型事故

伴随着特种设备的广泛应用,特种设备事故就与其形影相随。人们面对特种设备的事故,以分析事故原因,提出对特种设备安全性能的要求,设定达到要求的方法与途径,进行监督检查来促进要求的实现,达到防止事故发生的目的。随着事故经验的积累,经过不断的努力,人们对特种设备的潜在事故危险有了更清楚的认识,对其安全性能也日益关注。典型事故举例如下:

1955 年 4 月 25 日,国营天津第一棉纺厂发生锅炉爆炸事故,死亡 8 人,伤 69 人。

1979 年 3 月 28 日,河南南阳柴油机厂浴室热水罐发生爆炸,造成浴室倒塌,死亡 44 人,伤 37 人。

1979 年 9 月 7 日,浙江温州电化厂发生液氯钢瓶爆炸事故,造成 59 人死亡,1179 人受伤,7.35 km² 内的群众紧急疏散。

1979 年 12 月 18 日,吉林市城建局煤气公司发生一起液化气储罐泄漏爆炸事故,死亡 32 人,伤 54 人,事故直接经济损失 539 万元。

1993 年 3 月 10 日,浙江宁波北仑港发电厂一号机组锅炉发生爆炸,死亡 23 人,伤 24 人。

1995 年 1 月 3 日 17 时 53 分,山东省济南市街道煤气管道发生破裂、爆炸,13 人死亡,48 人受伤,事故直接经济损失 429.1 万元。

1997 年 6 月底,北京东方化工厂储料罐区发生泄漏遇明火大爆炸,造成 9 人死亡,39 人受伤,直接经济损失达 1.17 亿元。

1998 年 3 月 5 日,西安市煤气公司液化气储存罐发生泄漏燃爆,造成 12 人死亡,30 人受伤,其中消防官兵死亡 7 人、伤 11 人。

1999 年 10 月 3 日,贵州省黔西南州兴义市马岭河风景区发生客运架空索道坠落事故,造成 14 人死亡,22 人受伤。

2001 年 12 月 19 日,广西容县平梨砂砖厂发生蒸压釜爆炸事故,死亡 10 人,伤 22 人。

2003 年 12 月 3 日,上海市虹口区怡泉浴室将常压锅炉擅自改为承压锅炉使用,导致锅炉爆炸,死亡 7 人,伤 7 人。

2004 年 4 月 16 日,重庆市江北区猫儿石天原化工总厂发生爆炸,并导致泄漏的氯气再次发生爆炸,15 万群众被紧急疏散,9 人在此次事故中死亡失踪,3 人受伤。

上述事故案例表明,特种设备运行关系到人民生命财产安全,关系到经济健康发展,甚至关系到社会的稳定。在充分利用特种设备的同时,也要把握规律、科学管理、强化监督,最大限度地遏制事故的发生,使其更好地服务于人类(见图5.2、图5.3)。

图 5.2　锅炉爆炸事故 1

图 5.3　锅炉爆炸事故 2

5.1.4　特种设备的发展趋势

随着经济发展,特种设备不仅在数量呈上升趋势,且在使用功能和科技含量方面有了长足的进步,未来特种设备的发展趋势主要有以下特点:

(1)更高效

伴随着工业化进程和科技进步,特种设备向高参数、高效能和大型化方向发展。很多电站锅炉的额定蒸汽压力参数已达到 22.129 MPa,有的甚至达到 27~34 MPa。单机容量已发展到 1 000 MW。压力容器作为石化装置中的重要设备,随着石油化工行业规模化的扩大,其参数也越来越大。内蒙古神华煤田在建的加氢反应器重达 1 800 t,是目前世界上单台重量最大的压力容器;用于生产人造水晶的反应釜,最高工作压力超过 100 MPa(1 000 kg/cm^2)。压力管道的输送压力、输送距离、材料等级和管道口径逐步变大。城区范围内部分管道的最大设计压力也由原来的 1.6 MPa 提高到了 4.0 MPa。电梯也因高速度、高功率的驱动能力和滚动导靴、智能减振等技术的出现,将进一步提高运载效率和运行的舒适性。

(2)更安全

由于特种设备具有潜在的危险性,安全可靠已成为设备的最重要指标。随着科技的进步,大量新材料、先进技术不断应用于压力容器制造领域。城市燃气管道材料逐步向使用复合材料和聚乙烯(PE)方向发展,燃气输配的监控和数据采集系统逐步完善,提高了安全性。电梯双向限速器与安全钳、主副门钩与非正常开门报警等安全装置的增加,为电梯安全运行提供了保障。起重机械更加注重研制新型安全保护装置和故障自动显示装置。客运索道的控制系统朝自动化、集成化发展,操作更加方便,安全保护装置和设施更加齐全,所有安全监控均输入计算机系统,一旦发生故障,可以自动停车,并显示故障位置。

（3）更环保、节能

随着我国可持续发展战略的实施，节能、环保问题是社会关注的一个重点，环保、节能型产品越来越受欢迎，特种设备也不例外。

（4）更具人性化

特种设备在人们的生活中越来越重要，人性化的设计理念更多地体现在特种设备产品中。

下面，就承压类特种设备中压力管道和压力容器的安全管理做详细介绍。

5.2
压力管道安全管理

5.2.1　压力管道的定义和类型

1）压力管道的定义

（1）管道的概念

管道是管道组成件和支承件组成，是用以输送、分配、混合、分离、排放、计量、控制或制止流体流动的管子、管件、法兰、螺栓连接、垫片、阀门和其他组成件的装配总成。

管道组成件是指用于连接或装配管道的元件。它包括管子、管件、法兰、垫片、紧固件、阀门以及膨胀接头、挠性接头、耐压软管、疏水器、过滤器和分离器等。

管道支承件是指管道安装件和附着件的总称。其中安装件是指将负荷从管子或管道附着件上传递到支承结构或设备上的元件。它包括吊杆、弹簧支吊架、斜拉杆、平衡锤、松紧螺栓、支撑杆、链条、导轨、锚固件、鞍庄、垫板、滚柱、托庄和滑动支架等。附着件是指用焊接、螺栓连接或夹紧等方法附装在管子上的零件，它包括管吊、吊（支）耳、圆环、夹子、吊夹、紧固夹板和裙式管座等。

压力管道的构成并非是千篇一律的，由于它所处的位置不同，功能有差异，所需要的元器件就不同，最简单的就是一段管子，但大致可以分为管子、管件、阀门、连接件、附件、支架等（见图5.4、图5.5）。

（2）压力管道的定义

《特种设备安全监察条例》中规定，压力管道是指利用一定的压力，用于输送气体或

承插法兰　　　对焊法兰　　　法兰盖

刚直管法兰盖　　螺纹法兰　　　平焊法兰

平焊钢制管法兰　　松套法兰　　　碳钢法兰

(a)阀门　　　　　　　　　　**(b)法兰**

图5.4　管道组成件示意图

(a)锚固件　　　　　　　　　**(b)平衡锤**

图5.5　管道支撑件示意图

者液体的管状设备,其范围规定为最高工作压力大于或者等于0.1 MPa(表压)的气体、液化气体、蒸汽介质或者可燃、易爆、有毒、有腐蚀性、最高工作温度高于或等于标准沸点的液体介质,且公称直径大于25 mm的管道(见图5.6、图5.7)。

图5.6　压力管道1　　　　　　　　　　图5.7　压力管道2

(3)压力管道的特点

①数量多,标准多。

②管道体系庞大,由多个组成件、支承件组成,任一环节出现问题都会造成整条管线的失效。

③管道的空间变化大:或距离长却经过复杂多变的地理、天气环境;或在相对固定的环境里,但是其立体空间情况复杂。

④腐蚀机理与材料损伤具有复杂性:易受周围介质或设施的影响,容易受诸如腐蚀介质、杂散电流影响,而且还容易遭受意外伤害。

⑤失效的模式多样。

⑥载荷的多样性,除介质的压力外,还有重力载荷以及位移载荷等。

⑦材质的多样性,可能一条管道上就需要用几种材质。

⑧安装方式多样,有的架空安装,有的埋地敷设。

⑨实施检验的难度大,如对于高空和埋地管道的检验始终是难点。

2）压力管道的类型

（1）压力管道的分类

压力管道按其用途划分为工业管道、公用管道和长输管道。

《压力管道安装单位资格认可实施细则》将压力管道划分为 3 个类别、7 个级别:

①长输管道为 GA 类,级别划分为:GA1,GA2 级;

②公用管道为 GB 类,级别划分为:GB1,GB2 级;

③工业管道为 GC 类,级别划分为:GC1 级、GC2 和 GC3 级。

（2）《特种设备目录》将压力管道划分为 1 个种类、3 个类别 7 个品种（见表 5.1）。

表 5.1　特种设备目录

代 码	种 类	类 别	品 种
8000	压力管道		
8100		长输（油气）管道	
8110			输油管道
8120			输气管道
8200		公用管道	
8210			燃气管道
8220			热力管道
8300		工业管道	
8310			工艺管道
8320			动力管道
8330			制冷管道

5.2.2　压力管道的安全管理

1）压力管道破坏形式

压力管道的破坏形式可分韧性破坏、脆性破坏、腐蚀破坏、疲劳破坏、蠕变破坏以及其他破坏形式。

①韧性破坏：材料经受过高的应力作用，以致超过了其屈服极限和强度极限，使其产生较大的塑性变形，最后发生破断的形式。

②脆性破坏：在低应力的情况下，即在材料的屈服极限之内，没有什么大的塑性变形，而突然发生破裂，这种破坏和脆性材料破坏现象差不多，故称为脆性破坏。脆性破裂时，一般没有明显的塑性变形，通常都裂成较多的碎片（块）。这种破裂事先很少有前兆，断裂速度极快。

③腐蚀破坏：材料在腐蚀性介质作用下，使厚度减薄或强度降低而产生的损坏。腐蚀一般可分为均匀腐蚀、局部腐蚀、晶间腐蚀和断裂腐蚀四种类型。腐蚀破裂时，通过对断口及金属表面进行微观检查就可以鉴别，必要时通过金相检查更易鉴别。

④疲劳破坏：材料经过长时间或多次的反复载荷作用以后，由于疲劳而在比较低的应力状态下没有明显的塑性变形，而突然发生的损坏，称为疲劳破坏。疲劳破裂时，没有产生明显的整体塑性变形，也很少断裂成碎块，仅是一般的撕裂开，突然发生泄漏、损坏而失效。那些在使用上间歇操作较频繁或操作压力大幅度波动的容器才有条件产生。

⑤蠕变破坏：金属材料在高温条件下受力的作用，其变形随时间的增长而增加，在变形不断增大的情况下，材料会在较低的应力状态下发生破坏，这种破坏称为蠕变破坏。蠕变破裂多发生在高温操作的压力容器上，破裂部位有明显的残余变形，金相组织有明显的变化。

2）压力管道破坏事故原因

压力管道破坏事故原因主要有：因存在原始缺陷（包括设计不合理、元件质量差、安装质量低劣等）而造成的低应力脆断；因超压造成过度的变形；因环境或介质影响造成的腐蚀破坏；因交便载荷而导致发生的疲劳破坏；因高温高压环境造成的蠕变破坏；因运行管理不科学、不合理造成的破坏；因意外伤害造成的破坏等。

3）压力管道常用标准和安全技术规程

- GB 50316—2000　工业金属管道设计规范；
- GB 50235—1997　工业金属管道工程施工及验收规范；

- SH 3501—2002　石油化工有毒、可燃介质管道工程施工及验收规范；
- DL 5031—1994　电力建设施工及验收技术规范(管道篇)；
- GB 50028—1993　城镇燃气设计规范(2002 年版)；
- CJJ 34—1990　城市热力管网设计规范；
- CJJ 28—1989　城市供热管网工程施工及验收规范；
- CJJ 33—1989　城镇燃气输配工程施工及验收规范；
- CJJ 63—1995　聚乙烯燃气管道工程技术规程；
- GB 50251—2003　输气管道工程设计规范；
- GB 50253—2003　输油管道工程设计规范；
- SY 0401—1998　输油输气管道线路工程施工及验收规范；
- TSG D0001—2009　压力管道安全技术监察规程-工业管道；
- TSG D5001—2009　压力管道使用登记管理规则；
- TSG D3001—2009　压力管道安装许可规则；
- TSG D7003—2010　长输管道定期检验规则；
- TSG D7004—2010　公用管道定期检验规则；
- DB11/T 796—2011　公用压力管道日常维护与定期检查规范。

4) 我国压力管道管理现状

我国压力管道主要用于燃油、原油、燃气、蒸汽和工业用危险介质的输送,广泛用于城市发展、能源供应、石油化工的基础设施和人民生活的基础条件等领域,被称为"城市生命线"。

根据 2010 年我国特种设备安全监察统计年报结果统计,我国压力管道数量已经达到 140.5 万 km,其中长输管道约 11.3 万 km,集输管道约 32.7 万 km,公用管道 23.3 万 km,工业管道 73.2 万 km。

在我国,由于压力管道安全监察管理工作起步较晚,监察管理力度不够,事故总量较大,人员伤亡、经济损失较大。据统计,2010 年全国压力管道事故共 136 起,其中重大事故 5 起、严重事故 23 起,死亡 32 人,受伤 63 人。事故主要原因如下:设计安装不合理;管道元件质量不合格;维护操作不当;管道腐蚀泄漏。其中,燃气管道发生泄漏较多,造成的危害与损失较大,管道事故多数是由于第三方破坏所导致。

例如,大连石化公司曾有两条石油管道爆炸,数十米高的火焰在空中燃烧了超过 15 h,损坏的油管导致数千加仑①的原油流入附近的港湾和黄海中,原油污染至

①　1 加仑(美)≈3.785 L,1 加仑(英)≈4.546 L。

少 430 km² 的海域,迫使海滩和港口工厂关闭(见图 5.8)。

又例如,北京通州曾有一条地下燃气管道在道路施工单位在作业时不小心被挖坏,施工方迅速报警并找来了燃气集团人员对损坏部位进行抢修,抢修路段管道处突然起火(见图 5.9)。

图 5.8　大连石化公司两条石油管道爆炸

图 5.9　北京通州地下燃气管道被施工挖断起火

5）压力管道的安全管理

鉴于压力管道的特点和在经济、社会生活中特殊的重要性,其安全问题早已受到国家安全监察机构的重视。早在 1989 年,原劳动部锅炉压力容器安全监察局组织有关单位开展了三年的调查活动,调查表明:压力管道的安全管理应以法相治,在我国开展压力管道的安全监察是完全必要的。通过强制性的国家监察,使压力管道如同锅炉压力容器一样作为特种设备对待,指定专门的机构负责压力管道的安全监察工作,并拟制定一系列法规、规范、标准,供从事压力管道的设计、制造、安装、使用、检验、修理、改造等方面的工作人员共同遵循,并监督各环节对规范的执行情况,从而逐渐形成压力管道安全监察或监督管理体制,目的是使压力管道事故控制到最低的程度。

（1）提高本质安全水平,强化压力管道源头安全监管工作

加大压力管道源头安全隐患治理力度,建立新建压力管道安全监管长效工作机制。严格规范压力管道元件的设计制造环节,明确压力管道安装单位必须取得质监部门的安装资质,施工单位按要求履行必要的安装告知手续,接受特种设备检验机构对压力管道实施的安装监督检验。

并逐步推进在役压力管道使用登记工作。对于城镇范围内的公用燃气管道,相关企业应摸清压力管道安全使用状况,结合自身信息系统,办理使用登记手续。考虑管线不可视、环状结构和支线连通等复杂特性,建立管线台账和管线档案。管线台账应涵盖名称、GIS 图档编号、压力级制、启用日期、材质、管径、数量、线上关联设备等基本信息,管线安全技术档案则以台账为建档依据,记录竣工资料、示意图、注册检验以及动态维修信息等内容。管线台账与档案的结合,不仅有利于数据统计汇总、摸清底数,做好管线的登记造册工作,而且可以清楚及时地掌握管线的动态变化,确保整个管网的安全运营。

（2）落实企业安全主体责任,规范运行维护和定期检验工作

按照燃气法规和标准的要求开展压力管道的定期巡查和检测。落实压力管道检测规范要求,开展压力管道定期检验和合乎使用评价工作。

在管线日常维护和检查方面,要按照不同周期的要求,规范日常巡查、泄露检测、防腐层检查、阴极保护系统测试维护、安装保护装置检查和腐蚀情况检查等常规性工作。

在管线的定期检验方面,有序推进有关工作。有针对性地从在用管道年度检查、全面检验和使用评价三个层次和深度逐步开展。年度检查是指在运行过程中的常规性检查;全面检验则是由有资质的检验机构对在用管道进行的基于风险的检验;使用评价是在全面检验之后进行,包括对管道进行应力分析计算,对危害管道结构完整性的缺陷进行的剩余强度评估与超标缺陷安全评定,对危害管道安全的主要潜在危险因素进行的

管道剩余寿命预测,以及在一定条件下开展的材料适用性评价。检验检测结果将直接指导管网更新改造和消隐工程。

(3)注重关键点管理,避免施工破坏造成的管道事故

管道燃气在城市逐步普及,不但极大地方便了人民群众的日常生活,而且为改善城市环境、促进工业的发展发挥越来越重要的作用;但是,随之而生的管网事故也给人民生命财产安全带来威胁,使居民的燃气供应受到影响。所以管道的安全管理应为各地燃气企业安全管理工作中的重中之重。

国内燃气事故多发于市区内的埋地燃气管道,且以燃气管道遭施工破坏而引发的事故居多,占管道事故的80%以上。管道遭破坏事故多发的原因有以下几个方面:

①路网施工中各专业管道较多,各专业管道在满足规范要求的情况下几乎布满了马路两侧,有些部位无法满足规范要求需采取共占措施。频繁的机械施工给燃气管道安全运行带来重大隐患。

②大型施工机械在各专业施工队伍中的普遍采用,增大了各管线单位地下设施遭破坏的概率。燃气管线被挖掘机、装载机施工破坏的事例每年均有发生。

③非开挖施工工艺的采用也是管道遭破坏事故多发的一个原因。燃气施工中采用水平定向钻机施工,在一定程度上也可能带来管道遭到破坏的事故。以水平定向钻机为主要设备的非开挖施工敷设的燃气管道,管道定位难以做到十分准确,这就使其易遭周围机械施工的破坏,特别是有其他的非开挖施工时更是如此。

④PE 管的大量采用也是燃气管道易遭破坏的原因之一。PE 管具有耐腐蚀性强、寿命长、施工简便等优点,但其易遭到利器冲击而破损,形成燃气泄漏事故。大量的燃气 PE 管的应用,使管道遭到破坏的概率增加。

为解决这些问题,应采取以下应对措施:

①加大宣传力度,建立施工前管道单位间的沟通机制,为共同保护管道奠定基础。在必要的情况下,公布所有在路面下有设施的单位的联系电话,同时通过有效的途径加以宣传,以减少除路网施工以外的零星施工对地下设施可能产生的破坏。

②健全燃气管道管理制度,使管道管理有章可循。自工程交工、置换、运行管理,建立一整套的管理制度,保障管道的安全运行。

③在施工作业前签署管道保护协议,告知施工方管道的各种属性,建立燃气管道附近有施工时固定人员的盯守制度和有机械作业时管道管理人员的旁站看护制度。

④加强固定人员的值守和管道管理人员的巡回检查制度,确保各项管理制度落到实处。

⑤加强竣工未投入运行管道的管理也是避免事故发生的一个重要手段。

⑥借助现代科技手段对管道准确定位,减少事故的发生。有些事故的发生完全是

由于管道位置不准而造成,因此有条件的地区在管道施工时,借助现代科技手段增设易于识别管道的标志。

(4)依托信息化的管理手段,实现压力管道完整性管理

利用信息化管理系统和平台,如物资管理信息系统、GIS 图档系统、运行管理系统、设备资产管理系统等,将从物资采购安装、管线可视化、现场处理记录和管线动态信息记录等方面实现管线全生命周期的完整性管理。

①物资管理信息系统及电子商务平台反映了供应商管理、管材采购等环节管控,确保设备源头的可靠性。

②GIS 图档系统的任务是完善管线图档数据,优化流程,及时真实地反映管网现状,为管网抢修、技改大修提供地理位置信息。

③设备资产管理系统则是从台账、档案及竣工档案、注册登记、维护检验、处置管理等方面全过程的记录管线的完整变化,并积累、沉淀相关知识和统计数据,最终实现规范管线信息的准确性及完整性,加强共享,达成动态管理的目标。

④运行管理系统则为管线维护检验各环节的工作记录了真实的现场记录的第一手资料和过程数据,实现过程管控的目标。

系统平台间的有机结合和链接将贯穿管线管理的各个环节,全面反映管线的真实状态,利用信息化手段实现管线完整性管理目标。

(5)强化部门协调和信息沟通建立安全监管长效机制

在落实企业主体责任的基础上,进一步加强部门协调和信息沟通,建立压力管道安全监管长效工作机制。

5.3
压力容器的安全管理

5.3.1 压力容器的类型

1)压力容器定义

2003 年 6 月 1 日国务院颁发 373 号令《特种设备安全监察条例》第 88 条中,明确压力容器的定义,对压力容器实施安全监察管理的范围。

压力容器是指盛装气体或者液体,承载一定压力的密封设备,对其范围规定为:最

高工作压力大于或者等于 0.1 MPa（表压），且压力与容积的乘积大于或者等于 2.5 MPa·L 的气体、液化气体和最高工作温度高于或者等于标准沸点的液体的固定式容器和移动式容器；盛满公称工作压力大于或者等于 0.2 MPa（表压），且压力与容积的乘积大于或者等于 1.0 MPa·L 的气体、液化气体和标准沸点等于或者低于 60 ℃ 液体的气瓶；氧舱等（见图 5.10）。

（a）球罐

（b）过滤器

（c）CNG槽车

图 5.10　压力容器

2)压力容器工艺参数

(1)压力

压力:指压力容器工作时所承受的主要载荷,分为设计压力、工作压力等。

①工作压力(操作压力):指容器顶部在正常工艺操作时的压力(不包括液体静压力)。

②最高工作压力:指容器顶部在工艺操作过程中可能产生的最大表压力(不包括液体静压力)。

③设计压力:指在相应设计温度下用以确定容器计算壁厚及其元件尺寸的压力。《压力容器安全技术监察规程》规定容器的设计压力,应略高于容器在使用过程中的最高工作压力。

(2)温度

温度:分为设计温度、介质温度。

①介质温度:指容器内工作介质的温度。

②设计温度:压力容器设计温度不同于其内部介质可能达到的温度,是指各容器在正常工作过程中,在相应设计压力下,表壁或元件金属可能达到的最高或最低温度。

3)压力容器分类

压力容器的分类方法很多,最常见的有按照使用方式、压力、温度、作用原理等。

(1)按压力分类

按所承受压力(P)的高低,压力容器可分为:

①低压容器:0.1 MPa≤P<1.6 MPa;

②中压容器:1.6 MPa≤P<10 MPa;

③高压容器:10 MPa≤P<100 MPa;

④超高压容器:P≥100 MPa。

(2)按壳体承压方式分类

①内压容器(壳体内部承受介质压力);

②外压容器(壳体外部承受介质压力)。

(3)按设计温度分类

①低温容器:设计温度 t≤−20 ℃;

②常温容器:设计温度−20 ℃<t<450 ℃;

③高温容器:设计温度 t≥450 ℃。

（4）按使用方式分类

①固定式压力容器：指固定的安装和使用地点固定的压力容器。用环境固定，不能移动。有如球形储罐、卧式储罐、各种换热器、合成塔、反应器、干燥器、分离器、管壳式余热锅炉、载人容器（如医用氧舱）等。

②移动式压力容器：指无固定使用地点、使用环境经常变迁的压力容器。作为某种介质的包装搭载在运输工具。如汽车与铁路罐车的罐体。

③气瓶类压力容器：作为压力容器的一种，社会拥有量非常之大，有高压气瓶（如氢、氧、氮气瓶）和低压气瓶（如民用液化石油气钢瓶）之分，包括液化石油气钢瓶、氧气瓶、氢气瓶、氮气瓶、二氧化碳气瓶、液氯钢瓶、液氨钢瓶和溶解乙炔气瓶等。其也有很强的移动性，既有运输过程中的长距离移动，也有在具体使用中的短距离移动。

（5）按在生产工艺过程中的作用原理分类

①反应容器：指用来完成介质的物理、化学反应的压力容器，如反应器、硫化罐、反应釜、发生器、分解锅、分解塔、聚合釜、高压釜、合成塔、变换炉、蒸煮锅、蒸球、蒸压釜等。

②换热容器：指用来完成介质的热量交换的压力容器，如管壳式余热锅炉、热交换器、冷却器、冷凝器、蒸发器、加热器、硫化锅、消毒锅、蒸压釜、蒸煮器、染色器、煤气发生炉水夹层等。

③分离容器：指用来完成介质的流体压力平衡和气体净化分离的压力容器，如分离器、过滤器、集油器、缓冲器、贮能器、洗涤器、吸收塔、铜洗塔、干燥塔、分汽缸、除氧器等。

④储运容器：指用来盛装生产和生活用的原料气体、液体、液化气体等压力容器，如各种形式的储槽、槽车（铁路槽车、公路槽车）等。

（6）《压力容器安全技术监察规程》根据容器的压力高低、介质的危害程度及生产过程中主要作用，对压力容器划分为三类。

①一类容器：

a. 非易燃和无毒介质的低压容器；

b. 易燃或有毒介质的低压分离容器和换热容器。

②二类容器：

a. 中压容器；

b. 剧毒介质的低压容器；

c. 易燃或有毒介质的低压反应容器和储运容器。

③三类容器：

a. 高压、超高压容器；

b. 剧毒介质且 $P_w \times V \geqslant 196$ L·MP 的低压容器或剧毒介质的中压容器；

c. 易燃或有毒介质且 $P_w \times V \geqslant 490$ L·MP 中压反应容器或 $P_w \times V \geqslant 4\,900$ L·MP 中压储运容器；

d. 中压废热锅炉或内径大于 1 m 的低压废热锅炉。

4)《特种设备目录》将压力容器划分为一个种类 4 个类别 25 个品种（见表5.2）

表 5.2　特种设备目录

代　码	种　类	类　别	品　种
2000	压力容器		
2100		固定式压力容器	
2110			超高压容器
2120			高压容器
2130			第三类中压容器
2140			第三类低压容器
2150			第二类中压容器
2160			第二类低压容器
2170			第一类压力容器
2200		移动式压力容器	
2210			铁路罐车
2220			汽车罐车
2230			长管拖车
2240			罐式集装箱
2300		气瓶	
2310			无缝气瓶
2320			焊接气瓶
2330			液化石油气钢瓶
2340			溶解乙炔气瓶
2350			车用气瓶
2360			低温绝热气瓶

续表

代 码	种 类	类 别	品 种
2370			缠绕气瓶
2380			非重复充装气瓶
23T0			特种气瓶
2400		氧舱	
2410			医用氧舱
2420			高气压舱
2430			再压舱
2440			高海拔试验舱
2450			潜水钟

5.3.2 压力容器的基本构成

1)压力容器的组成

从设备整体角度看,压力容器分成壳体、支座、内件和安全附件等几部分。而仅对压力容器本身来说,一般可将压力容器分成筒体、封头、开孔补强、接管和法兰、安全附件、支座和密封等几部分(见图 5.11)。

在进行压力容器的安全监察时,经常用到主要受压元件的概念。主要受压元件指的是压力容器的筒体、封头(端盖)、人孔盖、人孔法兰、人孔接管、膨胀节、开孔补强圈、设备法兰、球罐的球壳板、换热器的管板和换热管、M36 以上的设备主螺栓及公称直径大于等于 250 mm 的接管和管法兰等受压元件。

(a)筒体　　　　　　　　　　　　　**(b)封头**

图 5.11　压力容器的组成

（1）筒体

压力容器的筒体按其结构形式可分为整体式和组合式两大类。

①整体式分成单层卷焊、整体锻造、锻焊、铸—锻—焊以及电渣重熔等几种。一般中、低压容器和器壁不太厚的高压容器，大多采用这种形式。

②组合式筒体结构分为多层结构和绕制结构两大类。多层结构包括多层包扎、多层热套、多层绕板、螺旋包扎等。在多层结构中，多层包扎是目前应用最广的组合式筒体结构。

（2）封头

压力容器的封头分为凸形封头、锥形封头，还有平盖。凸形封头包括椭圆形封头、碟形封头、球冠形封头和半球形封头，其中椭圆形封头使用的最为广泛。

（3）开孔补强、接管与法兰

对开孔处采用补强结构。常用的补强结构有补强圈、厚壁管补强和整体补强三种。压力容器的接管主要起将容器与工艺管道仪表附件相连的作用。压力容器的法兰按其整体性程度，分主松式法兰、整体式法兰和任意式法兰，其中任意式法兰在中低压容器上应用较多。

（4）支座

压力容器的支座一般分为直立设备支座门、卧式设备支座和球形容器支座。直立设备支座分为耳式支座、支承式支座和裙式支座；球形容器支座国内比较常见的有柱式支座和裙式支座两大类；卧式设备支座分为鞍座、圈座和支承式支座。

（5）压力容器的密封

压力容器密封性能是压力容器的重要指标。在密封口流体泄漏有两种情况：一是密封垫的泄漏，二是密封面的泄漏。密封结构分成强制密封、半自紧密封和自紧密封。常见的法兰连接即是一种强制密封。

（6）压力容器的安全附件

压力容器的安全附件主要包括：压力容器所用的安全阀、爆破片装置、紧急切断装置、压力表、液面计、测温仪表和快开门式压力容器的安全联锁装置。

《压力容器安全技术监察规程》中规定压力容器的安全装置按其功能分为三类：

①显示装置：各种形式的压力计、压力表、温度计、液位计等。

②控制式显示控制装置：这类装置能依照设定的工艺参数自行调节，保证该工艺参数稳定在一定的范围内，如减压阀、调节阀、电接点压力表、电接点温度计、自动液压计、紧急切断阀、过流阀、安全联锁装置。

③安全泄压装置：遇容器或系统内介质的压力超过额定压力时，该装置能自动泄放

部分或全部气体,以防止压力持续升高而威胁到容器的正常使用或造成破坏。
- 阀型安全泄压装置(即各种形式的安全阀);
- 断裂型安全泄压装置(爆破片、爆破帽等);
- 熔化型安全泄压装置易熔塞、易熔片(用于钢瓶、槽车上);
- 组合型安全泄压装置(由两种安全泄压装置组合而成,如安全阀与爆破片与爆破片串联一起,在安全阀进口爆破片串联在安全阀出口)。

2)压力容器的基本结构

薄壁圆筒形卧式容器,由筒体、封头、人孔、接管、支座等组成(见图5.12)。

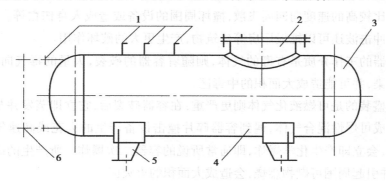

图 5.12　薄壁圆筒形卧室容器的基本结构
1—接管;2—人孔;3—封头;4—筒体;5—支座;6—液面计

5.3.3　压力容器的安全管理

安全可靠性是压力容器的首要问题。压力容器爆炸事故破坏性大,波及面广,伤亡、损失严重。压力容器发生爆炸事故的主要原因,一是存在较严重的先天性缺陷,如设计结构不合理、选材不当、强度不足、粗制滥造,二是使用管理不善,如操作失误、超温、超压、超负荷运营、失检、失修、安全装置失灵。因此,压力容器安全管理涉及容器设计、制造、安装、使用、检验、修理、改造等各个环节。

1)压力容器的失效及原因

（1）失效定义及形式

压力容器失效既包括爆炸、破裂及泄漏等,也包括容器的过度变形、膨胀、局部鼓胀、严重腐蚀、产生较大裂纹、裂纹的疲劳扩展或腐蚀扩展、高温下过度的蠕变变形、几何形状受压失衡变形、金属材料长期使用的变性等。因此凡因安全问题导致容器不能发挥原有效用的现象均为失效。通常将压力容器的破坏形式分成韧性破裂、脆性破裂、疲劳破裂、腐蚀破裂、蠕变、破裂、复合型破裂。

（2）爆炸定义及危害

爆炸，从广义上来说，是指一种极其迅速的、物理的或化学的能量释放过程。在这一过程中，系统的内在势能转变为机械能及光和热的辐射等。压力容器破裂时，容器内高压气体解除了外壳的约束，迅速膨胀并以很高的速度释放出内在能量。这就是通常所说的物理爆炸现象。

压力容器破裂引起的气体爆炸产生的危害也是多方面的。

容器破裂时，气体膨胀所释放的能量一方面使容器进一步开裂，并使容器或其所裂成的碎片以比较高的速度向四周飞散，撞坏周围的设备或造成人身伤亡等。另一方面，爆炸产生的冲击波还可以摧毁厂房等建筑物，产生更大的破坏作用。

如果容器的工作介质是有毒的气体，则随着容器的破裂，大量的毒气向周围扩散，产生大气污染，并可能造成大面积的中毒区。

容器内盛装的是可燃液化气体则更严重：在容器破裂后，它立即蒸发并与周围的空气相混合形成可爆性混合气体，遇到容器碎片撞击设备产生的火花或高速气流所产生的静电作用，会立即产生化学爆炸，即通常所说的容器二次爆炸。所产生的高温燃气向周围扩散，并引起周围可燃物燃烧，会造成大面积的火灾区。

2）压力容器的设计安全

压力容器的设计，要根据生产工艺所规定的操作条件（压力、温度、规格、开孔接管尺寸和部位等），有时还要考虑防腐、防爆、密封、载荷特性等要求和某些特殊要求，先选定结构型号，初步选定尺寸和用材，然后根据强度要求确定容器的壁厚以及顶盖、封头和其他承压零部件的最终尺寸。

针对压力容器设计单位的管理，原劳动局颁发了《压力容器设计单位资格管理与监察规则》，1999年6月国家质量技术监督局颁发了《压力容器安全技术监察规程》，2003年6月国务院颁发了《特种设备安全监察条例》，明确规定了压力容器的设计单位应当经国务院特种设备安全管理部门许可方可从事压力容器的设计活动并应对设计质量负责。设计单位应当具备下列条件：

①与压力容器设计相适应的设计人员，设计审核人员；

②有与压力容器设计相适应的健全的管理制度和责任制度；

③设计资格印章失效的图样和已加盖竣工图章不得再用于制造压力容器。

3）压力容器的制造和安装

压力容器制造是根据压力容器设计、制造要求将压力容器的筒体、封头、开孔补强、接管和法兰等组成部件组对在一起。压力容器制造厂对产品制造质量负责。

大多数压力容器都是整机出厂的，在安装现场不再进行焊接工作。这些压力容器的安装施工的基本过程为：设备验收—基础施工—安装前准备—就位—内件安装清洗、封闭—压力试验—气密性试验——交工验收。

根据《固定式压力容器安全技术监察规程》与《特种设备安全监察条例》对压力容器制造和安装单位提出明确以下要求。

①从事压力容器的制造、安装、改造单位，应当经国务院特种设备安全监察管理部门许可方可从事相应的活动（压力容器维修单位经省、自治区、直辖市特种设备安全监察管理部门许可），并应当具备下列条件：

- 有与压力容器制造安装，改装相适应专业技术人员和技术工人；
- 有与压力容器制造安装改造相适应的生产条件和检测手段；
- 有健全的质量管理制度和责任制度；

②压力容器制造单位对其生产的压力容器的安全性能负责。

③压力容器安装、改造、维修的施工单位应当在施工前书面告知特种设备安全监督管理部门后方可施工。

④制造安装、改造、重大维修过程必须经国务院特种设备安全监察部门核准的检验检测机构，按照安全技术规范的要求进行监察检验，未经监督检验合格的不准出厂或者交付使用。

压力容器的使用单位应严格验收流程。压力容器安装工程完工后，应由设备使用单位组织安装单位和相关部门参加验收，合格后方可投用。并办理书面移交手续，移交资料一般应包括以下内容：

- 《固定式压力容器安全技术监察规程》规定的压力容器设计文件和资料；
- 《固定式压力容器安全技术监察规程》规定的压力容器制造、现场组焊技术文件和资料；
- 压力容器安装告知书；
- 设备安装器的检查验收记录；
- 设备安装记录；
- 基础检查记录；
- 隐蔽工程记录；

- 设计变更通知书;
- 压力试验记录;
- 压力容器安装监督检验证书。

4) 压力容器的使用安全

使用单位对压力容器安全负责,使用单位技术负责人对压力容器安全管理负责,使用单位应指定具有压力容器专业知识的技术人员具体负责压力容器安全管理工作。压力容器管理和操作人员必须经规定的培训考核并持证上岗。使用全过程管理事项包括压力容器订购、设备进厂、安装验收及试车,具体有:运行、维修和安全附件检验;检验、修理、改造和报废等管理;年度定期检验的计划及实施、内外部定期检验的计划及落实、发生事故时应负责事项(抢救、报告、协助处理和善后处理)、办理使用登记、建立向当地安全监察机构的报告制度和对技术档案的管理等内容。按《固定式压力容器安全技术监察规程》《特种设备安全监察条例》《压力容器定期检验规则》的要求,使用单位应做到:

①建立压力容器技术档案,内容包括:

a. 特种设备的设计文件、制造单位、产品质量合格证明、使用维护说明等文件以及安装技术文件和资料;

b. 特种设备的定期检验和定期自行检查的记录;

c. 特种设备的日常使用状况记录;

d. 特种设备及其安全附件、安全保护装置、测量调控装置及有关附属仪器仪表的日常维护保养记录;

e. 特种设备运行故障和事故记录。

②新压力容器投入使用前,在30天之内应向(地市级)的特种设备安全监察管理部门登记。

③使用单位应将工艺操作参数与岗位操作规程,安全注意事项或标志置于显著位置。

④压力容器的操作人员及相关管理人员,应按照国家有关规定经特种设备安全监察管理部门考核合格,取得特种设备作业人员证书,方可从事相应作业与管理工作。

⑤压力容器使用单位应当对压力容器作业人员进行安全教育和培训,保证压力容器作业人员具备必要的压力容器安全作业知识,并严格执行压力容器操作规程与有关安全规章制度。

⑥使用单位对在用的压力容器按技术规范规定的进行年度检查、全面检验、耐压试验外,还应每月至少一次进行自行检查,包括安全附件、安全保护装置、测量调控装置及

有关附属仪器仪表,并作出纪录入档。

⑦在用压力容器按照技术规范的全面检验要求,在安全检验合格有效期届满前一个月向特检机构提出全面检验的要求。

⑧压力容器使用单位应制订压力容器事故应急措施和救援预案。

⑨压力容器存在严重事故隐患,无改造维修价值,或者超过安全技术规范规定的使用年限,使用单位应当及时将原登记的使用证向特种设备安全监察管理部门办理注销。

⑩压力容器出现故障或者发生异常情况,使用单位应对其检查消除事故隐患后方可重新投入使用。

⑪对违反《固定式压力容器安全技术监察规程》与《特种设备安全监察条例》规定的行为,有权向特种设备安全监督管理部门和行政监察有关部门举报。

⑫加强设备维护保养:

- 保持设备保持完好,容器运行正常,效能良好;各种装备及安全附件完整;
- 消除产生腐蚀因素;
- 消灭容器"跑冒滴漏";
- 减少与消除压力容器的震动;
- 加强对停用期间的维护保养;
- 内部介质排净,特别是腐蚀性介质,要做好排放置换、清洗干燥等技术处理,保持内部干燥和清洁;
- 压力容器外壁涂刷油漆,防止大气腐蚀;
- 有搅拌装置容器还需做好搅拌装置的清理、保养工作,拆卸动力源;
- 各种阀门及附件应进行保养防止腐蚀卡死等。

5)压力容器的检验管理

压力容器一般属于静止设备,尽管不像运动机械那样易于磨损,承受震动或产生疲劳,但它长期受压力、温差或风载荷等其他载荷的作用,有的还受到工作介质的腐蚀或在极端温度等工作条件下工作,在长期使用过程中,可能产生各种类型和性质的缺陷。使用中的压力容器避免不了发生缺陷,在用压力容器定期检验的目的就是发现这些在使用过程中产生的缺陷,在它们还没有危及压力容器安全之前将其消除,或采取措施进行特殊监控,以防止压力容器发生事故。压力容器安全技术规范对在用压力容器检验的有关事项作出了规定。

根据《压力容器定期检验规则》,压力容器定期检验分年度检查、全面检验和耐压检验。

（1）年度检查（外部检验）

①检验周期：为了确保压力容器在检验周期内的安全而实施运行过程中的在线检查，每年至少一次。年度检查可以由使用单位的持证的压力容器检验人员进行，也可由检验单位承担。

②检验内容：压力容器年度检查包括使用单位压力容器安全管理情况检查、压力容器本体及运行状况检查和压力容器安全附件检查等。检查方式以宏观检查为主，必要时进行测厚、壁温检查和腐蚀介质含量测定、真空度测试等。

在线的压力容器本体及运行状况的检查主要内容：

• 压力容器的铭牌、漆色、标志及喷涂的使用证号码是否符合有关规定；

• 压力容器的本体、接口（阀门、管路）部位、焊接接头等是否有裂纹、过热、变形、泄漏、损伤等；

• 外表面有无腐蚀，有无异常结霜、结露等；

• 保温层有无破损、脱落、潮湿、跑冷；

• 检漏孔、信号孔有无漏液、漏气，检漏孔是否畅通；

• 压力容器与相邻管道或者构件有无异常振动、响声或者相互摩擦；

• 支承或者支座有无损坏，基础有无下沉、倾斜、开裂，紧固螺栓是否齐全、完好；

• 排放（疏水、排污）装置是否完好；

• 运行期间是否有超压、超温、超量等现象；

• 罐体有接地装置的，检查接地装置是否符合要求；

• 安全状况等级为4级的压力容器的监控措施执行情况和有无异常情况；

• 快开门式压力容器安全联锁装置是否符合要求；

• 安全附件的检验包括对压力表、液位计、测温仪表、爆破片装置、安全阀的检查和校验。进行压力容器本体及运行状况检查时，一般可以不拆保温层。

（2）全面检验（内、外部检验）

全面检验是指在用压力容器停机时的检验，全面检验应当由检验机构进行。

①检验周期：

a. 安全状况等级为1—2级，一般为每6年一次。

b. 安全状况等级为3级，一般为3～6年一次。

c. 安全状况登记为4级，其检验周期由检验机构确定。安全状况等级为4级的压力容器，其累积监控使用的时间不得超过3年。在监控使用期间，应当对缺陷进行处理提高其安全状况等级，否则不得继续使用。

d. 新压力容器一般投入使用满3年时进行首次全面检验，下次的全面检验周期由检验机构根据本次全面检验结果再确定。

e. 介质为液化石油气且有应力腐蚀现象的,每年或根据需要进行全面检验。

f. 采用"亚铵法"制造工艺,且无防腐措施的蒸球根据需要每年至少进行一次全面检验。

g. 球形储罐使用标准抗拉强度下限大于等于 540 MPa 材料制造的,使用一年后应当开罐检验。

②全面检验项目、内容,按《压力容器定期检验规则》进行。检验单位根据压力容器具体状况,制订检验方案后实施检验,并按检验结果综合评定,安全状况等级。(如需要维修改造的压力容器、按维修后的复检结果进行安全状况登记评定。)检验检测机构对其检验检测结果、鉴定结论承担法律责任。

全面检验前,使用单位应做好有关准备工作。检验的一般程序包括检验前准备、全面检验、缺陷及问题的处理、检验结果汇总、结论和出具检验报告等常规要求。

检验的具体项目包括宏观、保温层隔热层衬里、壁厚、表面缺陷、埋藏缺陷、材质、紧固件、强度、安全附件、气密性及其他必要的项目。

③有以下情况之一的压力容器,全面检验检验周期应适当缩短:

a. 介质对压力容器材料的腐蚀情况不明或者介质对材料的腐蚀速率每年大于 0.25 mm,以及设计者所确定的腐蚀数据与实际不符的;

b. 材料表面质量差或者使用中发现应力腐蚀现象的;

c. 使用条件恶劣或者使用中发现应力腐蚀现象的;

d. 使用超过 20 年,经过技术鉴定或者由检验人员确认按正常检验周期不能保证安全使用的;

e. 停止使用时间超过 2 年的;

f. 改变使用介质并且可能造成腐蚀现象恶化的;

g. 设计图样注明无法进行耐压试验的;

h. 检验中对其他影响安全的因素有怀疑的;

i. 搪玻璃设备。

(3)耐压试验

①试验周期:指压力容器全面检验合格后,所进行的超过最高工作压力的液压试验或者气压试验的时间间隔。每两次全面检验期间内,建议进行一次耐压试验。对设计图样注明无法进行全面检验或耐压试验的压力容器,由使用单位提出申请,地市级安全监察机构审查,同意报省级监察机构备案。

②耐压试验的内容及要求：

a. 全面检验合格后方可允许进行耐压试验。耐压试验前，压力容器各连接部位的紧固螺栓必须装配齐全，紧固稳当。耐压试验场地应当有可靠的安全防护设施，并且经过使用单位技术负责人和安全部门检验认可。耐压试验过程中，检验人员与使用单位压力容器管理人员到现场进行检验。检验时不得进行与试验无关的工作，无关人员不得在试验现场停留。

b. 耐压试验的压力应当符合设计图样要求，并且不小于检定规则中公式计算值。

c. 耐压试验前，应当对压力容器进行应力校核，其环向薄膜应力值应当符合相应要求。

d. 耐压试验优先选择液压试验。

e. 介质毒性程度为极高、高度危害或设计上不允许有微量泄漏的压力容器，必须进行气密试验。

学习鉴定

1. 填空题

(1)按照特种设备的特点，可将其划分为_____和_____。

(2)压力管道按其用途划分为_____、_____和_____，公用管道为 GB 类，级别划分为：_____、_____。

(3)压力容器按使用方式分类，分为_____、_____和_____。

(4)压力容器定期检验分：_____、_____和_____。

2. 问答题

(1)特种设备的定义和分类是什么？

(2)简述压力容器年度检查的要求。

6 有限空间安全管理

6.1
有限空间的类型

6.1.1　有限空间定义

有限空间是指封闭或部分封闭,进出口较为狭窄有限,未被设计为固定工作场所,自然通风不良,易造成有毒有害、易燃易爆物质积聚或氧含量不足的空间。

有限空间作业是指作业人员进入有限空间实施的作业活动。在污水池、排水管道、集水井、电缆井、地窖、沼气池、化粪池、酒糟池、发酵池等可能存在中毒、窒息、爆炸的有限空间内从事施工或者维修、排障、保养、清理等的作业统称为有限空间作业。

6.1.2　有限空间分类

1)地下有限空间

如地下管道、地下室、地下仓库、地下工程、暗沟、隧道、涵洞、地坑、废井、地窖、污水池(井)、沼气池、化粪池、下水道等都属于地下有限空间,见图6.1。

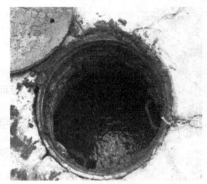

(a)地下管道　　　　　　　　　　　　　(b)化粪池

图6.1　地下有限空间

2)地上有限空间

如储藏室、酒糟池、发酵池、垃圾站、温室、冷库、粮仓、料仓等属于地上有限空间,见图6.2。

（a）温室　　　　　　　　　　　　（b）密闭垃圾楼

图6.2　地上有限空间

3）密闭设备

密闭设备指船舱、储罐、车载槽罐、反应塔（釜）、冷藏箱、压力容器、管道、烟道、锅炉等，见图6.3。

（a）车载槽罐　　　　　　　　　　　　（b）锅炉

图6.3　密闭设备

6.1.3　有限空间可能存在危害及特点

1）有限空间可能存在的危害

①缺氧窒息；

②中毒；

③燃爆；

④其他危害，如淹溺、高处坠落、触电等。

2）典型有限空间可能存在的危害

表 6.1　典型有限空间危害因素举例

种　类	有限空间名称	主要危险有害因素
密闭设备	船舱、储罐、车载槽罐、反应塔（釜）、压力容器	缺氧，CO 中毒，挥发性有机溶剂中毒，爆炸
	冷藏箱、管道	缺氧
	烟道、锅炉	缺氧，CO 中毒
地下有限空间	地下室、地下仓库、隧道、地窖	缺氧
	地下工程、地下管道、暗沟、涵洞、地坑、废井、污水池（井）、沼气池、化粪池、下水道	缺氧，H_2S 中毒，可燃性气体爆炸
	矿井	缺氧，CO 中毒，可燃性气体或爆炸性粉尘爆炸
地上有限空间	储藏室、温室、冷库	缺氧
	酒糟池、发酵池	缺氧，H_2S 中毒，可燃性气体爆炸
	垃圾站	缺氧，H_2S 中毒，可燃性气体爆炸
	粮仓	缺氧，PH_3 中毒，粉尘爆炸
	料仓	缺氧，粉尘爆炸

3）有限空间作业危害的特点

①有限空间作业属于高风险作业，如操作不当或防护不当可导致伤亡。

②有限空间存在的危害，大多数情况下是完全可以预防的，如加强培训教育、完善各项管理制度，严格执行操作规程、配备必要的个人防护用品和应急抢险设备等。

③发生的地点形式多样化，如船舱、储罐、管道、地下室、地窖、污水池（井）、沼气池、化粪池、下水道、发酵池等。

④许多危害具有隐蔽性并难以探测。如有限空间即使检验合格，在作业过程中，有限空间内有毒有害气体浓度仍有增加和超标的可能。

⑤可能多种危害共同存在。如有限空间存在硫化氢危害的同时，还存在缺氧危害。

⑥某些环境下具有突发性。如开始进入有限空间检测时没有危害，但是在作业过程中突然涌出大量有毒气体，造成急性中毒。

6.1.4　有限空间的相关概念

（1）立即威胁生命和健康浓度（Immediately Dangerous to Life or Health Concentration，IDLH）

有害环境中空气污染物浓度达到某种危险水平，如可致命，或可永久损害健康，或可使人立即丧失逃生能力。

当暴露于 IDLH 环境时，呼吸危害能够使在其中没有得到呼吸防护的作业人员致死，或丧失逃生能力，或致残。

（2）时间加权平均容许浓度（PC-TWA）

以时间为权数规定的 8 h 工作日、40 h 工作周的平均容许接触浓度。

（3）短时间接触容许浓度（PC-STEL）

在遵守 PC-TWA 前提下容许短时间（15 min）接触的浓度。

（4）最高容许浓度（MAC）

工作地点在一个工作日内任何时间有毒化学物质均不应超过的浓度。

（5）爆炸极限（Explosion Limit，EL）

可燃物质（可燃气体、蒸气、粉尘或纤维）与空气（氧气或氧化剂）均匀混合形成爆炸性混合物，其浓度达到一定的范围时，遇到明火或一定的引爆能量立即发生爆炸，这个浓度范围称为爆炸极限（或爆炸浓度极限）。

形成爆炸性混合物的最低浓度称为爆炸浓度下限（LEL），最高浓度称为爆炸浓度上限（UEL），爆炸浓度的上限、下限之间称为爆炸浓度范围。这一范围会随温度、压力的变化而变化，爆炸极限的范围越宽或爆炸下限值越低，这种物质越危险。

（6）有害环境（Hazardous Atmosphere）

有害环境是指在职业活动中可能造成死亡、失去知觉、丧失逃生及自救能力、伤害或引起急性中毒的环境，包括以下一种或几种情形：

①可燃性气体、蒸气和气溶胶的浓度超过爆炸下限（LEL）的 10%；

②空气中爆炸性粉尘浓度达到或超过爆炸下限的 30%；

③空气中氧含量低于 19.5% 或超过 23.5%；

④空气中有害物质的浓度超过工作场所有害因素职业接触限值（GBZ2）；

⑤其他任何含有有害物浓度超过立即威胁生命和健康（IDLH）浓度的环境条件。

（7）缺氧环境（Oxygen Deficient Atmosphere）

缺氧环境是指空气中氧的体积百分比低于 19.5%。

（8）富氧环境（Oxygen Enriched Atmosphere）

富氧环境是指空气中氧的体积百分比高于23.5%。

（9）作业负责人（Entry Supervisor）

作业负责人指由用人单位确定的负责组织实施有限空间作业的管理人员。

作业负责人应了解整个作业过程中存在的危险危害因素；确认作业环境、作业程序、防护设施、作业人员符合要求后，授权批准作业；及时掌握作业过程中可能发生的条件变化，当有限空间作业条件不符合安全要求时，终止作业。

（10）监护者（Attendant）

监护人指当作业者进入有限空间内作业时，在有限空间外负责安全监护的人员。

监护者应接受有限空间作业安全生产培训；全过程掌握作业者作业期间情况，保证在有限空间外持续监护，能够与作业者进行有效的操作作业、报警、撤离等信息沟通；在紧急情况时向作业者发出撤离警告，必要时立即呼叫应急救援服务，并在有限空间外实施紧急救援工作；防止未经授权的人员进入。

（11）作业者（Operator）

作业者指进入有限空间实施作业的人员。

作业者应接受有限空间作业安全生产培训；遵守有限空间作业安全操作规程，正确使用有限空间作业安全设施与个人防护用品；应与监护者进行有效的操作作业、报警、撤离等信息沟通。

6.2
有限空间的安全管理

6.2.1　燃气有限空间危害因素分析

燃气行业涉及的有限空间主要包括贮罐、车载槽罐、管道以及沟槽，地下或半地下的井室、调压站（箱）、燃气设备房间，地上调压站（箱）或燃气设备房间等。

有限空间长期处于封闭或半封闭的状态，且出入口有限，自然通风不良，易造成有毒有害、易燃易爆物质积聚或氧含量不足。此外，高温、高湿等不良气候条件会不同程度上加剧了有限空间的环境危害。有限空间存在的主要危险有害因素是缺氧窒息、中毒、燃爆以及其他危险有害因素。了解并正确辨识这些危害因素，对有效采取预防、控制措施，减少人员伤亡事故具有十分重要的作用。

1) 缺氧窒息

有限空间长时间不进行通风,或作业人员在进行焊接、切割等工作,或燃气泄漏、氧气被其他气体(如燃气)取代时,均可能存在窒息危险。要维持生命,氧气不可缺少。空气中氧气体积分数约为21%,当空气中的氧气体积分数低于19.5%时,人会产生危险。空气中安全氧气体积分数为19.5%~23.5%。当氧气体积分数过低时,工作人员会感觉疲倦、头痛、头晕、呕吐及昏迷。

表6.2　不同氧气含量对人体的影响

氧气含量 (体积百分比浓度)/%	对人体的影响
19.5	最低允许值
15~19.5	体力下降,难以从事重体力劳动,动作协调性降低,易引发冠心病、肺病等
12~14	呼吸加重、频率加快,脉搏加快,动作协调性进一步降低,判断能力下降
10~12	呼吸加深加快,几乎丧失判断能力,嘴唇发紫
8~10	精神失常,昏迷,失去知觉,呕吐,脸色死灰
6~8	4~5 min 通过治疗可恢复,6 min 后50%致命,8 min 后100%致命
4~6	40 s 后昏迷,痉挛,呼吸减缓,死亡

2) 中毒

有限空间通风不好,在其中进行焊接、切割等作业时,产生不完全燃烧,或因人工煤气(含有一氧化碳)管道泄漏发生,均可能会有一氧化碳气体。由于一氧化碳气体难于被察觉,通常工人难以及时逃离现场。

另外,阀门井等因长期污水积聚和污泥进入,也可能有生成硫化氢的危险。硫化氢是一种有毒及可燃的气体,无颜色、有浓烈的臭鸡蛋味,一定浓度的硫化氢可以致命。由于硫化氢重于空气,常积聚于有限空间的底部,甚至淤泥中,可对作业人员的健康造成危害,硫化氢体积分数较高时会给作业人员造成生命危险。

3) 燃爆

燃气井室内管道、阀门等设施经过长时间运行,在不通风、潮湿环境下,阀门阀体、法兰等部位因腐蚀、胀缩等原因可能会产生局部燃气泄漏,在通风不良条件下易造成燃气聚集,积累到一定体积分数遇明火就有可能发生燃气爆炸,从而破坏燃气设施,造成供气中断,对作业人员产生伤害和影响周围环境安全。

目前城市燃气主要有天然气、液化石油气和人工煤气。天然气的主要成分是甲烷,密度最小,比空气轻,放散性最好,爆炸危险度最小;人工煤气主要成分为一氧化碳、氢气和甲烷,体积分数为60%~80%,密度较小,与空气相当,但爆炸极限范围最宽,危险度大;液化石油气主要成分为丙烷,体积分数为50%~80%,密度较大,比空气重,易在低洼处聚集,不易散发,爆炸危险度次之。

表6.3　燃气的爆炸极限和爆炸危险度

燃气种类	爆炸极限/%	爆炸危险度
甲烷	5.1~15.3	2.1
液化石油气	1.5~9.5	5.3
人工煤气	4.4~40.0	8.1

注:表中爆炸极限数据分别来自甲烷化学品安全技术说明书、丙烷化学品安全技术说明书和正丁烷化学品安全技术说明书、人工煤气安全技术说明书;爆炸危险度是根据爆炸极限计算得出的。

4)其他危害因素

地下井室等有限空间的进出点如果位于人行道或车行道上时,作业人员有被车撞倒的可能,他人也会有跌落危险。此外进入有限空间作业,还有塌方、机械损伤和触电等一般性风险,相比之下,发生的概率较低。

6.2.2　有限空间作业安全技术要求

1)检测

应严格执行"先检测、后作业"的原则,开始作业前应对空间内的有害气体进行辨识,并由专人有针对性地负责对空间内氧气含量、燃气体积浓度及有毒气体(如一氧化碳、硫化氢等)进行检测。其中氧气含量应大于等于19.5%且小于等于23.5%,燃气体积浓度应小于1%,一氧化碳含量小于20 mg/m³,硫化氢小于10 mg/m³。如发现空间内有其他有毒、有害气体,其检测指标应不超过国家标准GBZ2.1的有关规定。未经检测,严禁作业人员进入有限空间。检测数据应填入《有限空间作业现场检测及安全措施确认单》中进入前检测数据栏。当上述气体检测浓度低于标准时,方可允许进入作业,否则应持续通风换气。

如果作业环境条件发生变化,作业单位应对上述危害因素进行持续或定时检测。作业人员的工作面发生变化时,应视为进入新的有限空间,重新检测后再进入。持续检测或重新检测时应将检测结果填入《有限空间作业现场检测及安全措施确认单》中作业过程检测数据栏。在有限空间内进行的带气作业,必须进行持续检测或定时检测。

实施检测时,检测人员应处于安全环境中。

2)危害评估

在进入有限空间作业前,作业人员必须对作业环境危害状况进行辨识和评估并有针对性地制订消除或控制危害的处置预案和各项措施,使整个作业过程始终处于安全受控的状态。有限空间作业危害可分为窒息、中毒、着火、爆炸、交通危害、坠落、塌方、机械损伤、触电等(见6.2.1燃气有限空间危害因素分析)。

3)通风

在有限空间作业前和作业过程中,可采取强制性连续通风措施降低危险,保持空气流通。严禁用纯氧进行通风换气。

4)防护设备

各单位应为作业人员配备符合国家标准要求的通风、检测、照明、通信、应急救援设备和个人防护用品。当有限空间存在可燃性气体时,检测、照明、通信设备应符合防爆要求。作业人员应穿戴防静电服装,使用防爆工具,配备可燃气体浓度报警仪。

5)呼吸防护用品

特殊情况下,作业人员应佩戴安全可靠的全面罩正压式空气呼吸器或送风长管面具等隔离式呼吸保护器具。佩戴时一定要仔细检查其气密性,严禁在可燃气体污染的区域摘、戴防毒面具。送风式长管呼吸器要防止通气长管被挤压,呼吸口应置于新鲜空气的上风口,并有专人监护。

6)应急救援装备

除呼吸防护用品外,各单位还应配备应急通讯报警器材、现场快速检测设备、大功率强制通风设备、应急照明设备、安全救生设备(包括安全绳、安全带、吊救装备等)等。

6.2.3　有限空间作业安全管理要求

1）各单位主要负责人职责

①建立、健全有限空间作业安全生产责任制,明确有限空间作业负责人、作业者、监护者职责。

②组织制订专项作业方案、安全作业操作规程、事故应急救援预案、安全技术措施等有限空间作业管理制度。

③保证有限空间作业的安全投入,提供符合要求的通风、检测、防护、照明等安全防护设施和个人防护用品。

④督促、检查本单位有限空间作业的安全生产工作,落实有限空间作业的各项安全要求。

⑤提供应急救援保障,做好应急救援工作。

⑥及时、如实报告生产安全事故。

2）作业方案编制和作业审批

进入有限空间作业前,作业单位必须编制作业方案并对所有参与作业人员进行交底。方案内容应包括有限空间危险源的辨识和相关应急处置预案。

凡进入有限空间进行施工、检修、清理等作业,作业单位必须办理有限空间作业审批手续,涉及动火作业应同时办理相应的审批手续。未经作业负责人审批,任何人不得进入有限空间作业(见6.2.4 有限空间作业审批程序)。

3）作业前准备工作

①危害告知:应在有限空间进入点附近设置醒目的警示标志,并告知作业者存在的危险有害因素和防控措施,防止未经许可人员进入作业现场。标志的制作应符合国家规范。

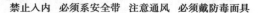

图 6.4　警示标志

②教育、培训:进入有限空间作业前,作业单位应对作业人员进行安全教育,了解、掌握有限空间作业危险源、处置预案及救护方法,确认作业人员已经经过相关作业指导书,以及使用防护设备和检测设备的技能培训。

③装备检查:作业单位应确保各种检测仪器、各种防护用品配备齐全,并经校验有效。

④环境检查:有限空间的出入口内外不得有障碍物,应保证其畅通无阻,便于人员出入和抢救疏散。

⑤准入者检查:有限空间准入者已经完成所有准入前的准备工作。

4)现场监督管理

有限空间作业现场应明确作业负责人、监护人员和作业人员,不得在没有监护人的情况下作业。

(1)作业负责人职责:

①了解作业全过程以及作业中各项危险危害因素。

②对作业前各项安全措施的准备情况逐一落实并确认。

③对作业前现场作业环境、防护设备、作业人员是否符合作业要求进行判断,并签字确认。

④及时掌握作业过程中可能发生的条件变化,当有限空间作业条件不符合安全要求时,终止作业(需要确认撤销作业,或当作业结束后确认终止进入)。

⑤进入有限空间的作业人员,每次工作时间不宜过长,应由作业负责人视现场情况安排轮换作业或休息。

(2)作业监护人职责

①监护人应接受有线空间作业安全生产培训,熟悉作业程序、有判断和处理异常情况的能力,懂急救常识。

②监护人对安全措施落实情况随时进行检查,发现落实不够或安全措施不完善时,有权提出暂停作业。

③全程掌握作业人作业期间情况,保证在有限空间外持续监护,能够与作业者进行有效的操作作业、报警、撤离等信息沟通。如发现异常,及时制止作业。

④在发生以下紧急情况时向作业者发出撤离警告,必要时立即呼叫应急救援服务,并在有限空间外实施紧急救援工作:

a.发现禁止作业的条件;

b. 发现作业人出现异常行为；

c. 密闭空间外出现威胁作业人安全和健康的险情；

d. 监护者不能安全有效地履行职责时。

⑤防止未经授权的人员进入。

（3）作业人员职责

①应接受有限空间作业安全生产培训。

②持有经审批同意、有效的《有限空间作业票》进行作业。

③作业前，作业人员应充分了解作业方案中的各项内容，熟悉所从事作业的危害因素和相应的安全措施、应急预案等。

④《有限空间作业票》中所列的各项安全措施经落实确认，监护人、作业负责人签字同意后，方可进行作业。

⑤遵守有限空间作业安全操作规程，正确使用有限空间作业安全设施与个人防护用品。

⑥对进入有限空间作业的内容、地点、时间与审批单不符，监护人不在场，劳动保护着装、防护器具和工具不符合规定，强令作业或安全措施未落实的情况，有权拒绝作业，并向上级报告。

⑦与作业者进行有效的操作作业、报警、撤离等信息沟通。作业人员发现情况异常或感到不适合呼吸困难时，应立即向作业监护人发出信号，迅速离开有限空间。

5）承包管理

各单位委托承包单位进行有限空间作业时，应严格承包管理，规范承包行为，不得将工程发包给不具备安全生产条件的单位和个人。

各单位将有限空间作业发包时，应当与承包单位签订专门的安全生产管理协议，或者在承包合同中约定各自的安全生产管理职责。存在多个承包单位时，各单位应对承包单位的安全生产工作进行统一协调、管理。

承包单位应严格遵守安全协议，遵守各项操作规程，严禁违章指挥、违章作业。

6）培训

各单位应对有限空间作业负责人员、作业者和监护者开展安全教育培训，培训内容包括：有限空间存在的危险特性和安全作业的要求，进入有限空间的程序、检测仪器、个人防护用品等设备的正确使用，事故应急救援措施与应急救援预案等。

培训应作记录。培训结束后，应记载培训的内容、日期等有关情况。

各单位没有条件开展培训的，应委托具有资质的培训机构开展培训工作。

7）应急救援

生产经营单位应制订有限空间作业应急救援预案,明确救援人员及职责,落实救援设备器材,掌握事故处置程序,提高对突发事件的应急处置能力。预案每年至少进行一次演练,并不断进行修改完善。

有限空间发生事故时,监护者应及时报警,救援人员应做好自身防护,配备必要的呼吸器具、救援器材,严禁盲目施救导致事故扩大。

8）事故报告

有限空间发生事故后,生产经营单位应当按照国家和本市有关规定向所在区县政府、安全生产监督管理部门和相关行业监管部门报告。

6.2.4　有限空间作业审批程序

进入有限空间作业单位(班组)填写《有限空间作业票》(见表6.4)中相关内容,由作业单位的作业负责人对作业票中作业安全措施准备工作的情况进行落实,并确认签字。

由有限空间所属单位所级安全管理人员及所级领导审批确认,审批后由所级安全管理人员保存第一联,并将第二联返还作业单位。

作业单位在作业现场须持经领导确认的作业票方可作业,并在作业前填写《有限空间作业现场检测及安全措施确认单》(见表6.5,以下简称《确认单》),由监护人填写作业票号和作业点设施名称,由检测人员在作业前对有限空间进行检测,然后填写"进入前检测数据"并签字。现场监护人员核实检测数据和确认作业现场安全措施情况并签字,由现场作业负责人最终审批后方可进行作业。

6.2.5　有限空间作业准入管理

在作业负责人按照作业审批程序完成现场审批后,准入者方可进入有限空间。应确保进入有限空间的作业人员与作业票准入者名单相符,并保证在进入前准入者的准备工作全部完成。

准入时间不得超过作业票上规定的完成作业时间。有限空间作业一旦完成,所有准入者及所携带的设备和物品均已撤离,要及时关闭作业程序,在《确认单》上记录撤离时间。当发生了必须停止作业的意外情况,要终止作业时,应在《确认单》上记录终止时间。当现场不具备条件作业取消,应在《确认单》上注明取消时间。

《有限空间作业票》和《确认单》是进入有限空间作业的依据,任何人不得涂改且要求安全管理部门存档时间至少一年。如需作废应由安全管理员加盖作废章。

表6.4　有限空间作业票

作业班组		设施名称			
所属单位					
主要危险源辨识	窒息□;中毒□;着火□;爆炸□;交通危害□;高处坠物□;其他				
作业内容			填报人员		
准入人员			监护人员		
作业时间	年　月　日　时　　分至　　年　月　日　时　　分				
有限空间作业安全措施准备工作确认					
序　号	主要安全措施	确认安全措施符合要求			作业负责人签名
		确认内容			
1	作业方案	已进行有限空间危险源辨识　□ 已编制有限空间应急处置预案　□ 作业方案已经交底			
2	作业前培训和安全教育	已经明确作业人员的职责　□ 了解有限空间作业危险源　□ 掌握有限空间应急处置预案　□ 会熟练使用防护设备和检测仪器　□ 已经学习《作业指导书》　□ 已经进行安全教育　□			
3	检测仪器配备情况	四合一检测仪　　　□ 含氧仪　　　　　　□ 燃气检测仪　　　　□ 其他:			
4	防护用品及设备配备	穿戴防静电工作服、鞋　□ 送风式防毒面具　□　　消防器材　□ 安全绳　　　　　□　　防爆对讲机　□ 防爆风机　　　　□　　防爆工具　□			
5	其他补充措施:				
所属单位安全管理人员审批意见: 签名:　　　　　　　　年　月　日			所属单位所级领导审批意见: 签名:　　　　　　　年　月　日		

表6.5　有限空间作业现场检测及安全措施确认单

有限空间作业现场检测及安全措施确认单						
有限空间作业票编号：						
作业点设施名称：						
检测项目	氧含量	燃气体积浓度	一氧化碳	其他有毒、有害气体（　）	现场检测时间	检测人员签字
检测指标	19.5%~23.5%	<1%	20 mg	合格		
实际检测结果	进入前检测数据					
	作业过程检测数据					

现场安全措施确认：	监护人审批意见：
有限空间出入口畅通,无障碍物　□	
有限空间已充分通风　□	签名：　　　　年　月　日
穿戴防静电工作服、鞋　□	作业负责人审批意见：
配戴安全绳、安全带、安全帽　□	
准备消防器材　□	签名：　　　　年　月　日
使用送风式防毒面具　□	
使用防爆风机　□	
使用防爆对讲机　□	
使用防爆工具　□	
其他补充措施：	

续表

有限空间作业现场检测及安全措施确认单	
作业撤离 本人声明上述工作已完成/停止,所有人员已离开。 撤离时间: 年 月 日 时 分 作业负责人签名:	作业取消 本人声明此作业票、确认单及其副本已被消。 取消时间: 年 月 日 时 分 作业负责人签名:

学习鉴定

1. 填空题

(1)有限空间是指_____或_____,进出口较为狭窄有限,未被设计为固定工作场所,_____,易造成有毒有害、易燃易爆物质积聚或_____的空间。

(2)燃气行业涉及的有限空间主要包括_____、车载槽罐、_____以及_____,地下或半地下的_____、_____、_____,地上调压站(箱)或_____等。

(3)应严格执行_____的原则,开始作业前应对空间内的有害气体进行辨识,并由专人有针对性地负责对空间内_____、_____及有毒气体(如一氧化碳、硫化氢等)进行检测。

2. 问答题

(1)燃气有限空间作业存在的危害因素有哪些? 每种危害因素形成的原因和特点是什么?

(2)燃气有限空间作业前应做哪些准备工作?

7 自然灾害安全管理

■ **核心知识**

■ **核心知识**

- 自然灾害的种类及对天然气管道的危害
- 地震灾害的安全管理
- 洪水灾害的安全管理

■ **学习目标**

- 了解不同自然灾害对天然气管道造成的危害
- 熟悉地震紧急处理系统
- 掌握洪水灾害应急处置措施

7.1

自然灾害对天然气管道的危害

管道距离越长,其通过的地质条件就越复杂。管道沿线可能对管道造成危害的自然灾害主要有地震、崩塌和滑坡、泥石流、采空塌陷、冲蚀坍岸、风蚀沙埋、洪水、冻土、大风、软土、盐渍土、岩溶塌陷、雷电等。其中地震、洪水、崩塌和滑坡、泥石流、冲蚀坍岸、岩溶塌陷、风蚀沙埋对管道安全影响较大。

7.1.1 常见自燃灾害对天然气管道的危害

1)地震

地震是地壳运动的一种表现,虽然发生频率低,但因目前尚无法准确预报,具有突发的性质,一旦发生,财产和环境损失十分严重。地震产生地面竖向与横向震动,可导致地面开裂、裂缝、塌陷,还可引发火灾、滑坡等次生灾害。其对管道工程的危害主要表现在可使管道位移、开裂、折弯,还可破坏站场设施,导致水、电、通信线路中断,引发更为严重的次生灾害。

管道在不同地震烈度场中的行为特征见表7.1。

表 7.1 管道在不同地震烈度场中的行为特征

地震烈度	管道及地物行为	地表现象
Ⅶ	山体崩塌,个别情况下有裂缝,偶有塌方	潮湿疏松处地表有裂缝
Ⅷ	地下管道接头处受破坏,道路裂缝、塌方	地表裂缝可达 10 cm 以上,有泥沙冒出,水位较高、地形破碎处,滑坡、崩塌普遍
Ⅸ	道路出现裂缝,部分地下管道遭破坏	滑坡、山崩
Ⅹ	地下管道破裂	滑坡、山崩普遍

2）洪水

我国西部河流大多为内陆流河,河流以高山的融雪和大气降水为水源,具有落差大、暴雨洪水洪峰流量比平均流量大几倍甚至几十倍的特点。一般来讲,山区降水量多余平原区,且山区降雨量是平原区的 5 ~ 6 倍,降雨是洪水形成的根源。雨季有较大降雨,可在短时间内形成洪水径流,流速急、涨落猛,夹杂大量石头泥沙,并易形成泥石流,对穿越河流的管道具有一定的威胁,特别是布设在弯曲河段凹岸一侧的管道可能会因沟岸的坍塌而被暴露出来,甚至发生悬空和变形。在低山沟谷、山前冲积平原出山口及山间洼地中的冲沟、冲沟汇流处,降水形式常以暴雨为主,河沟洪水携带泥沙,形成特有的暴雨洪流危害,造成冲刷破坏,并具有短时间内破坏建筑设施、道路工程、管道工程设施等危害。这些地段河流落差大,河床不稳定,下切速度快,很容易对管道造成威胁。如新疆的鄯—乌输气管道从白杨河穿越,前一年秋天做的过水面在第二年五月已下切了 1.5 m;1996 年白杨河突发洪水将建设中的鄯—乌输气管道冲断。

3）崩塌和滑坡

地质构造活动强烈地区,岩石松散破碎,地形变化较大,易形成崩塌和滑坡,若有天然气管道经过,管道建设和运营安全可能受到影响。如西气东输管道经过新疆某区域时,管道在山谷中穿行,地表风化作用强烈,地质环境脆弱,管道线位选择余地小,紧靠山体斜坡敷设;该地段地形陡峻,两侧基岩坡角较大,一般大于 40°,最大能达到 60°,崩塌、滑坡危险地段长达几十千米。

4）泥石流

例如西部地区发育规模较大的冲沟,冲沟中松散堆积物丰富,坡积物较厚,成为潜在泥石流隐患,一旦遇到突发性的强降水过程,存在发生泥石流的可能性。

5）冲蚀塌岸

冲蚀是在地表水的动力作用下,地表、冲沟或河床中的碎屑物被搬运,造成河床和岸坡磨蚀的现象。塌岸主要指冲刷作用造成河岸或冲沟岸坡的坍塌现象。

6）风蚀沙埋

风蚀常与沙漠和砾漠化(戈壁滩)相伴出现,风蚀作用表现为风力及其夹带的沙石对障碍物产生巨大的冲击和磨蚀作用,引起障碍物损坏。随风移动的粉细沙常常在低洼地沉积下来,形成移动沙丘、沙垄等,容易造成低洼处被沙淤埋或填平,成为沙埋灾害。

7）煤矿采空塌陷和自燃

如管道经过煤矿采矿区域：该区域矿井分布密集，形成采空塌陷区域，同时还存在未塌陷的地下采空区，在管道施工和运营过程中有产生塌陷和不均匀沉降的危险，对管道造成破坏；同时煤层的自燃现象也会危及管道的安全。

8）冻土

季节性冻土对管道危害主要是冻胀。地基土的冻胀可使管道中应力发生变化，严重时将影响管道安全使用。多年冻土对管道的危害主要是融沉。局部不均匀融沉可使管道应力发生改变，影响管道安全。

9）地震与沙土液化

饱和沙土在地震力作用下，受到强烈振动后土粒会处于悬浮状态，导致土体丧失抗剪切强度进而地基失效的现象，称之为地震液化。地震液化是一种典型的突发性地质灾害，它是饱和沙土和低塑性粉土与地震力相互作用的结果，一般发生在Ⅷ—Ⅸ度的高地震烈度场内。

10）岩溶地面塌陷

岩溶地面塌陷是岩溶分布区内普遍发育的一种危害很大的自然现象，是在地下水动力条件急剧变化的状态下，由发育于溶洞之上的土洞往上发展，洞顶上覆土层逐渐变薄，抗塌陷力不断减弱，当接近或超过极限的情况下而诱发地面塌陷。

11）盐渍土

盐渍土对管道有腐蚀性，对混凝土钢结构具中等—强腐蚀性。盐渍土的主要危害是其中的 Cl^{-1}、SO_4^{-2} 腐蚀金属管道，缩短管道寿命。盐渍土的另一危害是地表土体中的大量无机盐在水的作用下可以发生积聚或结晶，体积变大造成地表发生膨胀变形，形成盐胀灾害；当大量易溶盐类在降水或地表流水作用下被溶解带走时，常会出现地基溶陷现象。

12）雷电

管道架空部分和地面部分（如跨越管段、站场管道和工艺设施），相对于整个埋地管道而言都是优良的接闪器，在附近空中有云存在的情况下可能形成一个感应电荷中心，从而遭受直击雷的威胁。管道不仅会感应正雷,还会感应负雷。正雷和负雷对管道,特别是对阴极保护设备的运行存在着不同程度的影响。当管道上空形成雷云时,其下面大面积形成一个静电场,埋地管道也同大地一样表面感应出相反的电荷,当电荷积聚到一定程度而又具备了放电条件时,会出现一次强烈的放电过程。但是,由于三层 PE 优良的绝缘性能,管道电荷的泄放速度很慢,一旦发生管道局部的放电,管道内形成一股强大的电流(涌浪)。对于绝缘性能很好的管道,这种涌浪在管道或接触不良的部位产生高压,引起第二次放电。

7.1.2 地震灾害对天然气设备的危害

地震是地球内部突然发生的一系列弹性波。地震发生时,从有震感到强烈震动,大约需要几秒到几十秒的时间,地震时除了因强烈震动而直接导致建筑物倒塌、电线折断、容器管道破裂、引起火灾爆炸之外,还可能伴随出现地面隆起和下沉、滑坡断层、地裂,甚至山崩、海啸等现象,从而造成重大财产损失和人员伤亡。

我国是一个多地震国家,地震灾害严重。很多油气田位于地震带之上或其附近,对油气田安全构成严重威胁。对石油天然气生产来说,地震会造成钻机倾覆、油气井毁坏、储罐开裂或倾覆、管道及阀件断裂,以及塔内容器倾斜或损坏等震害。其中储罐、管道及各种大型容器均属于高柔性设备,且多为集中布置,被输送、加工的又是石油和天然气等易燃易爆物品,因此,地震时不仅损坏率高,同时还可能伴随着发生火灾、爆炸等严重的二次事故。

①地震灾害对石油、天然气设备设施主要的危害表现在:

a.对油气储罐的震害:由于储罐具有容积大、罐壁薄、数量多、布置集中等特点,震害比较复杂,影响范围较大。

b.对油、气、水管道的震害:油、气、水管道在油气田内纵横交错,管道规格多,类型及设置情况复杂。管道一旦遭到破坏,直接影响到生产和居民生活。

c.对油气厂矿的震害:一般情况下,油气厂矿有很多原油罐、储气罐、各种加热炉、塔、器以及管网系统。地震主要是造成罐、管线损坏,对其他设施也有很大程度的破坏,甚至会造成倒塌、转动。

d.对油气井的震害:地震时,在波及区内的油气井会发生套管变形、断裂、井口错位、井架歪斜等灾害。

②地震灾害对石油天然气勘探开发来说,主要有以下特点:

a.损失严重:这是由于油气作业场所偏僻、人员相对集中、设备设施昂贵、生产环节联系紧密等原因造成。

b.次生灾害突出：主要是因为油气田生产、储存、输送的易燃易爆和有毒物质较多。

c.污染范围较大：油气作业涉及的物质具有强扩散性，对周围居民和环境会造成很严重的影响。

从燃气行业角度来看，随着我国西气东输的实施，城市燃气管道化已经比较普及，天然气、液化气、人工煤气、沼气等燃气管道网络在我国迅猛发展，这对于提高经济效益，减少城市大气污染，方便居民生活等等各方面都带来好处。但随之而来的由地震灾害引起的各类安全问题也给人们带来了深深的忧虑。例如四川汶川地震造成房屋、道路等地上建筑的严重毁坏，地下管线的损害程度预计也十分严重。

在我国，采用管道方式供气的主要气源是天然气、人工煤气、液化气。这种方式通常由管道、门站、高压站、调压装置及管道上的附属设备组成管网体系。由于管道属隐蔽工程，随着时间的推移、地壳的变化、环境的影响，尤其是当地震发生时，产生的破坏力会使燃气管道断裂，使燃气发生泄漏，遇到明火即会发生爆炸，造成严重的次生灾害。

7.2
地震灾害安全管理

四川汶川大地震后，燃气行业从业者面临了新的考验，能否在自然灾害发生时在最短的时间内将损失降到最低成为燃气行业从业者新的课题。是否可以通过大家的努力，消除由于地震造成的设备和管网的破坏，最大限度地减少次生灾害呢？我们可以借鉴他国经验，在其基础上，进行自我完善。

日本是世界著名的地震多发国，全世界震级在里氏6级以上的地震中，20%以上就发生在日本（图7.1）。20世纪60年代以后，日本积极推动各种对抗灾害的政策，特别针对灾害防范方面。从阪神地震之后，日本重新建立了地震监测系统，该系统与仙台地震后实施的地震监测系统比较起来，发生了巨大变化：从仙台地震后20万户自动停止供气发展到阪神地震后100万户停止供气；从仙台地震损伤推测、判断支援、自动切断的应急模式发展到阪神地震后可知道详细信息、远距离切断、执行情况掌握、经常演习的应急模式。

目前，日本燃气公司已经在东京、大阪、横滨等地建设了以地震感知器为基础，以震害快速评估结果为指导，以自动关闭、远程指令关闭装置为核心的燃气供应网络地震紧急处理系统，该系统可有效避免或减少地震发生时由于管道破裂、燃气泄漏导致的爆

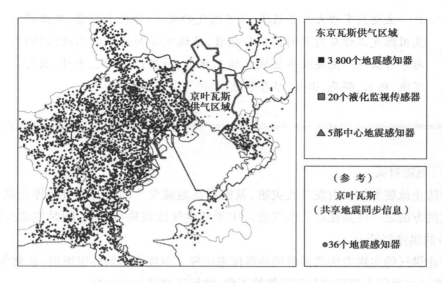

图 7.1　为东京地区防震监测系统分布图

炸、火灾等次生灾害事件。

一些发达国家逐步提高工程结构抗震能力的同时,在防震减灾实践中探索出一种减轻地震灾害的技术手段,即在重大基础设施和生命线工程建立地震紧急处理系统。目前在一些城市和地区的燃气供应网络中,已经建设了多个地震紧急处理系统,有的系统经受了强烈地震的考验,取得了明显的减灾效果。他们的宝贵经验与相关成果可供我们借鉴。具体做法是:在每个用户端安装智能燃气表,当地震动超过设定报警值时自动关闭燃气调节阀;在各小区燃气管线调节阀附近安装地震感知器,当地震感知器感知的地震震动超过设定报警值时切断燃气供应;在中、高压燃气管网和供应源,布设地震感知器,通过快速评估进行综合决策,并由控制中心远程控制切断阀的关闭。

7.2.1　针对地震的应急对策

以日本为例研究针对地震的应急对策,"东京瓦斯"(全称东京瓦斯株式会社)通过十几年的研究,目前已形成预防对策、应急对策以及修复对策三大应急体系。

知识窗

　　东京瓦斯株式会社(Tokyo Gas Company, Limited)是日本最大的

天然气(瓦斯)供应商,会社拥有员工 7 000 多名,用户超过 1 000 万

户。主要拥有四大业务领域:城市燃气的生产、供应和销售,工业用、民用燃气工程与用具的供应与销售,区域制冷加热联动系统的供应与电力供应。主要服务区域包括东京都、神奈川、札幌、千叶、长野、茨城、枥木、群马、山梨、根岸等地。

（1）预防对策

为防止地震发生后引发二次灾害,就需要在地震发生的同时尽可能停止供气。控制停气的方法之一便是在日常供气管理中要把供气区域进行分块,随时主动控制各块（区域）的供停气情况。

停止供气的实现方法需要借助地震仪来实现。当震级达到一定级别（通常为5级）时,地震仪主动停止调压站与调压箱的工作,执行区域停气的目标。

停止供气的方法是停止目标区域的调压站和调压箱的工作,中压管道上的阀门紧急关闭,停止制造设备和储存设备的煤气送出工作。

许多燃气公司都增设了远距离监控系统,随时掌控各供气系统的切断情况。

（2）紧急对策

紧急对策指通过地震感知器对供气线路进行监控,当供气管线发生损坏时,迅速准确切断,防止次生灾害的发生,包括:第一时间掌握3 800处震级、燃气压力的数据收集,通过模拟损害情况,推算损失情况;对东京地区进行分片管理,高、中、压管线必须放散,各户燃气表能够自动切断,以及保证主要供给设备迅速、准确地切断。

（3）恢复措施

要建立行业集体相互救援体质。当地震发生时,要全行业共同行动进行支援。以日本燃气协会编织的《地震等非常事态下的救援体质》（概要）为例来说明。

①排遣先遣队:当发生地震,受灾煤气企业停止供气的情况出现时,首先由地方协会、近邻同行、行业大企业和煤气协会共通编成先遣队,赶赴事发地点。

②救援体制:受灾企业向地区协会会长发出救援申请,该会长要根据先遣队的意见与中央协会协调,决定救援体制。

③救助费用的负担:展开救援活动后,参加救援的各企事业单位的职员人工费由参加的企事业单位负担,其他的（如住宿费、材料费、工程费等）由受灾企业负担。

④救援金的支付:为减轻受灾企业的负担,1993年北海道钏路地区地震发生以后,由煤气供气企业共同努力,设立了“日本煤气协会受灾救援基金”,按照一定的规则进行发放。

7.2.2 地震紧急处理系统

1) 系统基本原理

地震紧急处理系统,是通过安装在各地的地震感知器监测震动信息并根据振动频率和加速度值快速检测出结果(图7.2),当振动级别超过设定值时,迅速切断与地震感知器相连的切断阀,同时地震感知器通过无线或者网络,将信息传送到控制中心,必要时由控制中心对各地设备实行远程操作,以达到减轻地震灾害的目的。

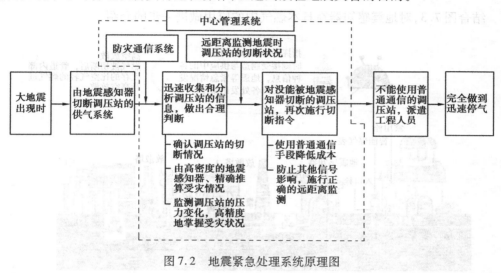

图7.2　地震紧急处理系统原理图

2) 系统组成

地震紧急处理系统包括信息获取、信息传输和综合决策三个部分。

(1)地震信息获取

在关键设备周边布设地震感知器,并与紧急切断阀相连,通过无线或网络技术,实时获取关键设备周边地面运动信息。由于地震纵波(P波)传播速度最快,这样一旦获取地震纵波信息,可以抢在地震面波(面波又称L波,是由纵波与横波在地表相遇后激发产生的混合波。其波长大、振幅强,只能沿地表面传播,是造成建筑物强烈破坏的主要因素)到达关键设备之前发布地震警报并迅速开启紧急切断阀。

(2)地震信息传输

在开启紧急切断阀之后,地震感知器可通过两种方式向控制中心发送数据。第一种,地震感知器可与专用的无线发射器相连向控制中心发送信息;第二种,地震感知器可与控制系统相连,通过一组4~20 mA的模拟信号向区域控制中心发送信息,并由设备控制中心向总控制中心。

（3）综合决策

总控制中心接受地震感知器发送的信息后,可快速判定地震参数和地震影响场,并对受损设备进行监测,如发现由于地震引起的紧急切断阀工作异常情况,可由控制中心对关键设备进行远程控制,从源头杜绝漏气的发生,将次生灾害的发生概率进一步降低,并在此基础上进行紧急处理措施决策。

3）地震感知器的应用

结合图7.3,对地震感知器在日本燃气中的应用做进一步的介绍。

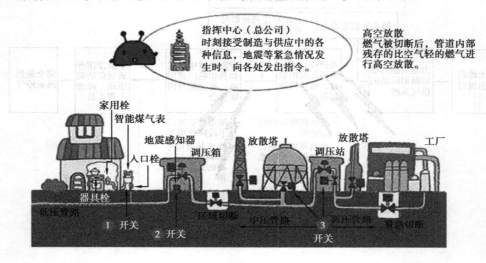

图 7.3　紧急切断示意图

（1）源头控制

燃气一般是在气源厂生产,然后经由中压管道输送到各个片区,再经低压管道分配到各用户小区。为了减轻局部管道设施地震破坏给整个系统带来的影响,在出厂主干管道端和中压管道各相对独立的片区以及中压管道与低压管道交接处设置紧急处理装置。在这些位置上安装地震感知器,可以在地震发生时从源头切断,可以有效防止地震对管线破坏后产生的燃气泄漏问题。此处的地震感知器报警值根据管网结构组成、管道特性参数（管材、规格、接口形式等）、运行环境（埋深、工作压力等）综合考虑设定报警值。

如图7.3所示:在调压站,当发生大的晃动时,地震仪启动,停止供气,并向指挥中心发送信号;同时,指挥中心也可以根据情况通过无线信号控制调压站停止供气。

a. 指挥中心:时时掌握各制造设备和供气设备的运行情况。当发生大地震等异常现象时,发出各式指令。

b.上空放散:当地震发生时,各设备都停止了工作,也停止了供气。但是管道中还残存有燃气,此时进行上空放散,排出比空气轻的天然气。

(2)区域控制

在小区接入端设置地震紧急处理装置是为了在小区内燃气设施因地震破坏发生燃气泄漏时,将供气阀门关闭,降低火灾、爆炸等次生灾害发生的可能性。根据燃气设施本身抗震能力的强弱,建筑物的抗震性能设定报警值。

(3)用户控制

地震发生后,即使用户端建筑物没发生倒塌破坏,用户端燃气设施也会由于建筑物楼层地震反应过大而发生晃动、移位、倾倒、滑落、断裂等现象,有可能造成火灾或爆炸事故。因此,日本在各大城市和区域燃气供应网络地震紧急处理系统建设中,在所有用户端均安装了自动处理阀门,以减少此类事故的发生。

(4)远程控制

由于地震感知器安装方便,兼容性强,可与现行控制系统进行改造,可将地震感知器融入主控系统中,当地震感知器将报警信号发送至控制中心,控制中心根据实时监控数据监测设备运行情况,并可根据实际情况对设备进行远程控制,为从源头、区域控制燃气泄漏上了双保险。

4)地震紧急处理系统建设中应注意的问题

在地震紧急处理系统中,报警值的确定关系重大。若报警值过高,则会出现燃气设施地震破坏严重,但处理系统仍未启动的现象;而报警值偏小,则会发生小地震事件下处理系统频繁动作,增大了误触发的比率,人为因素造成次生灾害。因此,在建设地震应急处理系统时应该注意:燃气供应系统地震紧急处理报警值确定原则和方法研究以及报警值合理取值研究等。针对具体燃气供应系统建设地震紧急处理系统需要解决的一个关键问题是在全面了解系统各组成部分抗震能力的前提下,合理地确定紧急处理的报警值,即启动处理装置的地震动参数、设施反应和系统功能状态的临界值,如果系统抗震性能较好,则报警值可设得高一些,相反则需给定较低的报警值。科学合理的报警值的确定是保证地震紧急处理系统发挥作用的前提。

7.3
洪水灾害安全管理

洪水冲蚀事故的发生具有一定偶然性,每年汛期洪水都会频繁发作,而且发作强度大小很难准确预测,由此带来的事故也相应较多。如2005年一场突如其来的暴雨降临西部某地区,洪水冲毁了一条输气管道120多米管堤,通讯光缆被冲出管沟,主管道大面积暴露,经过四天的抢修,才完全修整并恢复了被冲毁的管堤及周边地形。

洪水冲蚀常见的事故类型有:

①在穿越河流时,由于管道埋深不够,致使管道被洪水冲出而裸露,严重时会造成断管;

②顺着河岸敷设时,由于岸坡不稳定,特别是在弯道附近,凹岸受冲击,极易塌陷,造成管道悬空裸露;

③陡坎、陡坡地段,管沟回填土比较松散,若不采取一些必要的措施,雨季地表水顺管沟形成集中冲刷,会使管道裸露。

1)事件类型和危害程度分析

(1)突发事件风险来源

• 例如,某液化气公司两条 φ159 输油管线穿越永定河卢沟桥管架桥,是连接储备厂与灌瓶厂的咽喉要道,确定为市级防汛重点部位;

• 天然气穿越河道的管段及其附属闸井、抽水缸;

• 输配厂、灌瓶厂、供应站、调压间、调压站、闸井等燃气供应设施;

• 配电室、锅炉房、仓库、施工工地、平房宿舍、地下车库;

• 避雷设施、排水系统、用电设施。

(2)突发事件可能导致紧急情况的类型及其影响

按照市防汛应急指挥部确定的汛情预警级别,汛情由低到高划分为一般(Ⅳ级)、较重(Ⅲ级)、严重(Ⅱ级)、特别严重(Ⅰ级)四个预警级别,依次采用蓝色、黄色、橙色、红色加以警示。

2)应急处置

(1)液化石油气输油管线应急措施

【例】某液化石油气公司从燕山石化及东北、华北各炼油厂购入液化石油气,经输油管线或汽车槽车分别送往凤凰亭、闫村、云岗三个储备厂,由两条 $\phi 159$ 输油管线分别输送到西、南郊两个灌瓶厂进行灌装,灌装后由汽车送到各供应站实现销售、供应。为防止汛期因卢沟桥管架桥或长输管线出现意外事故造成液化石油气供应中断,成立以液化气管线管理所为主的抢险队,一旦卢沟桥管架桥或长输管线出现事故,启动《卢沟桥管架桥防汛抢险预案》或《长输管线突发事故应急救援预案》,抢险人员立刻赶赴现场进行抢险。同时成立以配送公司为主的槽车应急运输队,一旦卢沟桥管架桥或长输管线出现事故,中断输油,启动《危险货物安全运输防汛应急方案》,组织槽车赶赴三个储备厂向市内运送液化石油气或由采购部组织外埠槽车向市内两个灌瓶厂运送液化石油气。

(2)天然气应急措施

①双向供气过河管线发生汛情:根据管线损坏情况关闭河两侧的主截门,并在截门后加盲板,用鼓风机吹扫过河管线;吹扫合格后由工程所人员对过河管线进行抢修;抢修完毕,拆除河两侧主截门盲板,利用一侧放散截门进行置换;置换合格后关闭放散截门,缓缓打开河两侧的主截门;恢复正常供气。

②单向供气过河管线发生汛情:

方案一:根据管线损坏情况关闭河两侧的主截门;根据地形铺设临时管线;将临时管线接在河两侧主截门后的放散管上,利用临时管的放散截门进行置换;置换合格后,将放散截门全部打开,利用临时线供气;需架设塑料管线时,请示集团公司调度中心,调动天环公司抢修队伍,工程所抢修过河管;抢修完毕后,恢复干线供气,拆除临时管线。

方案二:根据管线损坏情况关闭河两侧的主截门;在地形不适于铺设临时管线的情况下(如河面过宽、不利于施工等情况),为了确保下游用户的正常供气,可对下游管段采取 CNG 临时供气措施。CNG 临时供气系统包括:CNG 槽车、卸气柱、撬装调压箱、撬装伴热锅炉(如果供气时间较长,还应配备一个循环水补给罐)以及一台小型的发电车。

方案三:根据管线损坏情况关闭河两侧的主截门;在地形不适于铺设临时管线的情况下,对下游管段采取液化气混空气临时供气措施。液化气补气方案在实施时,关键问题是液化气与天然气的互换性,由于目前配备的设备的参数已经设定好,液化气同空气按比例混合后能够保证同天然气具有互换性。整个液化气混空气临时供气系统要比 CNG 供气系统占用的空间小很多,更适于在城区使用。

(3)压缩天然气应急措施

①压缩机撬块发生汛情:发现人员应立即按下最近处的紧急关断钮,切断站内电源,关闭压缩机撬外和优先控制盘相连的所有阀门、储气瓶组的所有阀门,并控制撬内回收罐阀门以保持压缩机系统内燃气为正压;立即电话通知公司调度室,布置现场警戒

线,摆放沙袋,采取措施控制事故扩大,抢险人员到达现场后开展救灾抢险。

②干燥器、储气瓶组、进站管线发生汛情:发现人员应立即按下最近处紧急关断钮,立即切断站内电源,关闭储气瓶组所有阀门、干燥器通往压缩机的出气阀门,控制进站总阀门以保系统内的燃气为正压;立即电话通知公司调度室,布置现场警戒线,摆放沙袋,采取措施控制事故扩大。

③售气机、加气柱发生汛情:发现人员应立即按下最近处紧急关断钮,关闭加气阀门,取下加气枪,切断站内电源;立即电话通知调度室,布置现场警戒线,摆放沙袋,采取措施控制灾情蔓延。

④空气压缩机、主控室、站内配电室发生汛情:发现人员应立即按下最近处紧急关断钮,切断站内配电室主进开关;立即电话通知调度室,摆放沙袋,布置现场警戒线,采取措施控制灾情蔓延。

⑤施工工地措施:外线工地开工前要进行雨季施工准备,开槽后沟槽周边要有围堰,防止雨水灌槽引起沟槽塌方;认真检查燃气设施运营维护地在大暴雨时可能发生的险情,提前采取必要有效的防范措施,做好暴雨中的巡视检查,雨后要坚固工地防护,落实汛期安全防范措施。在气象部门发布暴雨预警时,应停止施工并安排工人撤离施工现场或危险区域,在暴雨天气结束、恢复施工之前,必须逐个环节、逐个部位对施工现场进行全面细致的安全检查,确保不留隐患方可开工。

(4)应急抢险装备

负责燃气供应的各公司应配置抢险车、发电机、抽水泵、潜水泵、作业灯、疏通机、防爆手电、对讲机等装备,其他各单位应配置水泵等常用装备。

(5)应急物资

各单位根据供应区域、办公场所的抢险任务不同,配置一定数量的沙袋、编织袋、警示牌、钢纤、铁丝、大锤、锹、镐、苫布、水桶、麻绳、雨衣、雨鞋等物资,指定专人负责看管,保证汛期时物资拿得出、用得上。

3)预案培训

每年入汛前进行一次培训。

4)预案修订

每年4月10日前修订完成防汛预案,5月底前完成逐条过河管线的专项预案。

学习鉴定

1. 填空题

（1）管道沿线可能对管道造成危害的自然灾害主要有_____、崩塌和滑坡、泥石流、采空塌陷、冲蚀坍岸、风蚀沙埋、_____、冻土、大风、软土、盐渍土、岩溶塌陷、雷电等。

（2）为防止地震发生后引发二次灾害，就需要在地震发生的同时尽可能地_____。

（3）按照市防汛应急指挥部确定的汛情预警级别，汛情由低到高划分为一般（Ⅳ级）、较重（Ⅲ级）、严重（Ⅱ级）、_____（Ⅰ级）四个预警级别，依次采用蓝色、黄色、橙色、_____加以警示。

2. 问答题

（1）地震灾害发生时，对石油天然气设备设施主要的危害表现在哪些方面？

（2）单向供气过河管线发生汛情的应急措施是什么？

8　人为因素对燃气管道安全的影响

■核心知识

- 燃气管道设计的安全理念
- 第三方破坏对燃气管道的危害
- 居民用户安全用气的常识

■学习目标

- 掌握燃气管道设计的原则与要求
- 了解第三方破坏对燃气管道造成危害的原因
- 熟悉居民用户安全用气的常识

城镇燃气的安全管理涉及面很广,在燃气的规划、设计,燃气工程的建设、施工,燃气的经营和使用,燃气设施的运行、维护,燃气器具的销售、安装、维修等环节都存在安全管理问题。其中,燃气设计原因、燃气设施被第三方破坏等原因形成的安全管理问题,往往与人的主观意识、行为有关。如果对相关行为进行规范,就可能最大限度地避免人为因素产生的燃气事故。

8.1
燃气管道设计安全

8.1.1 燃气管道设计安全的理念

1)概述

燃气管道工程是一项投资大、涉及面广、安全风险高的系统工程。因此,必须从燃气管道系统工程的设计开始,就应按照相关法规和标准的要求系统地考虑管道施工、投产、运行和维护的诸多方面问题,并对不同的设计方案进行风险分析,使之满足管道安全、可靠和高效运行的设计理念。

目前,我国新建燃气管道已逐步与国际标准接轨,如采用了新的设计标准、先进的工艺运行控制技术、高强度的管道材质、技术先进与制造优良的输气设备等。但由于管理体制的因素和我国相关法规、标准以及装备技术整体水平的原因,管道的系统性效率及其安全性、可靠性等综合水平还有待提高。

2)理念

①尽可能降低社会公众、燃气企业员工及环境所受风险。

②研究相关法规和标准的实效性,必须高于其要求;探讨新理念、新方法及新技术的发展和应用。

③要评估系统试运投产的可行性和安全性。

④要考虑管道的运行安全、成本控制以及维护的便捷性。

⑤要考虑是否便于工程施工、运行操作以及项目运作的灵活性。

3）原则与要求

①首先，合理的规划是确保燃气管网工程安全、可靠的关键，要结合国家的能源战略、产业政策以及各地经济的发展规划，进行全国或地区的燃气管网规划。

②在管网的规划基础上，燃气管道的设计应考虑管道间的联网运行，而燃气管道联络线的设计应考虑保安供气和双向输送的功能。

③燃气管道的设计应考虑近、远期的各种极端工况、调峰工况、事故工况、日常工况等，合理地确定管道的管径和运行参数，以增大管道的适应性。

④关于全线燃气调压站的布局和位置，应在管道的输送压力和管径确定后、优化压比后确定；其他站场的布局应根据市场分布、站场功能及社会依托条件等综合确定。

⑤为提高对社会安全保障的要求，调度控制中心应能对全网和全线进行远程控制。

⑥站场工艺流程应根据确定的功能进行优化，要简化流程，以减少压力损失，合理进行设备选型，确保系统安全及变工况运行。

⑦燃气管道原则上仅为下游用户承担季节调峰，对于燃气电厂等用气规模大、用气规律特殊的用户可以考虑承担小时调峰。

⑧管道安全保护系统动作先后顺序宜为：自动切换，超压紧急切断，超压安全放散。一般站场的安全保护系统应包括 ESD 系统（即紧急停车系统）、自动切换、超压紧急切断、超压安全放散等。

8.1.2　系统安全影响因素

1）管道压力

管道的最大允许工作压力（MAOP）受安全、设计、材料、维修历史等因素影响。系统运行压力不得超过该系统认证或设计的最大允许工作压力。如果任何管段发生影响管段最大允许工作压力的物理变化，必须对最大允许工作压力进行重新认证。

管段的最大允许工作压力应取决于以下各项的最低值：

a.管段最薄弱环节部件的设计压力；

b.根据人口密度和土地用途确定设计压力等级；

c.根据管段的运行时间和腐蚀状况确定最大安全压力。

通过应力分析进行管道及管道构件的设计，管道及管道构件的压力等级应保持一致。

2) 管道路由

管道通过地区的洪水、地震、滑坡、泥石流等地质灾害已成为对管道安全造成危害的主要因素。因此,应在地质勘察的基础上,结合国内外先进的经验,对沿线地质状况进行仔细分析和研究,制订出可靠的防护方案。

近几年来,发达国家都在对通过各种地质灾害影响区域的管道敷设方案进行大量的研究,提出了很多措施。由于地质活动的复杂性,为减少和减轻地质灾害对管道造成破坏,在设计时就应综合考虑线路路由和对地质灾害有效的防护措施,以便确定最佳的线路方案;并应长期对活动多发带的地质活动和管道应力变化进行监测,并将其纳入管道控制之中,以便随时掌握地质活动情况和管道安全状况,确保管道运行安全。

3) 腐蚀控制

腐蚀控制系统的设计应符合相关规范,确保所有新建埋地阴极保护在投产前完成。

设计中应规定所需的测试、检测和调查,以判定管道设施上腐蚀控制的有效性,例如:大气腐蚀检测,阴极保护水平调查,绝缘设备检测,杂散电流调查,整流器和地床检测,外界干扰搭接的调查,避雷设施检测,牺牲阳极的调查,外界搭接检测,整流器运行情况检测,外露管道检测,干扰测试。

4) 燃气气质

进入管道的燃气气质必须符合国家燃气气质标准。应使用气相色谱仪、硫化氢分析仪、露点分析仪等设备检测进入管道的燃气,避免超标的燃气进入管道。站控系统在检测到气质超标时应产生报警。气相色谱仪应实时分析管道的气体组分。气体组分和热值数据应上传到站控系统。色谱分析仪向站控系统提供设备诊断信息和设备报警信息。

8.1.3 系统安全保护

1) 系统保护

知识窗

SCADA 系统

SCADA(Supervisory Control And Data Acquisition)系统,即数据采集与监视控制系统。SCADA 系统是以计算机为基础的生产过程控制与调度自动化系统,它可以对现场的运行设备进行监视和控制,以实现数据采集、设备控制、测量、参数调节以及各类信号报警等各项功能。它应用领域很广,可以应用于电力、冶金、石油、化工等领域的数据采集与监视控制以及过程控制等诸多领域。由于各个应用领域对 SCADA 的要求不同,所以不同应用领域的 SCADA 系统发展也不完全相同。

PLC 控制器

PLC(Programmable Logic Controller)可编程逻辑控制器,是一种数字运算操作的电子系统,专为在工业环境应用而设计的。它采用一类可编程的存储器,用于其内部存储程序、执行逻辑运算、顺序控制、定时、计数与算术操作等面向用户的指令,并通过数字或模拟式输入/输出控制各种类型的机械或生产过程,是工业控制的核心部分。PLC 控制器主要是指数字运算操作电子系统的可编程逻辑控制器,用于控制机械的生产过程。

PLC 实质是一种专用于工业控制的计算机,其硬件结构基本上与微型计算机相同,基本构成为:a. 电源;b. 中央处理单元(CPU);c. 存储器;d. 输入输出接口电路;e. 功能模块(如计数、定位等功能模块);f. 通信模块。

---

(1)管道保护系统

管道保护系统需进行分级设置,并确定优先顺序。例如,部分单体设备应单独采取本地保护措施,以保护其自身系统;通过站控系统和安全系统来对整个场站设施进行保护;按照管道系统保护原则,通过 SCADA 系统(详见第 12 章)对整个管道系统进行保护。SCADA 系统监控整个系统的异常情况或威胁系统完整性的情况,如果控制中心操作员没有采取任何措施,SCADA 系统可自动采取保护措施确保整个管道系统的安全。

保护系统的逻辑至关重要,在管道系统出现问题时,不能简单地通过停止设备或关闭阀门来解决,这样可能会增加问题的严重性而不能消除问题。

此外,还应考虑 SCADA 远控失效情况下的系统保护。如果 SCADA 系统不能正常下发控制命令来保护系统或找出问题时,本地保护系统应该能够控制和保护现场设备。如果站控 PLC 或 RTU 与控制中心通信中断,站控 PLC 或 RTU 可自动判断出通信中断,并能够自动由远控方式切换到站控控制方式。

（2）调控中心

在整体系统保护理念下,安全始终是运行及控制原则中首要考虑的问题,要实现安全第一的目标,调控中心应执行以下任务:

①整个系统按以往操作历史进行评估,并对操作的复杂程度进行分级。

②应考虑使用PLC(详见第12章)作为本地过压自动保护系统的控制器。PLC对检测压力进行处理,并按照预先编制的控制逻辑自动向过压控制设备发出控制命令。

③每个场站应设置站控人机界面(HMI),便于本地维护人员和站控PLC之间交互。

④应采取积极的态度,借助自控系统硬件和软件防止系统发生过压情况,而不是在系统发生过压后再做出反应。

⑤应考虑在上游和下游站采取压力设定值的方式,保护站间系统。

（3）站控系统

站控系统至少应具有以下功能:

①通过站控PLC对站的设备和工艺参数进行监控,包括压力、温度、流量、燃料气、空压机、火灾、可燃气体检测及站内压缩机、阀门、分离器运行状态等。

②与压缩机组控制盘进行通信,进行设置点控制和报警显示。

2) 安全保护

输气站的紧急停车系统(ESD)包括压缩机组的ESD系统(或其他单体设备ESD系统)和站场ESD系统。压缩机组的ESI系统用以完成压缩机组安全的逻辑控制,站场的ESD系统用以完成输气站安全的逻辑控制。

ESD系统动作可手动(调度控制中心、站控制室的ESD手动按钮、工艺设备区现场的ESD手动按钮、压缩机组的ESD手动按钮)或自动(站场ESD系统或压缩机组的ESD系统信号)触发。无论ESD命令从何处下达及SCS(站控系统)或UCS(单元控制系统)处于何种操作模式,ESD控制命令均能到达被控设备,并使它们按预定的顺序动作。所有ESD系统的动作将发出闭锁信号,在未接到人工复位的命令前不能再次启动。

ESD系统设备一般应由UPS供电。

（1）压缩机组的ESD系统

压缩机组的ESD系统是压缩机UCS中独立的系统,该系统在下列任一信号发出时,将使正在运行的压缩机组按预定的程序停车,并自动关闭压缩机组的进出口阀,关闭燃料气供给系统等。ESD系统的启动主要包括以下信号:

- ESD按钮动作;

- 接到调度控制中心或SCS的ESD命令;

- 压缩机组或燃气发动机轴振动超高报警;
- 空冷器振动超高报警;
- 压缩机组或燃气轮机轴承温度超高报警;
- 润滑系统故障;
- 压缩机机罩火焰探测器报警。

(2)站控制系统的 ESI 系统

站控制系统的 ESD 应单独设置。在下列任一信号发出时,ESD 系统将按预定的程序停车,并关闭进出站阀,打开站内放空阀使站内高低压分别放空,待进出站压力平衡后打开越站阀使燃气走越站流程。主要信号有:

- ESD 按钮动作;
- 接到调度控制中心的 ESD 命令;
- 两个及两个以上可燃气体浓度探测器检测到可燃气体浓度超过最低爆炸下限的 40%;
- 两个及两个以上压缩机厂房火焰探测器报警;
- 经确认的输气站内重要设施发生火灾;
- 站场 ESD 与压缩机组 ESD(或其他单体设备 ESD)具有连锁功能,当站场 ESD 启动时,压缩机组 ESD 自动启动。

场站至少安装两个 ESD 按钮,执行紧急关站。ESD 按钮应硬接线到站 ESD 系统。站 ESD 系统应独立于站控系统。所有 ESD 按钮状态都应在站控系统显示。ESD 系统在维护和测试时可被屏蔽,并在站控显示 ESD 系统的屏蔽状态。

8.1.4　场站设计要求

1)一般要求

现场布置、间距和设备安装方位应采用统一标准,但可根据各站具体情况有所差异。在对现有系统进行改造和扩建时,场站系统设计应与已建系统保持一致。

场站的设计至少应满足以下要求:

①系统中的所有构件(压缩机、仪表、阀门和管道)的尺寸选择应保证性能最优,所有设备应能满足所有运行工况。

②整个系统的设计应满足设计工况范围(压力、温度、密度、黏度、质量和流速)。要保证单体设备和整个系统的灵活性,设备和相连管道应满足极端工况要求。

③对新建、改扩建系统或设施,应考虑操作、维护的便捷性和未来的设施扩建,包括

所有仪表、阀门、阀执行机构、双截断阀放空管、法兰、排污管、注脂、电气接线盒和面板都要有合理操作和维护的空间。

④对于需要拆卸维修的机械装置或设备,如压缩机、阀、仪表元件、仪器、仪表管、电气套管、法兰螺栓、吊车、临时外部连接头,要保证留出足够空间。

⑤应为站场所有设备的操作、巡检和维护提供畅通无阻的通道、台阶和平台。

⑥各站场应有消防通道、回车场和吊车装卸作业通道。

⑦站内设施布局设计应考虑风向影响,放空管线、排污池应设置在站场主设备和控制室的下风侧。

⑧设备的最大噪声水平应满足国家及地方标准。设计时应考虑将噪声对员工健康和安全的影响降至最低,对附近社会公众和设施的影响也应满足要求。

⑨有人值守站场,如果发生报警应设置有报警声音警告现场人员。

场站宜设置区域阴极保护系统,以防止地下管道的腐蚀,保证地下管道的安全。

2)站场功能

站场的各类系统至少应达到如下要求。

(1)分离(过滤)系统

①过滤设施上下游管道上应设置就地压力检测仪表和差压报警检测仪表。

②过滤器差压报警设定值设置应考虑工艺条件以及过滤器滤芯的承压能力。

③过滤器后的截断阀宜采用远控阀门,并应将阀门信息远传至站控制系统和调度控制中心。

④滤器发生故障或差压开关报警时应立即切换到备用过滤器。

⑤在过滤器切换时,必须在备用过滤器上、下游截断阀位处于全开位置时,故障过滤器上、下游截断阀才能关闭。

(2)调压系统

①分输调节阀宜设置为选择性保护调节,有压力控制和流量调节两种控制方式。

②压力和流量的设定可由调度控制中心或站控制系统完成。

③调压阀应具有自动调节和强制阀位调节两种模式。

④调压阀应设置为故障保持模式。

(3)站场放空系统

放散系统设置方式:

①站场的进、出站管线上,压缩机及分离、计量、调压设备的下游应设置放散管线。

②站场的进、出站管线上的放空宜为自动放空系统,其他部分的放空宜为手动

放空。

自动放散系统的控制要求：

- 自动放散系统应设置电动放散阀，电动放散阀应设置为故障保持模式。
- 电动放散阀宜纳入站场 ESD 系统；ESD 触发时自动打开，排放站内管道燃气。

（4）清管系统

①清管器的收、发筒应考虑可以发送和接收管道内检测器。

②清管器的接收筒应考虑接收硫化亚铁杂质时的加湿措施，以防硫化亚铁遇空气自燃。

③清管器收、发送作业应为现场有人操作。

④清管站应设置有排污池。

（5）分输系统

站场分输系统一般应有压力控制和流量控制两种模式。当流量低于限制值时，宜为压力控制；当流量高于限制值时，应转为流量控制。

要保证经过流量计的流速在流量计允许范围之内。如果不设置调压阀，应考虑防止流量计反转的措施。

（6）线路截断阀室

线路截断阀室一般应设置为远控或远程监视功能，线路截断阀执行器应选择气液联动执行机构，执行机构必须具有依靠自身动力源快速关闭线路截断阀的功能。其旁通阀、放空阀应为就地手动操作。

线路远控截断阀控制要求：

①降速率检测和自动关断。

②线路远控截断阀具有就地、远控关阀等功能。

③线路远控截断阀应有全开、全关阀位显示，并将信号远传到调度控制中心。

④在调度控制中心应设置远控关闭的权限。

⑤调度控制中心远程 ESD 关闭。

线路远程监视截断阀要求：

①压降速率检测和自动关断。

②在调度控制中心宜有远程设置截断阀报警参数及自动关断参数的权限。

③线路远控截断阀应有全开、全关阀位显示，并将信号远传到调度控制中心。

④线路远控截断阀具有就地开、关阀等功能。

3）燃气调压站

燃气调压站通常分为两类：一是用于增加燃气压力的加压站，多用于长输管线、干线;二是用于降低燃气压力的减压站,多用于城镇燃气管网。燃气加压站通过增加管道气体能量来补偿燃气输送过程中的压力损失,场站的设计至少应满足以下要求:

①燃气调压站应与邻近构筑物保持安全距离,以减小发生火灾时蔓延到邻近构筑物的可能性,燃气调压站应有畅通的环形消防通道。

②燃气调压站站控应与控制中心保持连续通信,并具备监控全站的功能,以便在发生异常和紧急情况时进行本地控制。

③燃气调压站内管道必须按照相关的规范要求进行设计,一般要求管道最大应力小于最小屈服强度(SMYS)的50%,还必须设计和安装足够的限压和放散设备。

④燃气加压站在机组正常运行工况下,越站截断阀关闭,进、出站阀全开,燃气经增压后进入下游管道。压缩机停运工况下,站隔断阀(即进、出站阀)也可以保持常开状态,越站截断阀应打开。

⑤站内应安装止回阀,确保气体单向流动。

⑥每个燃气调压站必须设有安全阀或其他防护设备,确保站内管道和设备不超过最大允许工作压力(MAOP)的10%。

⑦燃气调压站安全阀的放散管必须延伸到一个可以进行无害排放的位置。

⑧在进行场站维护和紧急关站(站 ESD)时,不应中断干线输气。在紧急关站(站 ESD)时,进、出站阀自动关闭,越站截断阀应在前后压力平衡后打开(手动或自动)。

⑨燃气调压站可配备气相色谱仪,监测热值、压缩因子、组分和其他特性。可用其他设备监测水露点、温度和压力。

⑩燃气调压站要在多个位置测量燃气温度。站出口燃气温度需要测量并传至SCADA 系统,以保护燃气调压站下游干线管道涂层。有些站还要配备冷却器以控制站出口温度。

⑪在压缩机组出现异常情况或站需要维护时,可采取管线放散或火炬放散的方法降低场站运行压力。在紧急情况(ESD)下,自动关闭进、出站阀和机组进、出口阀,并打开放空阀,降低站内压力。

⑫每个燃气调压站必须有足够的消防设施。自动消防系统的控制不受 ESD 系统的影响。

⑬每个燃气调压站的驱动设备必须配备自动保护装置,以保证压缩机组在超过最大安全转速之前自动关闭。

⑭每台压缩机组都必须安装报警设备和停机装置,用于在冷却或润滑不足时保护机组。

⑮燃气发动机需要配备燃料气自动切断系统和放空系统。

⑯燃气发动机应装有消声器。

⑰燃气加压站通常不设置压力控制阀。燃气加压站的出口压力一般通过控制机组转速实现。

⑱燃气加压站也可通过机组转速控制进、出站压力或排量。在特殊情况下,可通过机组循环阀或站循环阀控制站排量。

⑲燃气加压站每台机组都装有循环阀,也称加载阀,对于离心式或轴流式压缩机称防喘振阀。循环阀用于将出口压力返回到机组入口,主要在压缩机启动和加载时使用,也可以用作离心式压缩机防"喘振"。有些燃气调压站可配有站循环阀。

8.2
第三方破坏

燃气管道的第三方破坏是指由于非燃气企业员工的行为而造成的所有的管道意外伤害。近年来,随着我国城市建设的加快,燃气管网遭到第三方破坏的安全事故时有发生,对城市公共安全构成了严重威胁。燃气管道第三方破坏已经成为管道损坏的主要原因。管道第三方破坏起因复杂、且随机性强、不易预测和控制;同时,燃气企业的员工也不易及时发现、不易及时采取控制措施的因素。由第三方破坏造成燃气管道破损的,往往可能造成着火、爆炸、人身伤害等严重的后果,产生较大的社会影响。

8.2.1　第三方破坏事故原因分析

通过国内各地区燃气企业近年来发生的第三方破坏事故分析得知,大多数燃气第三方破坏事故是由人的不安全行为,燃气设施的不安全状态,环境、管理缺陷以及它们之间的共同作用引起的。

1)人的不安全行为

①人员缺少安全意识、安全知识;社会公众和施工企业对燃气知识的不了解,导致安全意识淡薄。

②车辆驾驶员驾驶时精力不集中,小区内业主或施工车辆操作不当或酒后驾车对地上管线的碰撞、碾压等破坏。

③施工机械驾驶员在对施工现场已有管道缺乏详细调查情况下野蛮施工。

④施工单位在未告知燃气企业的情况下,为求工期和进度强行施工,因对地下管线位置不明而造成破坏;或即使对地下管线情况了解,明知有燃气管线的情况下,对破坏后果不了解或不重视而强行施工造成破坏。

⑤个别不法人员把正在使用的燃气管道误判为废弃的管道,私自盗取。

⑥违规施工。施工单位拒不办理相关的手续,在不清楚燃气管道位置时,擅自在燃气管道附近进行开挖沟渠、挖坑取土、顶进作业,或擅自使用重型机械在管道上碾压,造成管道破裂,引起燃气外泄。

2) 燃气设施的不安全状态、不安全环境

①地上燃气管道位于道路边,缺少防护装置。

②由于道路改造,原来处于路边的凝水缸、阀门井等现在处于路中间。

③燃气管线的警示标志不健全。

④燃气管道处在市政修路、城区拆迁、建设区域内。

3) 管理缺陷

①目前,有关燃气管道设施保护从法律法规层面上有一些原则性的规定,多数省市都已制订了燃气行业管理的专门条例。但这些规定往往过于原则,没有具体的实施细则,执行的时候程序不明确、相关责任单位的职责也不明确。

②部分施工(如钻探、零星维修作业等)未纳入施工许可范畴。施工时建设单位无须办理施工许可,往往不主动查清施工范围内地下设施特别是燃气管道设施状况,盲目施工。

③建设单位(或施工单位)在办理施工许可时,未被强制规定到燃气企业办理相关燃气管道设施确认手续。城市档案部门提供的图纸可能与现场实际情况并不一致,在未查清施工范围内地下燃气管道设施状况的情况下施工。

④施工单位未报建开挖施工、无证施工、工程项目中途转包、强赶工程进度,对施工现场管理不严。夜间施工很难预防和监督。

⑤施工前,建设单位、施工单位没有向项目经理、现场技术负责人、施工员、班组长或操作工作安全技术交底,没有告知施工区域地下管网状况或信息不准确。

⑥燃气企业巡线员、施工现场管理人员监护措施落实不到位;同时燃气企业缺乏有效的考核手段,管线巡线人员"偷工减料",责任心不强。

⑦施工单位已经通知联系燃气企业,但燃气企业未能提供准确定位的竣工图纸,燃气管网(特别是老旧管网)竣工图与实际管网状况不符,从而导致施工单位操作无借鉴

资料而误操作造成破坏。

⑧燃气管道及设施保护方案不合理,方案执行不到位,如:未设定燃气管道保护控制线,开挖方式、悬空管保护方式不合理,在管道设施上方随意堆放物料,重车碾压管线,未及时通知燃气企业监护人员到场指导与监管,等等。

8.2.2 遏制第三方破坏发生的主要措施

第三方施工破坏燃气管道设施事故的成因相对复杂,针对其背后深层次的管理方面的问题,从事故预防及事故到应急处理全过程各个关键环节进行控制,才能遏制第三方施工破坏燃气管道设施事故的发生,并最大程度减轻事故危害程度。通过借鉴吸取国内外燃气管道设施保护的经验,结合燃气行业自身特点,我们提出了以下较为有效的保护办法和措施。

①提高城镇市政规划质量与效率。市政管道应统一规划、同步铺设,减少在管道附近挖掘施工的次数。

②制订完善相关的法律法规、管理制度,更加有针对性确保施工单位施工前与燃气企业协调,通过人工开挖探管、明确管道位置,减少因管道位置不确定所造成的施工破坏管道的概率。

③燃气企业应主动与城镇建设主管部门等有关单位、部门进行工作联系,了解市政建设的有关情况,及时进行沟通,参与有关市政工程的前期协调会议,掌握市政施工动态;发现在燃气管线附近有开挖沟槽、机械停放、搭建隔离带、工棚等施工迹象,立即与施工方联系,告之施工现场地下管线的详细情况,并与施工方签订《燃气管道保护协议书》,由施工方制订管线保护措施,填写施工联络单,对各施工单位做好施工现场安全措施交底,建立信息沟通平台,确保信息畅通。安排专门人员,加大巡线频次,变日常的巡线为有计划、有重点的监护。

④加强燃气管道安全保护宣传教育,增强施工单位、管道沿线村民、城市市民的保护意识。发动广大市民,提供燃气管道施工或被挖断信息的,给予一定的奖励。宣传方式可采取发放安全宣传单、沿管线走访进行宣传。

⑤加大燃气管道安全保护的事故责任追究,对施工单位加大处罚,媒体曝光。

⑥针对第三方施工作业对燃气管道设施的危害特点,燃气企业要建立对第三方施工工地的巡查监护和管道设施保护协调程序,对第三方施工时燃气管道设施保护监管过程实施程序化、标准化的控制管理。通过对第三方施工作业监管过程的规范化控制,明确相关角色职责,设置管道设施保护关键控制点。具体包括第三方施工信息源的获取、安全协调工作的开展、安全保护工作实施、安全保护措施的落实、安全协调保护过程

的监控等一系列工作。燃气企业负责巡查发现施工信息、受理施工信息、发放告知函、施工现场勘察、办理燃气管道设施确认、签订保护协议、编制应急预案、保护方案内部评审、保护方案备案、施工现场巡查监护、安全保护检测等。施工结束后,建立《施工工地安全保护协调档案》。

⑦对相关的燃气设施(主要指地上燃气设施、露天燃气设施)安设防撞装置。

⑧根据燃气管道敷设、运行实际,增设标志砖、标志桩、标志贴等警示标志。燃气管道施工严格按照燃气工程施工规范要求,铺设示踪带;对埋设在车道下的管道,标志形式可用嵌入路面式、路面粘贴式或路面机械固定式;对埋设于人行道下的管道,标志应使用与人行道砖块大小相同的混凝土方砖嵌入式标志,也可使用高分子材料标志进行路面粘贴式标志;对绿化带、荒地和耕地,宜使用标志桩进行标志;对于拆迁区域、道路区域的施工,管道位置的标志,可于人工探测出具体管位后,在管位正上方用指示旗、警示带、载桩、喷漆、画线、插木牌等形式予以标志。

⑨加强燃气施工管理,确保燃气竣工图准确无误。图档资料适时更新、完善。

⑩形成联动工作机制。同自来水、热力、光缆等市政管线巡线人员建立联动,互相通报、告知管线附近有无施工情况。

⑪建立应急预案。施工过程中发生意外情况,应事先制订好应急措施,配备好抢修器材,一旦第三方事故发生,燃气企业应急人员可以迅速到达现场,控制事故扩大;同时,有效地与现场施工单位联络人联系,以得到施工单位的配合。为加强事故抢修应急的反应能力,需定期和不定期地进行实际演练。

总之,应通过政府部门、市政部门、建设单位、施工单位、燃气企业等单位的共同努力,实施好事前的沟通和协调、事中的监督和监控、事后的应急处理和责任追究,做好多方面的安全宣传和预案的演练,第三方破坏事故就会有效降低或避免,从而进一步确保燃气管网的安全运行。

8.3
居民用户的安全用气

城镇居民用户缺乏安全使用燃气的意识,使用燃气器具不当,也是造成燃气事故的主要原因。城镇燃气主管部门以及燃气企业,应当加强燃气安全知识的宣传和普及,提高居民用户安全意识,积极防范各种燃气事故的发生。

8.3.1　安全使用燃气的注意事项

　　管道燃气用户需要扩大用气范围、改变燃气用途或者安装、改装、拆除固定的燃气设施和燃气器具的,应当与燃气经营企业协商,并由燃气经营企业指派专业技术人员进行相关操作。

　　燃气用户应当安全用气,不得有下列行为:盗用燃气、损坏燃气设施;用燃气管道作为负重支架或者接引电器地线;擅自拆卸、安装、改装燃气计量装置和其他燃气设施;实施危害室内燃气设施安全的装饰、装修活动;使用存在事故隐患或者明令淘汰的燃气器具;在不具备安全使用条件的场所使用瓶装燃气;使用未经检验、检验不合格或者报废的钢瓶;加热、撞击燃气钢瓶或者倒卧使用燃气钢瓶;倾倒燃气钢瓶残液;擅自改换燃气钢瓶检验标志和漆色;无故阻挠燃气经营企业的人员对燃气设施的检验、抢修和维护更新;法律、法规禁止的其他行为。

　　①厨房内不能堆放易燃、易爆物品。

　　②使用燃气时,一定要有人照看,人走关火。因为一旦人离开,就有火焰被风吹灭或锅烧干、汤溢出致使火焰熄灭的可能,燃气继续排出,造成人身中毒或引起火灾、爆炸事故。

　　③装有燃气管道及设备的房间不能睡人,以防漏气造成煤气中毒或引起火灾、爆炸事故。

　　④教育小孩不要玩弄燃气灶的开关,防止发生危险。

　　⑤检查燃具连接处是否漏气可用携带式可燃气检测或采用肥皂水的方法,如发现有漏气显示报警或冒泡的部位应及时紧固、维修。严禁用明火试漏。

8.3.2　安全措施

1)发生燃气泄漏时的安全措施

　　①首先关闭厨房内的燃气进气阀门。

　　②立即打开门窗,进行通风。

　　③不能开关电灯、排风扇及其他电气设备,以防电火花引起爆炸。

　　④严禁把各种火种带入室内。

　　⑤进入煤气味大的房间不能穿带有钉子的鞋。

　　⑥通知燃气企业来人检查,但严禁在本室使用电话,以免有电火花产生引起爆燃。

2)发生由燃气引发的火灾的安全措施

一旦发生由燃气引发的火灾,要沉着冷静,立即采取有效措施。

①迅速切断燃气源。如果是液化石油气罐引起火灾,应立即关闭角阀,将气锥移至室外(远离火区)的安全地带,以防爆炸。

②起火处可用湿毛巾或湿棉被盖住,将火熄灭。无法接近火源时,可采取用沙土覆盖、用灭火器控制火势、利用水降温等措施,以防爆燃。

③如火势很大,个人不能扑灭,要迅速报火警(火警电话"119")。

a.火警电话打通后,应讲清着火单位、所在地区、街道的详细地址。

b.要讲清什么东西着火,火势如何。

c.要讲清是平房还是楼房。

8.3.3 燃气灶的安全使用

1)厨房安装燃气灶的要求

①厨房的面积不应小于 2 m^2,高度不低于 2.2 m,这是由于燃气一旦漏气,尚有一定的缓冲余地。同时,燃气燃烧时会产生一些废气,如果厨房空间小,废气不易排除,易发生人身中毒事故。

②厨房与卧室要隔离,防止燃气相互串通。

③厨房内不应放置易燃物。

④煤气管道与灶具甩软管连接时,软管接头处要用管箍紧固,软管容易老化变质,应及时更换;不能使用过长的胶管连接。

⑤厨房内应保持通风良好。

⑥不带架的燃气灶具,应水平放在不可燃材料制成的灶台上,灶台不能太高,一般以 600~700 mm 为宜。同时,灶具应放在避风的地方,以免风吹火焰降低灶具的热效率,甚至把火焰吹熄引起事故。

⑦燃气灶从售出当日起,判废年限为 8 年。

2)燃气灶正确操作要点

①非自动打火灶具应先点火后开气,即"火等气"。如果先开气后点火,燃气向周围扩散,再遇火易发生危险。

②要调节好风门。根据火焰状况调节风门大小,防止脱火、回火或黄焰。

③要调节好火焰大小。在做饭的过程中,炒菜时用大火,焖饭时用小火。调节旋塞时宜缓慢转动,切忌猛开猛关,以火焰不出锅底为度。

3)燃气灶连接软管使用的注意事项

①要使用经燃气企业技术认定的耐油胶管。
②要将胶管固定,以免晃动影响使用。
③要经常检查胶管的接头处有无松动。
④要经常检查胶管有否老化或裂纹等情况,如发现上述情况应及时更换。
⑤灶前软管使用已超过两年建议更新。
⑥不能擅自在燃气管道上连接长的胶管,更不能连接燃具移入室内。

4)燃气灶小故障的排除

家用燃气灶常见故障有漏气、回火、离焰、脱火、黄焰、连焰、点火率不高、阀门旋转不灵活等。一般情况下可自行排除故障,原因不清时,应及时向燃气企业报修。

灶具出现的一般故障及排除方法:

(1)排除漏气现象

漏气的原因较多,如输气管接头松动,阀芯与阀体之间的配合不好,采用的橡胶管年久老化,产生龟裂等。针对上述情况分别采取以下措施:管路接头不严或松动时,应拆开接头,重新缠绕聚四氟乙烯条,并紧固严密;阀门漏气应更换阀门,或拆开阀门,擦净旋塞,重新加上密封脂;橡胶管老化,应更换新管,并用管箍圈紧。

(2)燃烧器回火故障的排除

燃烧器回火的原因有:燃烧器火盖与燃烧器的头部配合不好,风门开度过大,放置的加热容器过低,室内风速过大等。属于第一种原因时,应调整或互换或向厂家更换火盖;属于第二种原因时,应将风门关小些;属于第三种原因时,应调整炊事容器底部与火焰的距离;若因室内风速大时,应关上室内的门窗。

(3)离焰或脱火现象的排除

燃烧器离焰或脱火的原因有:风门开度过大,部分火孔堵塞,环境风速过大,供气压力过高等。因风门开度过大时,应关小风门开度;因部分火孔堵塞时,应疏通火孔;若因管网供气压力过高时,应将燃气节门关小。

(4)黄焰现象的排除

燃气在燃烧过程中产生黄焰的原因及排除方法:风门的开度太小或二次空气不足,此时应将风门开度调大或清除燃烧器周围的杂物;喷嘴与燃烧器的引射器不对中,此时应调整燃烧器,使引射器的轴线与喷嘴的轴线对中;喷嘴的孔径过大,此时应将喷嘴孔径铆小或更换喷嘴;有时因在室内油炸食品或清扫地面而产生黄焰,应打开门窗或排气扇,或停止清扫工作,黄焰即可消失;加热容器过低时,也会产生黄焰,这时应调整架锅的高度。

（5）火焰连焰现象的排除

燃气燃烧时连焰的原因有:燃烧器的加工质量差或火盖变形。出现实种现象时,应转动火盖,调到一个适当的位置;若确实不能调整,应向销售厂家要求更换新火盖。

（6）阀门故障的排除

阀门旋转不灵活的原因有:长期使用导致密封脂干燥,阀芯的锁母过紧,旋塞与阀体粘在一起。此时应拆开阀门检查,针对不同原因进行修理。

（7）新灶具的火力不足的解决方法

新灶具或刚刚修理的灶具火力不足的原因有:旋塞加密封脂过多,密封脂堵塞了旋塞孔。排除这种现象的方法是:拆开阀门,清理掉旋塞孔内的密封脂;也可以关上燃气总节门,将灶具的燃气入口管拆下,打开灶具节门,把打气筒的胶管接在灶具的燃气入口处,通过打气冲走旋塞孔中的密封脂。

（8）点火故障的排除

自动点火机构打不着火的原因较多,而且调整或修理需要有一定技术,所以应请燃气企业专业人员检修。

8.3.4　燃气热水器的安全使用

①燃气热水器应装在厨房,用户不得自行拆、改、迁、装。

②安装热水器的房间应有与室外有通风的条件。

③使用热水器必须使烟气排向室外,厨房需开窗或启用排风换气装置,以保证室内空气新鲜。

④热水器附近不准放置易燃、易爆物品,不能将任何物品放在热水器的排烟口处和进风口处。

⑤在使用热水器过程中,如果出现热水阀关闭而主燃烧器不能熄灭时,应立即关闭燃气阀,并通知燃气管理部门或厂家的维修中心检修,不可继续使用。

⑥在淋浴时,不要同时使用热水洗衣或做他用,以免影响水温和使水量发生变化。

⑦身体虚弱的人员洗澡时,家中应有人照顾,连续使用时间不应过长。

⑧发现热水器有燃气泄漏现象,应立即关闭燃气阀门、打开外窗,禁止在现场点火

或吸烟。随后应报告燃气企业或厂家的维修中心检修热水器,严禁自己拆卸或"带病"使用。

⑨燃气热水器使用年限从售出当日起计算,人工煤气热水器判废年限为 6 年,液化气和天然气热水器判废年限为 8 年。

8.3.5　燃气壁挂炉的安全使用

1)关于水压

用户在使用前,首先应检查锅炉的水压表指针是否在规定范围内。说明书中规定的标准水压为 0.1~0.12 MPa,但在实际使用过程中,由于暖气系统和锅炉内都存在一些空气,当锅炉运行时,系统中的空气不断从锅炉内的排气阀排出,锅炉的压力就会无规律的下降。在冬季取暖时,暖气系统中的水受热膨胀,系统水压力会上升,待水冷却后压力又下降,此属正常现象。实验表明,壁挂炉内的水压只要保持为 0.03~0.12 MPa 就完全不会影响壁挂炉的正常使用。如水压低于 0.02 MPa 时,可能会造成生活热水忽冷忽热或无法正常启动,采暖时如水压高于 0.15 MPa,系统压力会升高,如果超过 0.3 MPa,锅炉的安全阀就会自动泄水,可能会造成不必要的损失。正常情况下一个月左右补一次水即可。

系统补水后一定要关闭锅炉的补水开关,长期出差的业主应将供水总阀关闭。建议在锅炉的安全阀上加装一根排水管,以避免锅炉水压过高时带来不必要的损失。

2)关于锅炉亮红灯

锅炉在启动时,如果检测不到火焰,就会自动进入保护状态,锅炉的红色故障指示灯就会点亮报警。造成此事实的原因是对之的相连的燃气曾经出现过中断。此时应检查燃气系统查找可能存在的故障:

①燃气是否畅通,有无停气;

②气表电池无电;

③气表中的余额小足;

④燃气阀门未开;

⑤燃气表故障等(以上几种现象可以通过做饭的燃气灶来验证,找到原因并解决);

⑥检查供水供电系统并排除故障,此时如想启动锅炉,必须将锅炉进行手动复位至红色指示灯熄灭后方可。

注意:燃气属特种行业,如需拆改管道或燃气系统问题请找专业人员上门服务。

3）燃气壁挂炉安全使用注意事项

①必须保证锅炉烟管的吸、排气通畅。壁挂炉烟管的构造为直径60 mm/100 mm的双芯管，锅炉工作时由外管吸入新鲜空气，内管排出燃烧废气。锅炉燃烧时需要吸入的空气量大约为40 m³/h，所以产生的废气量也较多。因此用户在装修封闭阳台或移机时，必须将烟管的吸、排口伸出窗外，不得将其封在室内或是使用单芯管，否则锅炉在燃烧时容易将排出的废气吸回，造成燃烧时供氧不足，极易导致锅炉发生爆燃、点不着火、频繁启动等危险情况。

②壁挂炉在工作时，底部的暖气、热水出水管、烟管温度较高，严禁触摸，以免烫伤。

③冬季防冻。锅炉可以长期通电；特别是冬季，如果锅炉或暖气内已经充水，必须对锅炉设置防冻、准备充足的电和燃气，以避免暖气片及锅炉的水泵、换热器等部件被冻坏。各种品牌的供暖用壁挂炉都设有防冻功能，具体操作方法请参照说明书。注意：在设置防冻功能后，必须要保证家中的水、电、气充足和畅通。设置防冻后也要定期检查锅炉的水压以及工作情况，确保万无一失。

4）节水方法

热水龙头不宜一下开到最大。打开热水龙直至有热水流出时，锅炉有大约6 s的延时过程，这时锅炉和水龙头间的管线内都为冷水，所以这段时间内即使将水龙头开至最大，流出的也是凉水，反而将会有大量的冷水浪费。所以在使用热水时应该先开小水流，等待锅炉启动至点火延时后再根据需要调整水流大小，这样可省水，且水的升温时间短，特别对浴室距离锅炉较远的大户型尤为明显。

将热水流出前流出的冷水用容器储存。如小水流不启动，可能是锅炉内管路有脏污或热水启动感应部分不灵敏，可找专业的维修人员上门解决。

在洗澡的过程中尽量减少水龙头的开关次数。因为每开关一次热水龙头，锅炉就要启动一次，导致水量浪费；且锅炉在烧热水时，没有达到设定温度前都是以大火燃烧，这样也增加了燃气的使用量。

5）节气方法

关闭或调低无人居住房间的暖气片阀门。如用户的住房面积较大、房间较多且人口又较少的情况下，不住人或者使用频率低的房间的暖气片阀门可以调小或关闭，这样相当于减少了供热面积，不仅节能，还会使正常使用的空间供暖温度上升加快，减少了燃气消耗。

白天上班家中无人时不宜关闭壁挂炉,将温度挡位调至最低即可。很多上班族习惯在家中无人时,将锅炉关闭,下班后再将锅炉放置高挡进行急速加热,这种做法非常不科学。因为当室温与锅炉设定温度温差较大,锅炉需要时间大火运行,这样不但不节能,反而会更加浪费燃气,而且关闭期间存在锅炉或暖气片被冻坏的危险。因此,在上班出门前,只需锅炉的暖气温度调节旋钮调至"0"挡(此时锅炉处于防冻状态,暖气片内的水温保持为 35~40 ℃,房间内的整体空间温度为 8~14 ℃),等下班后,再将锅炉暖气挡位调至所需要的温度即可。

如果用户长期出差或尚未居住则将锅炉与暖气片内的水放掉。建议由专业人员将锅炉和暖气片中的水排放干净。

6)燃气壁挂炉的保养

(1)壁挂炉的结垢原理及危害

壁挂炉的核心问题是热交换的效率和使用寿命,而影响这两个方面最大因素的就是水垢。尤其是在我们使用生活热水时,由于需要不断地充入新水,有些地区水质较硬,这就使换热器的结垢率大大增大。而随着附着在换热器内壁上的水垢不断加厚,换热器管径便会越来越细,水流不畅,不仅增加了水泵及换热器的负担,且壁挂炉的换热效率的也会大大降低,主要表现为壁挂炉耗气量增大、供热不足、卫生热水时冷时热、热水量减小等。若壁挂炉的换热部件始终保持在这样一种高负荷的状态下运行,对壁挂炉的损害是非常厉害的。

(2)暖气片内杂质及水垢对锅炉的影响

壁挂炉担负着暖气系统内水的循环,由于水内含有杂质并且具有酸性,对暖气片及管道内部会有一定的腐蚀。而目前所用暖气片大都为铸铁材质,暖气片内的砂模残留物和其他杂质,在工程安装时不可能完全冲洗干净;加上暖气系统内的水始终是封闭循环的,锅炉的暖气部分又没有过滤网,这样暖气片及管道内部的锈蚀残渣及水自身的杂质就会通过壁挂炉的循环水泵再度进入到换热器内。这些杂质在高温情况下不断分解,又有一部分变成水垢附着在了换热器的内壁上让其管径变得更细,从而使循环水泵的压力进一步加大,长期运行就会造成壁挂炉的循环水泵转速降低甚至卡死,严重影响其使用寿命。

(3)暖气片内的水不宜经常更换

对于暖气系统,由于初次使用时暖气片内含有大量的杂质,建议使用一年后将其中的脏水放掉,重新注入新水,间隔几年后再进行更换。因为每更换一次水都会有大量的水碱被带入,而固定的水中含碱量则是一定的,因此暖气系统内的水不宜频繁更换。经过一个取暖季后,清洗保养只需对壁挂炉单独进行即可。

8.3.6 燃气烤箱灶的安全使用

①要熟悉使用方法和注意事项。初次便用烤箱灶,用户应认真阅读产品使用说明书,掌握烤箱灶的使用方法和注意事项等。

②首次使用时要检查重要部件的状况。检查灶具的部件是否齐全,零配件的安放位置是否适宜。如果部件位置不合适,应及时更正,否则会降低使用效果。

③烤箱排烟口附近不要放置物品。禁止在烤箱灶的排烟口及灶面上堆放易燃物品,以免堵塞排烟口或引燃堆放物品从而引起火灾。

④要确认烤箱的燃烧或熄火状态。点燃烤箱燃烧器后,应确认是否已经点着;关闭燃烧器时,应确认是否熄灭。在烘烤食品过程中,操作人员不可远离厨房或外出。

⑤定期检修燃气管路接头和阀门。燃气烤箱在工作过程中周围的温度较高,管路接头的密封填料或阀门的密封脂容易损坏或干涸,从而引起漏气。因此,需要定期检查或更换管接头的密封填料,重新添加阀门密封脂。

⑥要注意室内通风换气。使用烤箱烘烤食品时,应打开厨房的换气扇或排油烟机;未设排风扇或排油烟机时,应打开外窗,以保持室内有良好的空气环境以及燃烧器的正常工作状态。

8.3.7 燃气采暖器的安全使用

1)安装燃气采暖器的注意事项

①安装采暖器的房间一定要有良好的通风换气条件。燃气在燃烧过程中除消耗室内大量的氧气外,还释放大量的烟气(有给排气功能的采暖器除外),而且随着采暖时间的延续,释放的烟气量持续上升,从而使室内空气中的氧含量大大降低。如果没有良好的通风换气条件,室内的烟气得不到及时排放,室内的新鲜空气得不到及时补充,这将严重危及室内人员的健康和生命安全,而且燃烧状况会因室内缺氧而逐渐恶化,这也是十分危险的。因此,安装直排式采暖器的房间必须设置进气口和排气口(或安装换气扇)。安装无给、排气功能的采暖器的房间应有足够面积的进气口(一般进、排气口面积不小于 $0.04 \, m^2$)。

②采暖器的周围严禁放置易燃、易爆物品。采暖器不得靠近木壁板,不得直接放在木地板的上面。

③严禁把燃气管道和采暖器设在居室内,以免因漏气造成中毒、火灾或爆炸事故。

④安装热水采暖器时,水路和气路均应进行密封性能试验,待试验合格后方可使用。

⑤安装采暖器的房间应设置燃气泄漏和一氧化碳报警器。

2)使用燃气采暖器的注意事项

①每次点火之前应检查采暖器是否漏气,设置采暖器的房间的进、排气口是否敞开。

②禁止不熟悉操作方法的人、神智不太清楚的老年人、儿童等操作燃气采暖器,也不许酗酒者进行操作。

③无论采暖器工作与否,均不得在采暖器上放置物品。

④使用直排式采暖器时,室内要有良好的给排气条件,连续采暖时间以 1 小时以内为宜。

⑤采用自动化程度低的采暖器时,采暖过程中,房间内应有人管理。当外出时应关掉采暖器。

⑥采暖期过后,应将采暖器的燃气和冷热水阀门关闭,对某些部件应进行保养,对坏损件进行修理。如果使用的是红外线采暖器或热风采暖器,应擦拭干净,用纸包好或装入纸袋,存放在干燥通风之处;如果使用的是热水采暖器,应放掉水,擦净盖好,来年再使用时,要对水路、气路重新进行严密性试验后方可使用。

8.3.8 液化石油气钢瓶的安全使用

液化石油气钢瓶属于压力容器,为了安全,其产品必须是国家相关部门指定厂家生产的合格产品,非国家相关部门指定厂家生产的钢瓶严禁使用。钢瓶必须按国家规定的时间进行定期检验,过期不检者严禁使用。

钢瓶内充装液化气不能超装。如果过量超装,温度升高时,钢瓶就有爆破的危险。

盛装液化石油气的钢瓶要轻拿轻放,禁止摔碰。液化石油气钢瓶属于薄壁压力容器,要避免在钢瓶使用中产生不必要的缺陷,影响强度,造成事故。

液化石油气的体积随温度的升高而膨胀,它的膨胀系数比水要大 10~16 倍。因此,严禁曝晒和靠近火源、热源;也不要在液化石油气快用完时用开水烫或其他方法加热,以免发生意外事故。

液化石油气钢瓶不能倒立或卧放使用。钢瓶输出液化石油气是靠自然蒸发,瓶内下部是液相,上部是气相,气体从角阀出口流出,经过减压阀把压力降低到使用压力,供燃烧使用。如果钢瓶倒立和卧放使用,也就易使液体从角阀流出。减压阀也就失去了减压的作用,造成高压送气,同时容易使液体外漏。外漏的液化石油气气化后体积迅速扩大至 200 倍以上,遇明火很容易造成爆炸、火灾事故。

一般要求钢瓶和灶具的外侧距离应保持为 1～2 m,小于 1 m 或大于 2 m,均属于不安全距离。

钢瓶内的液化石油气残液的处理。液化石油气主要成分是烷烃和烯烃。点燃时,沸点低的丙烷、丙烯先蒸发燃烧;而后丁烷、丁烯蒸发燃烧;沸点高的戊烷和戊烯不易挥发,留在瓶内即所谓残液。残液不准用户私自处置,应集中由液化气站或其他充装单位统一进行倒残处置。有用户为了节约,将钢瓶加热或倒出私自处理,结果造成重大事故。

(1)冬季使用液化石油气的注意事项

使用液化石油气冬季与夏季不同。冬季气温低,液化石油气挥发性差,若使用不当易引起火灾。所以,应注意以下几点:

①不要将液化石油气罐放在火炉旁、暖气上烘烤。由于液化气受热后体积膨胀,往往会引起爆炸事故。

②不要将液化石油气罐放在盛有热水的容器内或用开水淋烫,以免受热引起爆炸。

③不要放置在寒冷的低温场所。因为钢瓶在低温时脆性增强,抗压强度下降,容易破裂。特别是有薄层、锈蚀等缺陷的钢瓶,受到摩擦撞击,就有可能发生爆炸。

④不要私自倾倒液化气的残液,以免遇到明火引起爆炸。

(2)液化石油气钢瓶上的减压阀使用时的注意事项:

①减压阀和角阀是以反扣连接的。装减压阀先要对症,然后按反时针方向旋转手轮,以手拧紧不漏气即可。

②装减压阀时不可用力过猛,这样很容易将密封圈拧坏,造成漏气。

③更换钢瓶卸下减压阀时,要特别注意密封圈是否粘在角阀内。如果不慎将密封圈随钢瓶带走,换回新钢瓶后,还是照常装减压阀,势必造成漏气。一旦出现这种情况,要及时关闭角阀,再购置或换取密封圈。不能随意用垫料代替密封圈。

④严禁乱拧、乱动或拆卸减压阀;发现损坏,要及时修理或更换。

⑤减压阀要保持清洁,呼吸孔不要堵塞。

⑥检查新换的减压阀好坏的方法:卸下减压阀后,从进气口用嘴吹,如果通气,表明减压阀未堵塞。再从出气口用嘴吹,慢慢吹有些通气,但用劲吹却不通,表明减压阀正常好用;如果用劲吹也通气,表明里边的胶皮膜片已经损坏。此时必须更换新膜,切不可勉强使用,应立即送检修站维修,否则会引起高压送气,造成意外的事故。

学习鉴定

1. 填空题

（1）燃气管道是一项投资大、涉及面广、安全风险高的系统工程。因此，必须从燃气管道系统工程的_____开始，就应按照相关法规和标准要求系统地考虑管道施工、投产、运行和维护的诸多方面问题，并对不同的_____进行风险分析，使之满足管道_____的设计理念。

（2）腐蚀控制系统的设计应符合相关规范，确保所有新建埋地阴极保护在投产前完成。设计中应规定所需的测试、检测和调查，以判定管道设施上腐蚀控制的有效性，例如：_____，_____，大气腐蚀检测，_____，整流器和地床检测，外界干扰搭接的调查，避雷设施检测，牺牲阳极的调查，外界搭接检测，整流器运行情况检测，外露管道检测，干扰测试。

（3）通过国内各地区燃气企业近年来发生的第三方破坏事故得知，大多数燃气第三方破坏事故是由_____、_____、_____以及它们之间的共同作用引起的。

（4）燃气用户应当安全用气，不得有下列行为：_____，_____；用燃气管道作为负重支架或者接引电器地线；擅自拆卸、安装、改装燃气计量装置和其他燃气设施；实施危害室内燃气设施安全的装饰、装修活动；使用_____或者_____的燃气器具；在不具备安全使用条件的场所使用瓶装燃气；使用未经检验、检验不合格或者报废的钢瓶；加热、撞击燃气钢瓶或者倒卧使用燃气钢瓶；倾倒燃气钢瓶残液；擅自改换燃气钢瓶检验标志和漆色；无故阻挠燃气经营企业的人员对燃气设施的检验、抢修和维护更新；法律、法规禁止的其他行为。

（5）检查燃具连接处是否漏气可用携带式可燃气检测或采用肥皂水的方法，如发现有漏气显示报警或冒泡的部位应及时紧固、维修，严禁_____。

2. 简答题

（1）燃气管道设计的理念是什么？

（2）燃气居民用户家中发生燃气泄漏时的安全措施是什么？

9 消防安全

■ **核心知识**

- 燃烧与火灾
- 消防安全管理制度
- 消防安全培训
- 消防器材的分类及使用方法
- 火灾隐患整改

■ **学习目标**

- 了解燃烧与火灾的特点
- 了解消防安全管理制度及安全培训
- 掌握消防器材的使用方法
- 熟悉火灾的隐患整改

9.1

企业消防安全管理概述

防火防爆对于任何企业、单位以至家庭、个人都是非常重要的,而对于燃气企业来说,就更为重要了。曾发生的燃气火灾爆炸事故的沉痛教训,充分说明了燃气单位做好防火防爆工作的重要意义。

9.1.1 燃烧与火灾

1)燃烧的概念

狭义来说,可燃物跟空气中的氧气发生的一种发光发热的剧烈的氧化反应叫作燃烧。广义来说,任何发光发热的剧烈的化学反应均可称之为燃烧。一般把燃烧俗称为火。起火需要具备三个条件或三要素:可燃物、助燃物和着火源。这三个条件必须同时存在,相互作用,才可以发生燃烧,也就是产生了火。

燃气开始燃烧时的温度称为着火温度,不同可燃气体的着火温度不同。在纯氧中的着火温度比在空气中的数值低 $50 \sim 100$ ℃。

2)火灾的概念

火灾是指在时间和空间上失去控制的燃烧所造成的灾害。

在各种灾害中,火灾是最经常、最普遍地威胁公众安全和社会发展的主要灾害之一。人类能够对火进行利用和控制,是文明进步的一个重要标志。所以说人类使用火的历史与同火灾作斗争的历史是相伴相生的,人们在用火的同时,不断总结火灾发生的规律,尽可能地减少火灾及其对人类造成的危害。

3)火灾的形成

火必须具备三个条件:

①要有可燃物:就是能够在含氧空气中燃烧的物质都叫作可燃物,如木材、天然气、汽油等。

②要有助燃物:即凡是能帮助和支持燃烧的物质,如空气、氧气,还有硝酸盐、高锰酸盐等过氧化物,在受到光照或摩擦、撞击等作用时都能分解出氧气,起到助燃作用。

③着火源:能够引起可燃物燃烧的能源就叫着火源,常见的有电灯、电话、打火机、烟头,包括在天气干燥时衣服产生的静电等。

因此,有了可燃烧的物体,有了提供足够的热量的着火源,在含氧的空气中就会产生燃烧。这种燃烧失去人类的控制,就形成了火灾。

4)火灾特点

一起火灾往往是由小变大,最后形成大火。其发展阶段可分为酝酿期(没有火焰的阴燃),发展期(火苗蹿起,火势扩大),全盛期(可燃物全面着火),衰落期(灭火措施见效或可燃物燃尽,火势逐渐衰落直至熄灭)。

从火灾的发展过程来看,在火灾前期及时发现、扑灭阴燃或初起的小火,是见效快、危险性小的灭火有利时机。一旦火势扩大,灭火的困难程度和危险性要增加,而且效果也变差,甚至会出现难以收拾的局面。

5)火灾的分类

火灾分为 A,B,C,D 四类(国家标准 GB 4968—85)。

A 类火灾:指固体物质火灾。这种物质往往具有有机物性质,一般在燃烧时能产生灼热的余烬。如木材、棉、毛、麻、纸张火灾等。

B 类火灾:指液体火灾和可熔化的固体火灾。如汽油、煤油、原油、甲醇、乙醇、沥青、石蜡火灾等。

C 类火灾:指气体火灾。如煤气、天然气、甲烷、乙烷、丙烷、氢气火灾等。

D 类火灾:指金属火灾。指钾、钠、镁、钛、锆、锂、铝镁合金火灾等。

6)引起火灾蔓延的主要因素

火势发展蔓延,是能量传播的过程。热量传播是影响火灾发展的决定性因素。热量传播有以下三种途径:热传导、热对流和热辐射。

①热传导:是指热量通过直接接触的物体,从温度较高部位传递到温度较低部位的过程。

②热对流:是指热量通过流动介质,由空间的一处传播到另一处的现象。热对流是热传播的重要方式,是影响初期火灾发展的最主要因素。

③热辐射:是指以电磁波形式传递热量的现象。当火灾处于发展阶段时,热辐射成为热传播的主要形式。

另外,会引起火灾蔓延的还有一个重要因素,那就是飞火。飞火是由上升气流将正在燃烧的可燃物带到空中后飘散到其他地区的一种火源,飞火飘移的距离可达十几千米或更远。

7）火灾隐患形式

在消防管理工作中，把违反消防法规、可能造成火灾危害的行为、现象，称之为火灾隐患。火灾隐患常见的主要有以下行为或现象：

a. 建筑设计、布局，建材、装饰材料选用，不符合国家工程建筑消防技术标准的；

b. 在易燃易爆物品生产、加工、储存、经营场所及其防火间距内使用明火的；

c. 有爆炸危险的厂房无泄压设施或泄压设施不符合规范要求的；化工生产装置无安全防爆装置，或生产工艺不合理，超温超压不能排除的；

d. 在有可燃物的场所乱拉乱接电气线路，电线绝缘破损、老化，或超负荷用电的；该使用防爆电器的场所没有使用或没有选用合适的防爆电器，或未达到整体防爆要求的；在易燃易爆场所，无防雷、防静电、防撞击火花措施，或虽有而不合格的；

e. 生产、经营、存放、输送易燃可燃气体、液体场所，有跑、冒、滴、漏危险的，或散发可燃气体场所通风不良的；

f. 有自燃危险的物品，运输、存放环境或方法不当的；

g. 可燃液（气）体贮罐应设未设消防系统或冷却系统或系统不能使用的；

h. 具有火灾危险性的生产工艺、生产设备存在安全缺陷可能导致火灾、爆炸事故发生的；

i. 其他违反消防技术标准的。

8）火灾等级

根据 2007 年 6 月 26 日，公安部下发的《关于调整火灾等级标准的通知》，火灾等级标准分为特别重大火灾、重大火灾、较大火灾和一般火灾四个等级。

①特别重大火灾：指造成 30 人以上死亡，或者 100 人以上重伤，或者 1 亿元以上直接财产损失的火灾。

②重大火灾：指造成 10 人以上 30 人以下死亡，或者 50 人以上 100 人以下重伤，或者 5 000 万元以上 1 亿元以下直接财产损失的火灾。

③较大火灾：指造成 3 人以上 10 人以下死亡，或者 10 人以上 50 人以下重伤，或者 1 000 万元以上 5 000 万元以下直接财产损失的火灾。

④一般火灾：指造成 3 人以下死亡，或者 10 人以下重伤，或者 1 000 万元以下直接财产损失的火灾。

注："以上"包括本数，"以下"不包括本数。

9.1.2 爆炸

1) 爆炸的概念

爆炸是物质发生非常急剧的变化,瞬时放出大量能量,产生破坏后果的现象。爆炸必然伴随着温度和压力的急剧升高,产生推动力和冲击波,并且往往会引起着火。

一般来说,引起压力急剧升高的原因,可分为物理原因和化学原因两种。

物理原因引起压力急剧升高如高压气流流入低压容器时,密闭容器中充满气体或液体发生热膨胀时,液体流动引起冲击现象时,容器、管道可能因压力升高而发生破坏。上述情况下,虽然也引起了压力急剧升高,但不能称为爆炸。

化学原因引起的压力急剧升高会产生爆炸现象。如混合气体的爆炸,气体的分解爆炸,粉尘、雾滴的爆炸,爆炸性物质和混合的危险性物质爆炸等,都属于这种爆炸。

2) 爆炸与爆破的区别

在燃气范围内所说的爆炸,是指燃气与空气的混合气发生化学反应引起压力急剧升高;而爆破则是指容器由于压力升高遭到破坏。容器爆破不仅与压力升高有关,还与容器的耐压能力有关。容器因物理原因如打压过高、容器内气(液)受热膨胀等造成破裂,不能称为爆炸,应称为爆破。

对于压力容器因物理原因引起的爆破的预防措施,只要严格按照有关规定制造、维护和正确使用,就可以防止爆破事故的发生。

3) 爆炸事故的特点

一个充分发展的爆炸事故,要经过爆炸性混合气形成与爆炸开始,爆炸范围扩大与爆炸威力升级,爆炸造成灾害性破坏等三个过程。

①事故发生的时间、地点常常难以预料,事发前容易麻痹大意,一旦发生使人措手不及,这是爆炸事故的突然性。

②爆炸事故往往是摧毁性的,一旦发生,可能造成房屋倒塌、设备破坏、人员伤亡,这是爆炸事故的严重性。

③各种爆炸事故发生的原因、灾害范围及其后果往往很不相同,这是爆炸事故的复杂性。

根据爆炸事故的特点,应该提高警惕,克服侥幸、麻痹思想,掌握防爆知识,采取防爆技术措施,建立完善的管理制度,及时消除隐患,才能防止爆炸事故的发生。一旦发生了事故,应采取有效措施限制和减轻灾害所造成的损失。

 知识窗

燃烧特性、爆炸极限

● 燃烧的方式分类:燃烧的方式可根据和空气混合方式不同分为扩散式燃烧、大气式燃烧和无烟式燃烧。

● 爆炸极限:可燃物质(可燃气体、蒸气和粉尘)与空气(或氧气)必须在一定的浓度范围内均匀混合,形成预混气,遇着火源才会发生爆炸,这个浓度范围称为爆炸极限,或爆炸浓度极限。

● 爆炸下限、爆炸上限:例如一氧化碳与空气混合的爆炸极限为12.5%~74%。可燃性混合物能够发生爆炸的最低浓度和最高浓度,分别称为爆炸下限和爆炸上限,这两者有时亦称为着火下限和着火上限。在低于爆炸下限时不爆炸也不着火;在高于爆炸上限时不会爆炸,但能燃烧。这是由于前者的可燃物浓度不够,过量空气的冷却作用,阻止了火焰的蔓延;而后者则是空气不足,导致火焰不能蔓延的缘故。当可燃物的浓度大致相当于反应当量浓度时,具有最大的爆炸威力(即根据完全燃烧反应方程式计算的浓度比例)。

燃气的爆炸浓度极限是燃气的重要性质之一,常见三种燃气的爆炸极限如下:

①天然气:5%~15%。

②焦炉煤气:4.5%~35.8%。

③液化石油气:2%~9%。

9.2

企业消防安全

9.2.1 企业消防安全组织

1) 防火安全委员会职责

确认：

a. 消防疏散通道、疏散门、安全出口是否畅通；

b. 消防安全疏散标志是否明显；

c. 消防器材设施是否完好；

d. 灯光照明、音像等电器设备是否符合电气安装要求；

e. 消防灭火疏散预案熟知情况。

2) 义务消防队管理

①各单位要分别成立义务消防队，在此基础上成立义务消防组织。义务组织分别设队长 1 名，副队长 1～2 名。

②义务消防队要定期开展消防知识培训和消防技能训练。

③要定期组织消防演练提高灭火实战能力。

3) "11.9" 消防宣传日活动制度

①各单位应认真执行分公司的 "11.9" 消防宣传日活动计划。

②每年 11 月 9 日前后开展为期一周的消防安全宣传教育活动。

③各单位应利用多种形式开展消防安全宣传教育活动。

④在 "11.9" 消防宣传日活动期间进行一次消防安全专项检查。

⑤职工在 "11.9" 活动期间进行一次扑救初起火灾以及自救逃生的消防知识和技能演练。

⑥"11.9" 宣传教育活动后应对活动所取得的成效进行总结。

9.2.2　企业消防安全制度

1）企业消防安全制度的重要性

依法实施消防监督检查是国家赋予地方各级人民政府各级公安消防机构的重要职责。消防监督检查员发现消防安全问题,消除火灾隐患的重要途径是做好消防安全管理工作的一种有效形式。始终把消防工作作为一项重要任务来抓,切实加强领导,认真研究部署,积极探索消防的新路子,坚持以"预防为主,消防结合"的安全生产管理方针,重点管理、重点排查,抓好二次专项行动,认真进行三合一、多合一的清理排查,搞好了消防安全隐患大排查。加大消防宣传力度,进一步提高消防安全意识,形成都参与、齐抓共管、共同监督、共同维护、积极推进防止各类重特大事故的发生,控制一般事故的频率,减少事故经济损失。

（1）提高认识,明确目标和任务,狠抓落实

城市消防工作事关改革、发展、稳定的大局,事关广大人民群众的切身利益。要根据消防工作固有的特点,积极探索,采取措施,制订了有效的长效机制,进一步明确目标和任务,树立"隐患险于明火、防范胜于救灾、责任重于泰山"的思想。加强对防火工作的督促指导,消防工作领导小组,负责领导和组织消防工作的开展,做到了措施到位、保障有力、防治工作出成效、安全隐患控制好的效果。

（2）社会单位消防安全主体责任意识、全民消防意识存在的问题

机关、团体、企业、事业单位是消防管理的基本单元。各个单位对消防安全、致灾因素的防控和管理能力在很大程度上决定了一个地区的消防安全形势,特别是单位成员在消防工作中的参与程度和自查自纠水平,直接影响着消防工作的好坏,长期以来,导致消防工作形成了公安消防机构唱"独角戏"的局面。社会单位及成员依法开展消防工作的职责不明、能力不高、主动性不强,制约了消防工作的全面开展。一些单位和个人对消防工作不重视、不理解,认为消防工作就是消防部门的事,缺乏做好消防工作的主动性和积极性。群众不懂消防安全知识,不会发现整改火灾隐患,发生火灾后自救不力,不会组织人员疏散逃生是目前较为突出的社会现状。

（3）加大宣传教育,增强消防安全意识

消防工作点多面大,事故发生率高,必须依靠全社会的力量,共同参与、紧密防治才能得到有效控制。在消防安全管理工作中宣传教育方法是必不可少的重要方法之一,它不仅是激发人们做好消防安全工作的重要手段,而且对其他方法的实施也起着巨大的作用,因此,在消防管理活动中,要高度重视消防宣传教育工作。认真贯彻"预防为主"的消防工作方针,加强对单位的宣传教育,充分利用宣传标语、黑板报、召开会议等

形式对广大单位职工进行宣传教育。认真贯彻宣传《中华人民共和国消防法》和《机关、团体、企业、事业单位消防安全管理条例规定》等法律法规及党委、政府召开的各种消防安全会议精神，开展广泛的宣传，做到家喻户晓、深入人心、不留死角，使广大职工的消防安全意识进一步提高，自防自救能力增强。新的《中华人民共和国消防法》开始实施后，认真学习相关内容，熟悉消防法规，消防安全制度和保障消防安全的操作规程，了解本单位、本岗位的火灾危险性和消防措施，有关消防设施的性能，灭火器材使用方法，报火警、扑救初起火灾以及自救逃生的知识和技能；结合本单位实际，制订灭火应急疏散预案，进行消防安全培训，定期组织职工实施现场灭火消防演练，加强消防意识，提高防灭火技能。

（4）采取措施，认真排查，努力消除隐患

消防安全检查是消防管理工作中经常运用的重要方法，通过消防安全检查，全面了解和掌握消防安全状况，及时发现消防安全管理工作中存在的不安全因素和火灾隐患。

明确用火、用电有无违章情况，安全出口、疏散通道是否畅通，安全疏散指示标志、应急照明是否完好，消防设施、器材和消防安全标志是否完整，常闭式防火门是否处于关闭状态，防火卷帘下是否堆放物品影响使用；确认消防车通道、消防水源情况、灭火器材配置及有效情况，员工消防知识和掌握情况，易燃易爆物品、防火防爆措施落实情况。

为切实消除火灾隐患，建立火灾隐患整治长效机制尤为重要。要避免因火灾隐患导致火灾发生或火灾危害增大，消除妨碍火灾扑救等各类潜在的不安全因素。坚持"人民生命至上、火灾隐患必除"和深入开展火灾隐患大排查、大整治是当前乃至今后较长一个时期消防安全工作的指导思想，对营造良好消防安全环境，维护社会稳定具有举足轻重的作用。始终坚持"预防为主，防治结合"的方针，加强对单位进行专项整治排查，对一些隐患较大的地方，及时提出整改，并要求定期整改，查出相关隐患，下发定期隐患整改通知书，使各项安全隐患消除在萌芽状态。

（5）完善各种规章制度，明确责任

落实消防安全责任制，制订本单位的消防安全制度、消防安全操作规程。因为一旦发生火灾，能否及时准确地争取有效应急处置措施，对减少和降低火灾危害起着十分关键的作用。单位在发生火灾时，要想做到反应及时、准备充分、科学决策、统一指挥，及时有效地综合资源，迅速针对火情实施有组织的控制和扑救，最大限度地减少人员伤亡和财产损失，就必须制订完善的灭火和应急预案，学会应对和处置突发火灾事故的方法，熟练掌握应急处理程序和措施，提高单位防范自救、抗御火灾事故的能力。

通过认真研究，结合实际，制订出以消防安全为主要内容《消防工作实施方案》，成立义务消防队，做到属地管理、人人有责。签订消防安全工作目标责任书，明确各单位的工作职责,层层落实责任制,将消防工作纳入年终考核,严格奖惩制度,对因工作不力,导致发生重特大消防安全事故的将追究负责人的责任。

(6)强化组织领导责任

应将消防工作纳入经济和发展计划,将消防经费、公共消防设施和装备建设、社会消防力量发展、重大火灾隐患整改等纳入工作目标。定期召开消防工作会议进行部署,并层层签订责任状,量化分解任务,明确完成时限,将消防工作纳入绩效考核、社会治安综合治理考评之中,严格落实消防工作"一把手"负责制和"一票否决制"。加强对消防工作的组织领导,建立健全消防安全组织机构,成立由负责人和其他职能部门负责人组成的消防安全委员会,协调解决消防工作中的重大问题,做到组织健全、领导到位。坚持多策并举,强化部门联动完善消防工作社会联动机制,全力推进消防安全"四个能力"建设,全面提升社会单位消防安全管理水平。要通过量化目标任务、细化职责分工、硬化工作措施,推动所属单位"四个能力"建设扎实开展。充分发挥领导作用,立足实际、勇于革新,通过出台规定、建立机制、落实制度,着力增强部门消防安全监管合力,从而构建部门"各司其职、各负其责、相互配合、齐抓共管"的工作格局,推进消防安全长效联动机制落实。

2)消防安全检查制度

①分公司级消防安全检查按定期和不定期进行,重大活动和节日前都要组织大检查,一般每季度至少一次。

②所(厂)级消防安全检查,要根据每月的工作情况组织检查,凡重大节日、政治活动前都要组织检查,一般每月至少一次。

③队(站)级防火安全检查,每月至少两次。

④班组要根据生产情况每周至少安排一次防火安全检查。

⑤安全检查要有安全检查记录,对查出的隐患要及时整改,一时不能解决的要采取妥善安全技术保护措施,并把问题和解决意见按照隐患的处理程序逐级上报。

3)运行所(含厂、站)消防安全管理制度

①运行所(含厂、站)内要有明显的"严禁烟火"标志。

②重点防火部位应设置警示标牌。

③生产区内严禁烟火,不得存放易燃易爆物品。

④运行所(含厂、站)应按《建筑设计防火规范》和《消防器材配置管理制度》规定配备消防设施、器材。

⑤进入生产区的各种机动车应安装阻火帽,并按指定路线行驶。

⑥生产区内的电气设备应符合国家二级防爆规定。

⑦运行所(含厂、站)的消防通道应保持畅通,严禁堵塞。

⑧消防泵每年应保证启动两次以上(4月、10月各一次),并开启水炮试水,确保消防系统正常有效。

⑨消防水池应每月检查一次,保证蓄水水位正常。

⑩运行所(含厂、站)内动火必须严格执行《危险作业安全管理制度》和《动火证安全管理制度》。

4)调压站消防安全管理制度

①调压站门前内要有明显的"严禁烟火"标志。

②调压站内严禁烟火,不得存放易燃易爆物品。

③调压站内的电气设备应符合国家二级级防爆规定。

④调压站内应按《建筑设计防火规范》和《消防器材配置管理制度》规定配备消防设施、器材。

⑤调压站的消防通道应保持畅通,严禁堵塞。

⑥调压站内动火必须严格执行《危险作业安全管理制度》和《动火证安全管理制度》。

5)仓库消防安全管理制度

①仓库库房应有明显的"仓库重地严禁烟火"标志。

②库房内的电气设备防火应符合《北京市电气安装规程》《建筑设计防火规范》,禁止设临时线路;库房内的照明不准使用碘钨灯、日光灯,使用白炽灯功率不得超过60 W,开关应设置在库房外。

③库房内的一切明火作业,须经有关部门同意,履行动火手续,并采取必要的安全措施,才能动火作业;现场要有监护人,配备消防器材。

④仓库工作人员在下班前应进行防火检查,切断库房内电源,锁好门窗。

⑤仓库应按规定配备消防器材,并应设在便于使用的固定位置,不得随意挪作他用。

⑥在库房内不同物品应予分开存放,严格遵守《仓库安全防火管理规则》中"五距"(顶距、灯距、墙距、柱距、垛距)的安全防火要求。

⑦危险化学品和易燃易爆品必须单独、限量存放。

6) 办公区消防安全管理制度

①办公区内不准存放易燃易爆物品,严格用火管理。

②办公区的安全出口和疏散通道要保持畅通,严禁阻塞。

③安全出口、疏散通道和楼梯口应设置疏散指示标志。

④严格执行《用电安全管理制度》,未经批准,不得在办公区安装大功率用电设备,严禁超负荷用电。

⑤办公区配电室应严格执行电器安装安全管理规定,室内配备足够的灭火器,并设专人负责管理。

⑥用电和燃气设备要安装规范,并有专人负责,定期检查维修。

⑦会议室应严格执行《公共娱乐场所消防安全管理规定》。

7) 汽车库的防火管理制度

①汽车库内严禁烟火,要有明显的"严禁烟火"标志。

②严禁存放汽油等易燃易爆物品。

③严禁用明火烘烤汽车部件。

④严禁在库房内为车辆加油或进行车辆维修。

⑤严禁用汽油清洗汽车发动机。

⑥车库内应配备一定数量的灭火器材并进行定期维修、保养。

8) 档案室防火管理制度

①档案室严禁烟火,不得存放、使用易燃易爆物品。

②档案室通道应保持畅通,不得堵塞。

③文件存放地点应与照明灯具和电气开关保持不小于0.5 m的距离。

④档案室内不得安装使用大功率电气设备和电热设备。

⑤档案室内应按《消防器材配置管理制度》规定配备灭火器,并有专人负责。

9) 消防器材配置及报废管理制度

(1)消防器材配置管理制度

①各单位应按规定设置、配置消防器材。灭火器的配置应严格遵守《建筑灭火器配置设计规范》的要求。

②消火栓应配备两条或两条以上水带,两个或两个以上水枪,钥匙一把。罐区应设置消防水炮。

③消防设备器材及消火栓每年应维修保养两次(春、秋季节),并经常检查维护,确保正常有效。消防水池应保持正常水位。

④灭火器每年应进行检验。

⑤消防器材应固定位置,固定数量,并有专人负责管理。

⑥消防器材使用后应立即补充更换。

(2)灭火器报废管理制度

灭火器从出厂日期算起,达到如下年限的,必须报废:

- 手提式化学泡沫灭火器—5 年;
- 手提式酸碱灭火器—5 年;
- 手提式清水灭火器—6 年;
- 手提式干粉灭火器(贮气瓶式)—8 年;
- 手提贮压式干粉灭火器—10 年;
- 手提式 1211 灭火器—10 年;
- 手提式二氧化碳灭火器—12 年;
- 推车式化学泡沫灭火器—8 年;
- 推车式干粉灭火器(贮气瓶式)—10 年;
- 推车贮压式干粉灭火器—12 年;
- 推车式 1211 灭火器—10 年;
- 推车式二氧化碳灭火器—12 年。

9.2.3 企业职工消防安全教育培训

1)教育培训的原则

消防培训是消防工作中一项重要的基础工作,搞好消防培训是加强消防软件管理的重要环节,对提高员工消防安全意识、增强全体员工抵御火灾的能力具有重要意义。

通过培训,加强员工对消防设施、设备的了解,让员工能熟练掌握消防器材的使用方法,增强员工消防意识,使员工能自觉提高警惕性,工作中做到防患于未然和能及时处理火灾隐患;同时通过培训还让员工对火灾有一定的认识,对各部门今后更好开展消防工作有很大的帮助。

2)教育培训的形式

消防安全教育与培训由防火负责人负责组织,利用放录像、板报、宣传画、标语、授课等各种形式,根据不同季节、节假日的特点,结合火灾事故案例,积极主动、深入持久地开展宣传教育工作。员工必须经过防火安全技术学习和实际操作培训,并经考试取得操作合格证后,方能上岗操作,未经消防安全培训或消防责任心不强的职工不得上岗。

对职工进行消防安全教育培训,各部门职工可依据情况分散分批参加,其中教育培训的内容包括:

a. 宣传《消防法》和有关消防工作的方针、政策、法规,制度;

b. 交流和推广消防工作经验;

c. 宣传消防工作人员好人好事;

d. 普及消防知识,使广大员工掌握报警的方法和内容;

e. 明确各自岗位的消防工作职责,本岗位消防操作规程和防火安全的要求、应急情况的处理方法;

f. 宣传本单位灭火预案的基本内容;

g. 如何掌握灭火器材、设备的使用;自救、互救内容。

3) 教育培训的内容

(1) 爆炸的可能性

(2) 爆炸的预防

(3) 燃气对人体的危害

该培训根据企业实际情况进行,此处不做详述。

9.3

消防器材

9.3.1 各种型号灭火器材的配备原则

公司内手提式灭火器最大保护距离为 15 m,公司仓储区所用干粉灭火器为 3B-4B 型,灭火器的配置基准,一瓶灭火器可保护 10 m×3 m ~ 10 m×4 m 范围,即 30 ~ 40 m²。因公司设有消火栓和灭火系统,灭火器配置可相应减少 70%,则一瓶干粉灭火器保护面积可达 30 m/30% ~ 40 m/30%,即 100 ~ 133 m²。

根据以上可知两瓶灭火器至少可保护 200 m² 的面积。例如,建厂开始主体厂房内消火栓下的灭火器配置为 3 个一组仓储区 ASRS、平置仓内消火栓下配置为 2 个一组,是否符合法规要求?

表9.1 灭火器配备原则

地　点	型　号	数　量
运行所 (含厂、站)	按《建筑灭火器配置设计规范》 配备灭火设施及器材	
带气作业	5 kg 干粉灭火器	4～6 瓶/作业点
超高压站	5 kg 干粉灭火器	10 瓶
	35 kg 干粉灭火器	2 瓶
高中压站	5 kg 干粉灭火器	10 瓶
	35 kg 干粉灭火器	2 瓶
中低压站	5 kg 干粉灭火器	6 瓶
调压箱	5 kg 干粉灭火器	2 瓶
材料仓库	按《建筑灭火器配置设计规范》 配备灭火设施及器材	
档案室	5 kg 二氧化碳灭火器	4 瓶
监控室	5 kg 二氧化碳灭火器	4 瓶
办公楼	5 kg ABC 干粉灭火器	2 瓶
机动车辆	1～2 kg 干粉灭火器	1 瓶/辆
机动车库	5 kg 干粉灭火器	2 瓶/个
计算机房	5 kg 二氧化碳灭火器	4 瓶
变配电室	5 kg 二氧化碳灭火器	4 瓶
直燃机房	5 kg ABC 干粉灭火器	4 瓶
锅炉房	5 kg ABC 干粉灭火器	4 瓶
会议室	5 kg ABC 干粉灭火器	2 瓶

9.3.2 灭火器的分类及使用方法

1) 干粉灭火器

按照充装干粉灭火剂的种类可以分为普通干粉灭火器、超细干粉灭火器。

（1）普通干粉灭火器

普通干粉灭火剂主要由活性灭火组分、疏水成分、惰性填料组成。疏水成分主要有硅油和疏水白炭黑,惰性填料种类繁多,主要起防振实、结块,改善干粉运动性能,催化干粉硅油聚合以及改善与泡沫灭火剂的共溶等作用。这类普通干粉灭火剂目前在国内外已经获得很普遍应用。

灭火组分是干粉灭火剂的核心,能够起到灭火作用的物质主要有 K_2CO_3,$KHCO_3$、$NaCl$,KCl,$(NH_4)2SO_4$,NH_4H2SO_4,monnex,$NaHCO_3$,$K_4Fe(CN)_6 \cdot 3H_2O$,Na_2CO_3 等。

目前国内已经生产的产品有:磷酸铵盐、碳酸氢钠、氯化钠、氯化钾干粉灭火剂。

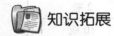 知识拓展

　　干粉灭火剂中灭火组分是燃烧反应的非活性物质,当其进入燃烧区域火焰中时,分解所产生的自由基与火焰燃烧反应中产生的 H 和 OH 等自由基相互反应,捕捉并终止燃烧反应产生的自由基,降低了燃烧反应的速率。当火焰中干粉浓度足够高,与火焰接触面积足够大,自由基中止速率大于燃烧反应生成的速率时,链式燃烧反应被终止,从而火焰熄灭。干粉灭火剂在燃烧火焰中吸热分解,因每一步分解反应均为吸热反应,故有较好的冷却作用。此外,高温下磷酸二氢铵分解,在固体物质表面生成一层玻璃状薄膜残留覆盖物覆盖于表面,阻止燃烧进行,并能防止复燃。

　　●燃烧特性:燃烧是一类有氧气参与的剧烈氧化反应,燃烧过程是链式反应。在高温、氧气参与下可燃物分子被激活,产生自由基,自由基能量很高,极其活泼,一旦生成立刻引发下一步反应,生成更多的自由基,这些具有很高能量的众多自由基再次引发更多数目自由基。这样,依靠自由基不断传递链反应,可燃物质分子被逐步裂解,维持燃烧不断进行。

　　●灭火特性:窒息、冷却及对有焰燃烧的化学抑制作用是干粉灭火效能的集中体现,其中化学抑制作用是灭火的基本原理,起主要灭火作用。

　　干粉灭火剂的每种灭火粒子都存在一上限临界粒径,小于临界

粒径的粒子全部起灭火作用,大于临界粒径的粒子灭火效能急剧降低,但其动量大,通过空气对小粒子产生空气动力学拉力,迫使小粒子紧随其后,扑向火焰中心,而不是未到火焰就被热气流吹走,降低灭火效率。常用干粉灭火剂粒度在 $10 \sim 75~\mu m$,这种粒子弥散性较差,比表面积相对较小。

因此,定量干粉所具有的总比表面积小,单个粒子质量较大,沉降速度较快,受热时分解速度慢,导致其捕捉自由基的能力较小,故灭火能力受到限制,一定程度上限制了干粉灭火剂使用范围。干粉灭火剂粒子粒径与其灭火效能直接相关联,灭火组分临界粒径越大,灭火效果越好。

所以,制备在着火空间可以均匀分散、悬浮的超细灭火粉体,保证灭火组分粒子活性,降低单位空间灭火剂使用量是提高干粉灭火剂灭火效能的很有效手段。

---

(2)超细干粉灭火剂

超细灭火粒子由于比表面积大,活性高,能在空气中悬浮数分钟,形成相对稳定的气溶胶,所以,不仅灭火效能很高,且使用方法也完全不同于一般传统干粉灭火剂,它类似卤代烷淹灭式灭火。

例如,$KHCO_3$ 气溶胶灭火浓度仅为 1301 卤代烷的 2.0%,灭火效能却相当于它的 50 倍,且灭火后沉积物不明显,对火场造成污染很少。$KHCO_3$,$NaCl$,KCl,K_2SO_4,$NH_4H_2PO_4$,$NaHCO_3$ 都可以用来制备气溶胶灭火剂。

 **知识拓展**

气溶胶灭火剂粒径要求小于 $5~\mu m$,最好低于 $0.5~\mu m$。

单位灭火剂灭火效能与灭火剂粒子粒径密切相关,灭火组分临界粒径越大,小于临界粒径的灭火粒子分数越大,则灭火效果越好。国标中能检测到的最小粒径为 $40~\mu m$,小于此值具体分布却没有指明,而实际上各类灭火粒子临界粒径大都小于此值。例如:K_2SO_4 为 16 μm,$NaHCO_3$、$NaCl$ 为 20 μm,$NH_4H_2SO_4$ 为 30 μm。例如,采用粒径小于 20 μm 的 K_2SO_4 制备超细干粉灭火剂,在其用量仅为 20% 时发现其灭火效能比普通 K_2SO_4 灭火剂高出 121%;粒径小于 43 μm 的 $NaHCO_3$ 灭火剂灭火效能是普通型的 221%,灭火效能提高 1 倍多。

当超细干粉灭火剂粒径小于临界粒径时,灭火剂粒子全部起灭火作用,干粉灭火效能大大提高,用量明显减少。将灭火剂粒径减少至 5 μm,甚至 0.5 μm 时,灭火效能急剧上升,灭火效能是常规灭火剂能力几十倍,用量也仅为其百分之几。这主要是因为:超细粉体比表面大,活性高,形成均匀分散、悬浮于空气中相对稳定的气溶胶,受热分解速度快,捕获自由基能力强,故灭火效能急剧提高。

(3)干粉灭火器的使用方法及适用范围

使用干粉灭火器灭火时,将干粉灭火器提到可燃物前,站在上风向或侧风面,上下颠倒摇晃几次,拔掉保险销或铅封,一手握住喷嘴,对准火焰根部,一手按下压把,干粉即可喷出。灭火时,要迅速摇摆喷嘴,使粉雾横扫整个火区,由近及远,向前推进,将火扑灭掉。同时注意,不能留有遗火。油品着火,不能直接喷射,以防液体飞溅,造成扑救困难。

干粉灭火器适用范围:碳酸氢钠干粉灭火器适用于易燃、可燃液体、气体及带电设备的初起火灾;磷酸铵盐干粉灭火器除可用于上述几类火灾外,还可扑救固体类物质的初起火灾;但都不能扑救轻金属燃烧的火灾。

2)二氧化碳灭火器

(1)二氧化碳灭火的特性

二氧化碳灭火剂是一种具有一百多年历史的灭火剂,价格低廉,获取、制备容易,其主要依靠窒息作用和部分冷却作用灭火。

二氧化碳具有较高的密度,约为空气的 1.5 倍。在常压下,液态的二氧化碳会立即汽化,一般 1 kg 的液态二氧化碳可产生约 0.5 m³ 的气体。因而,灭火时二氧化碳气体可以排除空气而包围在燃烧物体的表面或分布于较密闭的空间中,降低可燃物周围或防护空间内的氧浓度,产生窒息作用而灭火。另外,二氧化碳从储存容器中喷出时,会由液体迅速汽化成气体,而从周围吸引部分热量,起到冷却的作用。

根据二氧化碳既不能燃烧,也不能支持燃烧的性质,人们研制了各种各样的二氧化碳灭火器,有泡沫灭火器、干粉灭火器及液体二氧化碳灭火器。

(2)二氧化碳灭火器灭火原理

在加压时将液态二氧化碳压缩在小钢瓶中,灭火时再将其喷出,有降温和隔绝空气的作用。

下面简要介绍泡沫灭火器的原理:泡沫灭火器内有两个容器,分别盛放两种液体,它们是硫酸铝和碳酸氢钠溶液,两种溶液互不接触,不发生任何化学反应(平时千万不能碰倒泡沫灭火器)。当需要泡沫灭火器时,把灭火器倒立,两种溶液混合在一起,就会产生大量的二氧化碳气体:$Al_2(SO_4)_3+6NaHCO_3 = 3Na_2SO_4+2Al(OH)_3\downarrow+6CO_2\uparrow$。除了两种反应物外,灭火器中还加入了一些发泡剂。打开开关,泡沫从灭火器中喷出,覆盖在燃烧物品上,使燃着的物质与空气隔离,并降低温度,达到灭火的目的。泡沫灭火器喷出的泡沫中含有大量水分,它不如二氧化碳液体灭火器,后者灭火后不污染物质、不留痕迹。

(3)二氧化碳灭火器的使用方法及适用范围

在使用时,可手提筒体上部的提环,将灭火器提到起火地点。放下灭火器,拔出保险销,一只手握住喇叭筒根部的手柄,另一只手紧握启闭阀的压把。对没有喷射软管的二氧化碳灭火器,应把喇叭筒往上扳70°～90°。使用时,不能直接用手抓住喇叭筒外壁或金属连接管,防止手被冻伤。在室外使用应选择上风方向喷射;在室内窄小空间使用的,灭火后操作者应迅速离开,以防窒息。

对于泡沫灭火器应注意不得在奔赴火场的过程中使灭火器过分倾斜,更不可横拿或颠倒,以免两种药剂混合而提前喷出。当距离着火点10 m左右,即可将筒体颠倒过来,一只手紧握提环,另一只手扶住筒体的底圈,将射流对准燃烧物。在扑救可燃液体火灾时,如已呈流淌状燃烧,则将泡沫由远而近喷射,使泡沫完全覆盖在燃烧液面上。

如在容器内燃烧,应将泡沫射向容器的内壁,使泡沫沿着内壁流淌,逐步覆盖着火液面。切忌直接对准液面喷射,以免由于射流的冲击,反而将燃烧的液体冲散或冲出容器,扩大燃烧范围。在扑救固体物质火灾时,应将射流对准燃烧最猛烈处。灭火时随着有效喷射距离的缩短,使用者应逐渐向燃烧区靠近,并始终将泡沫喷在燃烧物上,直到扑灭。使用时,灭火器应始终保持倒置状态,否则会中断喷射。

泡沫灭火器存放应选择干燥、阴凉、通风并取用方便之处,不可靠近高温或可能受到曝晒的地方,以防止碳酸分解而失效;冬季要采取防冻措施,以防止冻结;并应经常擦除灰尘、疏通喷嘴,使之保持通畅。

二氧化碳灭火器适用范围:其具有流动性好、喷射率高、不腐蚀容器和不易变质等优良性能,用来扑灭图书、档案、贵重设备、精密仪器、600 V 以下电气设备及油类的初起火灾;适用于扑救一般 B 类火灾(如油制品、油脂等火灾),也可适用于 A 类火灾;但不能扑救 B 类火灾中的水溶性可燃、易燃液体的火灾(如醇、酯、醚、酮等物质火灾),也不能扑救带电设备及 C 类和 D 类火灾。

3)1211 灭火器

(1)1211 灭火器特性

1211 灭火器利用装在筒内的氮气压力将 1211 灭火剂喷射出灭火,它属于储压式一类,1211 是二氟一氯一溴甲烷的代号,分子式为 CF_2ClB_r,它是我国目前生产和使用最广的一种卤代烷灭火剂,以液态罐装在钢瓶高内。1211 灭火剂是一种低沸点的液化气体,具有灭火效率高、毒性低、腐蚀性小、久储不变质、灭火后不留痕迹、不污染被保护物、绝缘性能好等优点。

(2)1211 灭火器的使用方法及适用范围

使用时,首先拔掉安全销,然后握紧压把进行喷射。但应注意,灭火时要保持直立位置,不可水平或颠倒使用,喷嘴应对准火焰根部,由近及远,快速向前推进;要防止回火复燃,零星小火则可采用点射。如遇可燃液体在容器内燃烧时,可使 1211 灭火剂的射流由上而下向容器的内侧壁喷射;如果扑救固体物质表面火灾,应将喷嘴对准燃烧最猛烈处,左右喷射。

1211 灭火器适用范围:主要适用于扑救易燃、可燃液体、气体及带电设备的初起火灾;扑救精密仪器、仪表、贵重的物资、珍贵文物、图书档案等初起火灾;扑救飞机、船舶、车辆、油库、宾馆等场所固体物质的表面初起火灾。

(3)1211 灭火器的检查项目和检查周期

①检查项目维护检查项目包括:

• 外部结构和配件检查;

• 筒体外部腐蚀程度检查;

• 标志检查和泄漏检查。

②维修检查项目包括:

• 外部及内部结构和配件检查;

• 筒体外部及内部腐蚀程度检查;

• 筒体和阀门的水压试验和气密性试验检查。

③检查周期:

    a.维护检查周期:灭火器应每年至少进行一次维护检查。

    b.维修检查周期:维修检查周期应按下列情况确定:

    ● 灭火器被开启或使用后、或按标志上的生产日期算起满5年而未使用者,应送到合法的维修单位(以下简称维修单位)进行维修检查。

    ● 已经过维修的灭火器,以后应每隔2年再次送维修单位进行维修检查。

    ● 当灭火器被发现有下列情况之一,应提前送维修单位进行维修检查:保险装置已被破坏;压力指示器指示在红区,或压力指示器指示在绿区但灭火器的重量有明显的减轻;压力指示器已损坏;筒体有磕伤、划伤、严重腐蚀或其他零部件有严重损伤时;经维修后的标志上无维修日期。

    (4)1211灭火器报废规定

    ①维护检查的报废评定:灭火器在维护检查时发现有下列情况之一,应报废:

    ● 筒体外表涂层脱落或锈蚀面积大于或等于筒体总面积的1/3;

    ● 无压力指示器;

    ● 筒体有可见的变形;

    ● 器头有可见的裂纹;

    ● 使用说明标志模糊不清或残缺;

    ● 底座破裂、磨损、腐蚀而失去作用;

    ● 灭火器的提压把以及阀门等金属件严重腐蚀;

    ● 无生产日期;

    ● 无生产许可证或无认证或认可标志;

    ● 非金属材料器头;

    ● 按标志上的生产日期算起,已超过10年;

    ● 由非合法的维修单位维修的灭火器;

    ● 当法律或法规明令禁止使用时。

    ②维修检查的报废评定:灭火器在维修检查时发现有下列情况之一,应报废:

    ● 阀门不能开启;

    ● 无泄压结构;

    ● 手提式1211灭火器的筒体和器头的水压试验结果不符合 GB 4351—1997中5.10.1.1条的要求,或推车式1211灭火器的筒体和器头的水压试验结果不符合 GB 8109—87中的要求;

    ● 按 GB 12137—89 的要求进行气密性试验时,在试验压力等于灭火器的最大工作

压力(PMS)下,筒体或阀门出现泄漏;

● 筒体内部有锈屑或内部表面有锈蚀的凹坑;

● 筒体外部磕伤、划伤、凹坑和线腐蚀或面腐蚀的深度大于或等于设计壁厚的10%。

(5)报废后的处置

判为报废的灭火器应送合法的回收单位进行处理。残存的1211灭火剂应予回收。报废的灭火器的筒体应由回收单位负责销毁。销毁的方式为压扁、打孔或锯切。

(6)卤代烷1211灭火器适用范围

该灭火器适用于:甲烷、乙烷、丙烷、煤气、天然气等可燃气体的火灾;液态烃类、醇、醛、酮、醚、苯类等甲乙丙类液体的火灾;纸张、木材、织物的初起火灾,塑料、橡胶等可燃固体的表明火灾;变压器、发电机、电动机、变配电设备等的电气火灾。

(7)1211灭火器的环境危害

消防行业广泛使用的哈龙灭火剂是损耗臭氧的物质,是破坏臭氧层的主要元凶之一。人们用哈龙灭火器救火或训练时,哈龙气体就自然排放到大气中。哈龙含有氯和溴,在大气中受到太阳光辐射后,分解出氯、溴的自由基,这些化学活性基团与臭氧结合夺去臭氧分子中的一个氧原子,引发一个破坏性链式反应,使臭氧层遭到破坏,从而降低臭氧浓度,产生臭氧空洞。哈龙在大气中的存活寿命长达数十年,它在平流层中对臭氧层的破坏作用将持续几十年甚至更长时间。因此哈龙对臭氧层的破坏作用是巨大的,所以国家在2001年8月1日下发《关于进一步加强哈龙替代品及其替代技术管理的通知》,按照《中国消耗臭氧层物质逐步淘汰国家方案》,我国已于2005年停止生产哈龙1211灭火剂,2010年停止生产哈龙1301灭火剂。

4)泡沫灭火器

泡沫灭火器又分为手提式泡沫灭火器、推车式泡沫灭火器和空气泡沫灭火器。

(1)手提式泡沫灭火器

适用于扑救一般B类火灾(如油制品、油脂等火灾)也可适用于A类火灾;但不能扑救B类火灾中的水溶性可燃、易燃液体的火灾(如醇、酯、醚、酮等物质火灾);也不能扑救带电设备及C类和D类火灾。

可手提筒体上部的提环,迅速奔赴火场。这时应注意不得使灭火器过分倾斜,更不可横拿或颠倒,以免两种药剂混合而提前喷出。当距离着火点10 m左右,即可将筒体颠倒过来,一只手紧握提环,另一只手扶住筒体的底圈,将射流对准燃烧物。在扑救可燃液体火灾时,如已呈流淌状燃烧,则将泡沫由近而远喷射,使泡沫完全覆盖在燃烧液面上;如在容器内燃烧,应将泡沫射向容器的内壁,使泡沫沿着内壁流淌,逐步覆盖着火液面。切忌直接对准液面喷射,以免由于射流的冲击,反而将燃烧的液体冲散或冲出容器,扩大燃烧范围。在扑救固体物质火灾时,应将射流对准燃烧最猛烈处。灭火时随着有效喷射距离的缩短,使用者应逐渐向燃烧区靠近,并始终将泡沫喷在燃烧物上,直到扑灭。使用时,灭火器应始终保持倒置状态,否则会中断喷射。

（2）推车式泡沫灭火器

适用于扑救一般 B 类火灾（如油制品、油脂等火灾）;也可适用于 A 类、F 类火灾;但不能扑救 B 类火灾中的水溶性可燃、易燃液体的火灾（如醇、酯、醚、酮等物质火灾）;也不能扑救 C 类、D 类和 E 类火灾。

使用时,一般由两人操作,先将灭火器迅速推拉到火场,在距离着火点 10 m 左右处停下,由一人施放喷射软管后,双手紧握喷枪并对准燃烧处;另一个则先逆时针方向转动手轮,将螺杆升到最高位置,使瓶盖开足,然后将筒体向后倾倒,使拉杆触地,并将阀门手柄旋转 90°,即可喷射泡沫进行灭火。如阀门装在喷枪处,则由负责操作喷枪者打开阀门。灭火方法及注意事项与手提式化学泡沫灭火器基本相同。由于该种灭火器的喷射距离远,连续喷射时间长,因而可充分发挥其优势,用来扑救较大面积的储槽或油罐车等处的初起火灾。

（3）空气泡沫灭火器

空气泡沫灭火器基本上与化学泡沫灭火器相同。但抗溶泡沫灭火器还能扑救水溶性易燃、可燃液体的火灾,如醇、醚、酮等溶剂燃烧的初起火灾。

使用时可手提或肩扛迅速奔到火场,在距燃烧物 6 m 左右,拔出保险销,一手握住开启压把,另一手紧握喷枪;用力捏紧开启压把,打开密封或刺穿储气瓶密封片,空气泡沫即可从喷枪口喷出。灭火方法与手提式化学泡沫灭火器相同。但空气泡沫灭火器使用时,应使灭火器始终保持直立状态、切勿颠倒或横卧使用,否则会中断喷射。同时应一直紧握开启压把,不能松手,否则也会中断喷射。

泡沫灭火器从出厂日期算起,达到如下年限的,必须报废:推车式化学泡沫灭火器——8 年;手提式化学泡沫灭火器——5 年。

9.4
消防安全检查

9.4.1 单位消防安全检查依据

1)《机关、团体、企业、事业单位消防安全管理规定》(公安部 61 号令)

2)《北京市公共场所消防安全管理办法》

3)《关于进一步落实消防工作责任制的若干意见》(国家三部局〔2004〕第 4 号)

4)各项消防安全制度(单位要有针对性地制订制度)

①消防安全教育、培训制度;

②防火巡查、检查制度;

③安全疏散设施管理制度;

④消防值班制度;

⑤消防设施、器材维修管理制度;

⑥火灾隐患整改制度;

⑦用火用电安全管理制度;

⑧易燃易爆危险物品和场所防火防爆制度;

⑨专职和义务消防队组织管理制度;

⑩灭火和应急疏散预案演练制度;

⑪燃气和电气设备检查、管理制度(防雷、防静电);

⑫消防工作考评、奖惩制度;

⑬消防安全责任人、管理人、重点岗位工作人员工作职责;

⑭特种岗位、重点部位管理规定;

⑮危险品管理制度(生产、储存、领用)。

5) 每日防火巡查内容

①用火、用电有无违章情况；

②安全出口、疏散通道是否畅通，安全疏散指示标志、应急照明是否完好；

③消防设施、器材和消防安全标志是否在位、完整；

④常闭式防火门是否处于关闭状态，防火卷帘下是否堆放物品影响使用；

⑤消防安全重点部位的人员在岗情况；

⑥其他消防安全情况。

6) 应责令当场改正的 8 项行为

①违章进入生产、储存易燃易爆危险物品场所的；

②违章使用明火作业或者在具有火灾、爆炸危险的场所吸烟、使用明火等违反禁令的；

③将安全出口上锁、遮挡，或者占用、堆放物品影响疏散通道畅通的；

④消火栓、灭火器材被遮挡影响使用或者被挪作他用的；

⑤常闭式防火门处于开启状态，防火卷帘下堆放物品影响使用的；

⑥消防设施管理、值班人员和防火巡查人员脱岗的；

⑦违章关闭消防设施、切断消防电源的；

⑧其他可以当场改正的行为。

7) 消防安全培训有关内容

①有关消防法规、消防安全制度和保障消防安全的操作规程；

②本单位、本岗位的火灾危险性和防火措施；

③有关消防设施的性能、灭火器材的使用方法；

④报火警、扑救初起火灾以及自救逃生的知识和技能；

⑤人员密集场所两个能力建设有关内容；

⑥组织引导在场群众疏散和知识和技能。

8) 应当接受消防安全专门培训的人员

①单位的消防安全责任人、消防安全管理人；

②专、兼职消防管理人员；

③消防控制室的值班、操作人员；

④其他特殊岗位工作人员（药剂室、高压氧室、制氧室）。

9）消防档案

消防档案应当包括消防安全基本情况和消防安全管理情况。消防档案应当翔实，全面反映单位消防工作的基本情况，并附有必要的图表，根据情况变化及时更新。单位应当对消防档案统一保管、备查。

（1）消防安全基本情况应当包括以下内容

①单位基本概况和消防安全重点部位情况；

②建筑物或者场所施工、使用或者开业前的消防设计审核、消防验收以及消防安全检查的文件、资料；

③消防管理组织机构和各级消防安全责任人；

④消防安全制度；

⑤消防设施、灭火器材情况；

⑥专职消防队、义务消防队人员及其消防装备配备情况；

⑦与消防安全有关的重点工种人员情况；

⑧新增消防产品、防火材料的合格证明材料；

⑨灭火和应急疏散预案。

（2）消防安全管理情况应当包括以下内容

①公安消防机构填发的各种法律文书；

②消防设施定期检查记录、自动消防设施全面检查测试的报告以及维修保养的记录；

③火灾隐患及其整改情况记录；

④防火检查、巡查记录；

⑤有关燃气、电气设备检测（包括防雷、防静电）等记录资料；

⑥消防安全培训记录；

⑦灭火和应急疏散预案的演练记录；

⑧火灾情况记录。

（3）消防奖惩情况记录

第（2）项规定中的第②③④⑤项记录，应当记明检查的人员、时间、部位、内容、发现的火灾隐患以及处理措施等；第⑥项记录，应当记明培训的时间、参加人员、内容等；第⑦项记录，应当记明演练的时间、地点、内容、参加部门以及人员等。

9.4.2　消防安全检查的内容

消防安全检查的内容，根据《中华人民共和国消防法》和《机关、团体、企业、实业单位消防安全管理规定》等的规定，主要有以下几个方面。

①防火安全组织是否健全,作用如何;

②防火安全管理制度是否健全,落实情况如何;

③职工的防火意识,每个员工的消防安全职责是否明确,公众聚集场所消防安全是否失控、漏管现象,消防能力能否满足适应需要;

④各防火分区的防火墙、防火分隔、防火门、防火卷帘、防火窗是否完整好用;

⑤内部装修材料的燃烧性能及其阻燃处理情况是否达到消防安全要求;

⑥疏散通道、出入口、疏散楼梯是否畅通,疏散标志、设施是否完整,消防电梯是否好用;

⑦避难器具的位置是否合理,数量、种类是否能满足要求,避难器具是否好用,职工是否会用;

⑧重点部位的事故照明是否可靠,常用电源和备用电源的切换是否可靠;

⑨备用电源是否完好,报警设备的分散布置是否合理,控制室是否有人值班,警铃联动情况如何;

⑩灭火器材的位置、数量、种类、维护情况如何,是否满足需要,完好情况如何;

⑪室外、室内消防栓的数量、压力、流量、配套情况、启动情况、维护状况是否良好;

⑫自动喷水设施的数量、安装、分布、标志是否符合要求,手动阀门是否灵活好用;

⑬排烟阀(窗)的位置是否合理,启动是否灵活,防火阀的数量和位置是否能满足要求,排烟和送风设备的运转是否正常;

⑭用火、用电的消防安全管理情况是否符合要求。

9.5

火灾隐患整改

9.5.1 火灾隐患整改的主要措施

1)防止形成爆炸性混合气体

(1)消除设备、管路的"跑、冒、滴、漏"

燃气设备、管路中最易发生泄漏的部位主要是设备的结合、连接部位,动密封部位,阀门密封部位等。泄漏的原因主要是产品质量差或选择不当,未定期保养、检修,日常维护差和使用不当等。

为了消除燃气泄漏,应选用合格产品并有必需的备件;坚持维护保养制度,加强日常维护;遵守安全操作规程,正确使用设备;对有故障的设备不准投入运行;经常进行巡回检查等。

(2)消除人为的燃气放散

燃气设备、管路检修中应严格遵守有关安全规定操作,设置检修火炬,不得随意排放燃气。对于目前尚存的不得已而人为放散现象,应尽快完善工艺系统和采取安全技术措施去解决。

(3)防止空气渗入设备

燃气设备、管道系统应确保密封良好,设备检修降压时,应保持一定的正压,防止空气渗入设备内形成爆炸性混合气。

(4)设置通风装置

燃气生产场所应装设通风装置,使空气流通,保证燃气浓度在允许范围以下。

(5)设置监测、报警装置

在燃气生产场所应设置监测、报警装置,以便及时发现险情采取处理措施。

2)消除着火源

①在燃气生产场所可能出现的着火源主要有:非防爆电器产生的电火花,电、气焊火花、静电火花,雷电火花,撞击火花,明火及其他着火源等。

②对于多种多样的着火源要采取严格措施将其消除和控制住,主要措施有:

a. 生产区所有电器使用防爆电器,定期检查、维修。

b. 严禁烟火,生产区内不准吸烟和带入火种。

③禁止拖拉机、电瓶车、兽力车进入生产区;机动车要装消火器,禁止进入生产车间;禁止在生产区修车、擦车,在燃气泄漏情况下禁止发动车辆。

④生产和检修作业应防止撞击、摔砸、强烈摩擦。应使用无火花工具或涂上黄油的工具。

⑤生产区检修动火或使用非防爆电器应按危险作业规定执行。

⑥燃气设备、工艺系统采取防静电措施。

⑦罐区及建筑物采取防雷措施。

⑧生产辅助区应严格控制着火源。在发生危险情况时,要能及时全部熄灭。禁止在厂区内随意设明火、烧纸,烧树叶、燃放鞭炮等。

9.5.2　危险作业的管理

生产区严禁烟火,但常因检修设备或施工,需要动火或使用非防爆工具,这就增加了着火和爆炸的可能。所以危险作业的管理是防火防爆工作的一个重要环节。

①需要进行危险作业时,应由单位负责人及有关人员对现场认真检查,制订作业方案,提出申请,经有关部门批准后方可实施。

②作业前应彻底清除燃气及可燃物,做好灭火准备工作,经仪器探测确认安全后,由作业的负责人下令,才能开始作业。

③作业中应有专人用仪器不断监测,发现异常情况时,应采取有效处理措施,必要时应停止作业。

④作业后应彻底检查,确保安全。

⑤配置消防设施和器材。

⑥成立安全、灭火组织:

燃气生产单位应成立安全组织,设防火负责人、安全干部(员)和义务消防队(组),还应定期进行演练。

⑦进行安全教育和安全检查:

a.要对全体职工进行安全教育,使职工掌握安全知识和初起火灾的灭火技能。结合岗位责任制使职工知道出现各种危险情况时的行动方法。

b.进行定期和日常安全检查,促进安全工作落实和及时发现事故隐患,对事故隐患应认真采取有效措施消除。

9.5.3　应急处置

燃气单位常见的紧急情况,一是燃气大量泄漏,二是已经发生着火或爆炸。

为避免或减少灾害损失,应早作准备,搞好事故预测,设想可能出现的事故,制订处置对策和人员行动方案,并加以演练,才能在危险情况出现时,迅速有效地处置。由于紧急情况的千差万别,处置方法应根据实际情况而定。下面讨论常见处置方法。

1)燃气大量泄漏时的处置方法

在这种情况下,燃气和空气混合,在一定空间形成爆炸性混合气,此时要千方百计防止着火源引起爆炸事故,然后设法消除泄漏。

①立即切断气源,关闭漏点上游阀门,然后关闭下游的阀门。

②严禁火种,迅速熄灭附近的明火,禁用非防爆电器,禁止机动车起动和穿行,防止

243

撞击、敲砸火花。

③在事故现场设警戒线、下风方向适当扩大警戒范围,禁止无关人员、车辆进入。

④厂房内漏气应进行通风。

⑤采取预制的卡箍、密封材料、木楔等进行堵漏。

⑥上述活动应有组织领导的进行,同时做好灭火准备工作。

2)燃气火灾处置方法

(1)发生初起小火时的处置方法

对于初起小火,必须抓紧战机立即现场扑救,几个人、几瓶干粉灭火器就有可能将火扑灭。此时,关键的是头脑要清醒冷静,行动要迅速果断,采取正确灭火方法。如果丧失战机火势扩大,灭火困难就会增大多少倍。

①立即用灭火器进行灭火。

②切断气源,关闭着火点上下游阀门。

③向全厂报警,必要时向"119"报警。

④组织力量同时用灭火器灭火,可以取得更好的灭火效果。

⑤设警戒线、熄灭明火,禁止无关人员、车辆进入。

⑥设法抢修堵漏。

⑦火灭后进行善后处置。

(2)发生大火或爆炸时处置方法

当发生大火或爆炸后引起大火时,单靠燃气单位职工的力量,一般是难以完成灭火、抢救任务。在公安消防队到来之前,应集中力量争取控制火势,尽量使火势不扩大或少扩大,同时尽速做好抢修的准备工作。

在大火情况下,泄漏的严重程度和能否消除是决定火势大小和能否扑灭的关键。若泄漏能较快消除,可以灭火和消除泄漏同时进行,或先灭火后消除泄漏。若泄漏不能短时间消除,是否能将火扑灭就值得考虑。因为即使将火扑灭,燃气仍继续泄漏扩散,会扩大危险区,而现场内温度高或有残火,极易引起二次燃爆。不如使泄漏处的燃气先维持稳定燃烧,将其作为一个"火炬"使用,为消除泄漏争取时间。

①燃气火灾的形成必须具备三个条件:

a. 燃气浓度;

b. 火源;

c. 助燃物(空气或氧)。

②预防措施

a.防止形成爆炸性混合气体;

b.消除着火源。

3)燃气火灾的扑救

灭火的基本方法有四种:即减少空气中的含氧量——窒息灭火法;降低燃烧物的温度——冷却灭火法;隔离与火源相近的可燃物——隔离灭火法;消除燃烧中的游离基——抑制灭火法。

火灾扑救的四种方法:

①冷却灭火法:就是向火场的燃烧点喷水或喷射灭火剂,使可燃物的温度降低到燃点以下,从而终止燃烧。这是扑救火灾时最常用的办法。冷却的方法主要是采取喷水或喷射二氧化碳等其他灭火剂。

②隔绝灭火法:是将燃烧物与附近可燃物隔离或者疏散开,从而使燃烧停止。这种方法适用于扑救各种固体、液体、气体火灾。

③窒息灭火法:即采用适当的措施,阻止空气进入燃烧区,或用惰性气体稀释空气中的氧含量,使燃烧物质缺乏或断绝氧气而熄灭。这种方法适用于扑救封闭式的空间及容器内的火灾。

④抑制灭火法:是将化学灭火剂喷入燃烧区使之参与燃烧的化学反应,从而使燃烧反应停止。这种方法灭火时,一定要将足够数量的灭火剂准确地喷射在燃烧区域内,使灭火剂参与和阻断燃烧反应,否则将起不到抑制燃烧反应的作用。同时还要采取必要的冷却降温措施,以防复燃。可使用的灭火剂有干粉和卤代烷灭火剂及替代产品。

采用哪种灭火方法实施灭火,应根据燃烧物质的性质、燃烧特点和火场的具体情况,以及消防技术装备的性能进行选择。有些火灾,往往需要同时使用几种灭火方法。这就要注意掌握灭火时机,搞好协同配合,充分发挥各种灭火剂的效能,迅速有效地扑灭火灾。

4)火灾自救与逃生

（1）火灾自救

火灾有初起、发展、猛烈、下降和熄灭五个阶段,建筑物起火后的 5~7 min 是灭火的最好时机,超过这个时间,就要设法逃离火灾现场。

一般而言,火灾的全过程需经历 5 个阶段,即初起、发展、猛烈、下降、熄灭。如果对初期火灾处置不力,导致到发展阶段,就必须考虑逃生。火灾现场温度惊人,大量的有毒烟雾会挡住人的视线,刺激眼睛和呼吸道,所以必须掌握火场逃生方法。

（2）火灾逃生的四个要点

①防烟熏；

②果断、迅速逃离现场；

③寻找逃生之路；

④等待他救。

（3）火场逃生自救的一般原则

当大火扑来，尽快脱离火境是上策。这时，首先需要的是镇静。要明确自己所处的楼层，观察分析周围的火情。明确楼梯和楼门的位置和走向。千万不要盲目开窗开门，不要盲目乱跑、跳楼。在冲过着火地带过程中，如果火势尚不太猛，可以穿上浸湿的不易燃烧的衣服或裹上浸湿的毯子，地面上如有火焰，可以穿上雨鞋。要迅速果断，不要吸气，以免被浓烟熏呛窒息，有条件的可以用毛巾捂住口鼻。如果楼梯已被隔断，可以用绳索系在窗棂或其他固定物上，顺绳慢慢下滑，要浸湿绳子，选择没有火的方向，防止在下滑过程中绳子被烧断。如建筑物上有铸铁水管的，也可以沿着水管下楼，但要注意下面的铸铁管道是否已被火焰烘烤，以免因管道烫手而坠楼身亡。

（4）正确的避难措施

①要首先选择在有水源和能同外界联系的房间作为避难间。

②关闭迎火的门窗，打开背火的门窗进行呼吸，等待救援。

③用湿毛巾、床单等物堵住门窗缝隙或其他孔洞，或挂上湿棉被或不燃物品，并不断洒水，防止烟火渗入。

④不停用水淋透房间，弄湿房间的一切东西包括地面，延缓烟火，赢得救援时间。

⑤用湿毛巾捂住口鼻，防止被浓烟呛伤和热气体灼伤。

⑥如大火进入房间，利用阳台或爬出窗台，避开烟火和熏烤。

⑦积极与外界联系呼救（如房间有电话要及时报警，报告自己的方位；无电话，白天可用各色的旗子或明显的标志向外报警，夜间要打开电灯或手电筒报警）。

（5）火灾逃生的具体方法

①熟悉环境，临危不乱。为了自身安全平时就要留心所处建筑的疏散通道、安全出口以及楼梯方位等，以便在关键时刻能尽快逃离。

②明辨方向，迅速撤离。突遇火灾时，首先要保持镇静，千万不要盲目地跟从人流和相互拥挤、乱冲乱撞。要注意朝明亮处或外面空旷地方跑，要尽量往楼层下面跑，若通道已被烟火封阻，则应背向烟火方向离开，通过阳台、门窗等通往室外逃生。

③生命第一、不贪财物。在火场中，人的生命最重要，不要顾及贵重物品，把宝贵的逃生时间浪费在搬运贵重物品上。已逃离火场的人千万不要重返险地。

④注意防护,掩鼻匍匐。火场逃生时,尽量用浸湿的毛巾或布蒙住口鼻过滤烟气,减少烟气的吸入。经过充满烟雾的路线,如烟不太浓,可俯身前行;如烟较浓,则须匍匐爬行(在贴近地面的空气中,浓烟危害往往是最低的)。另外,也可以采取向头部、身上浇冷水或用湿毛巾、湿棉被、湿毯子等将头、身裹好后冲出去。

⑤善选路径,安全撤离。规范标准的建筑物,都会有两条以上的逃生楼梯、通道或安全出口。发生火灾时,要根据情况选择进入相对较为安全的楼梯通道。还可以利用建筑物的阳台、窗台、屋顶等攀登到周围的安全地点。高层楼着火时,切忌乘普通电梯撤离。

⑥坚壁清野,固守待援。假如用手摸房门已感到烫手,此时一旦开门,火焰与浓烟势必迎面扑来。此时,首先应关紧迎火的门窗,打开背火的门窗,用湿毛巾、湿布等塞住门缝,或用水浸湿棉被,蒙上门窗,然后不停用水淋透房间,防止烟火渗入,固守房间,等待救援人员到达。

⑦传送信号,寻求援助。被烟火围困时,尽量待在阳台、窗口等易于被人发现和能避免烟火近身的地方。利用电话、手机等通信工具求救。若被困于室内,卧着呼救比站着呼救效果好,即可以将声音向四周扩散,又可以防止吸入过多浓烟。在白天可向窗外晃动鲜艳的衣物等;在晚上,可用手电筒不停地在窗口闪动或敲击东西,及时发出有效求救信号。甚至可采用向外扔花盆、水壶等声响大或引人注意的东西,敲打一些可产生较大声响的金属物品等办法,引起救援人员的注意。在被烟气窒息失去自救能力时,应努力滚到墙边或门边,便于消防人员寻找、营救、也可防止房屋塌落时砸伤自己。

⑧滑绳自救,跳楼避险。高层、多层建筑发生火灾后,可迅速利用身边的绳索或床单、窗帘、衣服等自制简易救生绳,并用水打湿后,从窗台或阳台沿绳滑到下面的楼层或地面逃生。如果被困三楼以上,跳楼是非常危险的行为,可导致重伤甚至死亡。因此,首选能够争取救援时间的措施;若条件具备也可等待消防队员准备好救生气垫。

⑨开辟通道,火里逃生。此法用于具有一定灭火设施的场所和具有灭火防护知识的人员,在所有常规的逃生通道被火封锁的情况下变被动为主动的一种方法,比如用墙壁消火栓内水枪或灭火器开辟通道或用工具砸开隔板墙或玻璃幕墙逃到其他房间、楼层。

⑩留心疏散通道、安全出口、楼梯和太平门的方位。

⑪进住旅馆时,最好按照门后的疏散路线图实地走一遍。

⑫查看防毒面具放置位置并了解使用方法。

⑬记住水火栓、灭火器和报警器的位置。

以上是一般的逃生方法,要根据火灾的实际情况和地形环境,机智灵活地选用最佳安全有效的方法逃生。

（6）人身着火的处理方法

在火场中很难避免人身上不被火烧着，一旦身上着火，人们往往是惊慌失措，不知该如何处理，忙乱之中导致火非但不熄灭反而越来越大，造成不可挽回的伤亡。在人身上着火后可以遵循以下几点：

①不能奔跑，应就地打滚。

②如果条件允许，可以迅速将着火的衣服撕裂脱下，浸入水中，或掼、或踩，或用灭火器、水扑灭。不宜用灭火器直接往人身上喷射。

③倘若附近有河、塘、水池之类，可迅速跳入浅水中，但如果烧伤面积太大或程度较深，则不能跳入水中，防止细菌感染或其他不测。

④如果有两个以上的人在场，未着火的人要镇定，立即用随手可以拿到的麻袋、衣服、扫帚等朝着火人身上的火点覆盖、扑、掼、或帮助撕下衣服，或将湿被单等把着火的人包裹起来。

5）119 报警

报警时要沉着冷静，正确简洁说清着火单位的名称及详细地址、着火部位、着火物资、火情大小以及报警人的姓名和电话号码，报警后迅速到路口等候消防车，并指引消防车去火场的道路。

6）"三知、三会"

①"三知"：知易发生火灾的部位；知事故应急方案；知灭火方法。

②"三会"：会使用灭火器材；会报警；会自救。

9.5.4　常用的消防安全标志

（1）火灾爆炸危险场所或物质的标志

此类标志背底为白色，符号为黑色，圆圈和斜线为红色，见图9.1。

（2）警告火灾标志

这类标志对人们有警示、告诫作用。该标志为正三角形，背底为黄色，符号和三角形为黑色，见图9.2。

（3）火灾报警和手动控制装置的标志（图9.3）

（4）火灾疏散途径的标志（图9.4）

禁止用水灭火　　　禁止吸烟　　　　禁止烟火

禁止带火种子　　　禁止放易燃物　　禁止燃放鞭炮

图9.1　火灾爆炸危险场所或物质的标志

当心火灾（易燃物质）　当心火灾（一氧化物）　当心爆炸（爆炸性物质）

图9.2　警告火灾标志

消防手动启动器　　　发声警报器　　　　火警电话

图9.3　火灾报警和手动控制装置的标志

图9.4　消防通道标志

（5）紧急出口标志(图9.5)

（6）滑动开门标志(图9.6)

图9.5　紧急出口标志　　　　图9.6　紧急出口滑动开门标志

（7）方向辅助标志

①道方向（逃生路线方向箭头），见图9.7。

图9.7　逃生路线标志

②灭火设备或报警装置的方向，见图9.8。

图9.8　灭火设备或报警装置标志

③禁止阻塞，见图9.9。

④禁止锁闭，见图9.10。

图9.9　禁止阻塞标志　　　　图9.10　禁止锁闭标志

（8）推开、拉开、击碎板面等标志（图9.11）

推开、拉开标志置于门上，用来指示门的开启方向。形状为长方形或正方形，背底为绿色，符号为白色。

推开　　　　　　　　　　　拉开

图9.11　推开拉开标志

击碎板面标志可以用于指示以下内容（图9.12）：

a.必须击碎玻璃才能拿到钥匙或拿到开门工具；

b.必须击碎玻璃才能报警；

c.必须击碎、打开板面才能制造一个出口。

（9）文字辅助标志（图9.13）

图9.12　击碎面板标志

图9.13　文字辅助标志

（10）灭火设备的标志

灭火设备的标志是用以表示灭火设备存放或存在的位置,它告诉人们如发生火灾,可供随时取用。常用的灭火设备分别以图形表示,并且与方向辅助标志、文字辅助标志一起联用,见图9.14。

消防水带　　　灭火器　　　地上消火栓　消防水泵接合器　灭火设备　　地下消火栓

图9.14　灭火设备的标志

9.6

消防管理效果

9.6.1　消防管理效果

消防管理效果是消防活动中人、财、物、三要素在一定的时间和空间内相互作用的结果,是管理活动最终的综合体现。企业消防管理效果集中地体现在社会效果和经济效果两个方面。以最少的投入,有效地保卫了生产和建设、减少火灾或者避免火灾为经济效果。在社会主义企业里,使职工有高度的安全感并能安居乐业为社会效果。

1）管理效果分析

管理效果分析主要是研究分析效果的结构,各组成部分的内在联系,为评价管理效果打下基础。

（1）结构构成

效果构成是多方面的,从效果作用看,分社会效果和经济效果;从时间上看,分近期效果和远期效果;从管理范围上看,分社会管理效果、监督机关管理效果和企业自身效果。

①社会效果和经济效果

所谓社会效果时根据社会对消防安全的需求,采取的一系列的管理活动而产生对社会消防安全的满足程度和消防管理活动对社会产生的影响。具体地说,社会效果主要表现在消防安全对社会秩序、生产秩序、生活秩序、工作秩序带来的影响;广大人民群众是否有安全感,人民的生命安全是否有保障;通过消防管理活动促使人们对消防安全意识和行动上的转变。社会效果和经济效果是有区别的,不可相互替代。评价管理效果就要认真地考察和衡量这两个方面。

经济效果好,社会效果不一定好。如有较大政治影响的国家首脑机关、外宾活动场所、古迹、文物场所及人民群众活动较集中的场所,发生火警火灾是无法用经济来计算的。尽管有的经济损失不大,但政治影响极坏,社会效果显然不好。社会效果和经济效果是可以相互作用、相互促进的,好的社会效果可以带来好的经济效果。消防管理效果必须实现这两个效果的统一,任何轻视某一种都是错误的。企业发生火灾后,职工会感到缺乏安全感,进而可能想调离危险岗位,或到安全条件好的单位去。同时,企业经常失火,没有安全保障,在社会经济交往中和产品市场竞争中失去社会信任。

②近期效果和远期效果。近期效果就是根据近期消防安全需求,经济建设的需求,看消防安全是否得到满足,根据需求而采取的一系列措施是否能产生立竿见影的效果,很快得到收效。远期效果是在更长一些的时间里才显示的收效,它的需求在未来,管理工作收效在未来。眼前的效果可以成为未来效果的基础。消防管理必须实现两个效果的结合。任何只重视近期效果而忽视远期效果,或纸重视远期效果的做法都是不明确不正确的,也是有害的。

③社会消防管理效果,消防监督机关管理效果和企业自身管理效果。社会管理效果是党、政、群共同参与消防管理,齐抓共管,综合治理产生的效果。这种管理效果可以用定量的分析方法加以评定。消防监督机关管理效果是专门机关在实施监督时所产生的效果。这种效果有些方面可以采取定量方法评定、但主要是采用定性的方法分析和评定。企业自身管理效果是主要的。因为企业消防工作大量是企业自主管理,通过各种手段来实现消防安全目标,达到应有效果。区别这三种效果很有现实意义。一方面可以调动社会、企业单位和消防监察机关三者的积极性;另一方面更好地区分三者小消

防管理中的责任,正确评价三者功绩。

(2)消防管理效果的制约因素

消防管理与其他各种管理一样,都受到各种条件和各种因素的制约和影响。只有分析清楚这些条件和因素,对它们有整体认识,才能系统地发挥各种因素在管理中的作用,积极主动地克服各种不利因素,努力提高管理效果。从总体上讲,消防管理效果的作用因素主要有:

①经济因素:根据国家、社会和企业的经济实力,给予消防方面的经费投入,能否满足或者基本满足消防实际需要,是消防工作能够形成保障功能。如果费用较少,满足不了实际需要,改善条件、开展各项消防活动、发展消防事业都会成为空话。消防管理效果也大受影响。

②社会因素:包括伦理、法律、社会制度等方面,都对管理效果产生巨大影响。特别是社会成员的消防安全意识和觉悟更加重要。社会成员消防安全意识强,群众消工作的积极性、主动性、创造性就强。社会成员的思想觉悟高,国家财产和人民生命就会免遭或少遭火灾损坏。

③科技因素:科学技术的发展也直接对消防管理效果产生影响。在消防管理中,认识火灾规律,预防、发现、消灭火灾和防火、灭火、宣传等设备的研制和改进,都依赖于科学技术的进步。一个认识上的突破,一项新技术在消防中的应用都必然推动消防管理的发展,大大提高管理效果。

④管理因素:有了经济、技术、社会等方面有利因素还不够。还应有科学管理这个关键因素,靠科学管理来组织、协调、运用。若管理跟不上,有利因素也可能得不到充分的利用和发挥;管理水平高,可以能动地创造条件不断克服各种不利因素。管理因素包括管理人员、管理手段和管理方法。消防管理人员的素质影响管理手段和管理方法的运用和提高,特别是当前先进的管理手段和科学的管理方法在消防工作中得到广泛应用。消防管理人员适应不适应这样的变化,能不能在现代管理中当内行,又影响着消防管理效果。没有一定数量和素质的管理者,没有先进的管理手段和科学的管理方法,谈提高管理水平,取得好的管理效果是完全办不到的。

从我国现状看,以上影响消防管理效果的几个方面,有些方面是共同的,而管理水平的因素则是千差万别的,各不相同的。因此,一个地区,一个单位消防管理效果如何,主要是从管理水平上反映出来的。也就是说现实的消防安全效果主要表现在消防管理水平的高低。

2）效果评价

消防管理效果评价,是对社会消防管理、企业消防管理和监督机关的监督管理进行综合论证、分析、比较、评价,是整个消防管理活动中不可忽视的重要环节。对端正消防工作的指导思想、树立经济观念、建立科学的系统的指标体系和工作标准、深入研究管理方法、提高管理水平、准确评论管理工作中的功绩、总结经验教训、区别前进和后进、调动工作积极性都起着更大作用。效果评价的方法多种多样。对消防管理工作的评价采用什么方法,应在哪些方面进行评价才能总括权衡、更加切合实际,是一个十分值得研究的问题。

（1）评价原则

管理效果评价必须坚持社会效果和经济效果相合的原则。建立相同的目标,满足相同的条件,运用相同的原始资料。评价时,还必须具备下列原则:客观条件可比,满足需求可比,时间可比,消耗费用可比。

①客观条件可比:从区域效果评价来看,A市B市两者之间相比较,应该考虑客观条件是否一致,或者大体相似。这些客观条件主要包括:人和人口密度、建筑密度、国民经济总产值、主要生产性质等几方面。如果这些条件差别较大就不好比较。只有在这些客观条件大体相同的情况下,评价管理工作效果才接近客观实际,结论才比较准确。如大城市、中等城市、小城市、地区与市、市与县、县与市,它们之间的客观条件都是不同的,因此就不能简单地、不考虑客观条件地进行比较。

②满足需求可比:从消防安全需求来看,在单位之间进行比较时,首先要看满足安全需求是否相一致或者基本相似。如化工厂与窑厂,各自消防安全要求不尽相同。化工生产一旦有一点火星即可能产生燃烧爆炸,造成重大损失。而砖瓦厂的生产则不会。这两个单位简单地用同样的指标数字来衡量也就反映不出效果来,必须充分考虑安全、需求关系。

③时间可比:任何两者的比较,都建立在相同的基础之上,对两者在同一时期内实现的消防安全效果进行比较,离开了共同的时间基础,就无法进行比较。

④消耗可比:在进行计划方案比较时,对每一方案的比较,必须建立在统一消耗的标准上,如果对一方案采用一种消耗计算标准,对另一方案采取另一种消耗计算标准,统计方法不同,就无法进行比较。

（2）评价程序

①确定目标:确定目标并进行目标分析,是分析评价工作最重要的一环。目标错

了,会给工作造成整个失误和浪费。目标就是评价工作的标准,是对今后工作的要求。因此要能够更全面反映效果实质,体现管理效果的最主要部分。目标要具体、明确、要有长远观点,要把目标放在未来的工作产生更大效果的基础上;还要有总体观念,目标往往有多重性,应把目标集中于反映总体效果的问题上;要分主次,区别主要目标和次要目标。两者矛盾时,尽量统筹兼顾,次要目标应服从主要目标。

②限制条件分析:限制条件分析能否达到目标,往往要受各种条件的限制。因此在进行限制条件的分析时,特别要注意个性限制条件,即比较的双方只有一方受限制。当然事情都不是绝对的,一方在这方面不受限制,而在那方面又可能受到限制,这就需要评价者清醒认识和分析各自限制条件,加以区别和修正。

③收集资料,调查研究:资料是分析评价的基础,一定要占有尽可能完备的资料。有些要从不同场合、不同的侧面进行认真细致、深入调查研究。抽样定性分析和看、听、议等都要综合交叉进行。收集和调查方法可酌情选定。

④列出对比方案:没有对比就无法选优。在进行评价时,应该预订几个可行性方案,单方案是评价工作中最忌讳的事。

9.6.2 火灾统计

在社会中,任何事物现象,不仅有质的方面,也有量的方面,二者是辩证的统一。通过数量方面认识事物,就可以使人们认识更加深刻、更加具体、更加明确。在消防管理中,某地的火灾发生次数、各种类型火灾的比例结构、火灾发生变化规律和发展趋势都要进行统计和分析。如果不能及时地掌握和了解它的基本数量,并及时进行数量分析,就不可能做出正确计划、决策和工作指导,因而也就不可能取得工作的主动权,工作也就难以获得成功。

①火灾统计是认识火灾的有力武器。对火灾的复杂现象,要得到全面的、正确的认识和了解,没有一条科学方法是不行的,火灾统计就是从数量上认识火灾的科学方法,统计是社会认识的最有力武器之一。

②统计是检查效果的重要手段。如何评价管理效果,其中一个重要方法就是要进行定量分析和评价。如果没有数量统计结果提供给评价者,评价工作就无法进行。正确的评价来源于精确的统计,因此统计工作是评价效果的基础,统计是检验效果的重要手段。

③统计可以作为监督检查工作提供数据,确保实现有效的监督,做到对监督对象心中有数。通过统计方法,及时提出准确全面的数字材料,供有关方面做出正确的判断和决定,采取有效措施,有的放矢进行监督工作。监督离开了统计,就会使工作陷入盲目

性,结果是情况不明、问题成堆、工作搞不好、管理无效果。

④火灾统计。消防监督机关把本区域内所属各类火灾认真、准确、及时地进行统计,填写各类报告表,并按原定的要求逐级报告。

⑤统计分析。把统计分析取得的本区域火灾数据资料,利用数学和图表方法进行分析研究,在各种数据中寻找规律性东西。并拟写分析报告,提出工作意见和建议。

⑥提供服务。为消防管理活动中的计划、宣传、监督、科研和领导者提供素材、资料和依据。

9.6.3　火灾统计原则

(1)真实性原则。统计工作的真实性,是统计工作的生命线。统计数字的真实是统计工作最基本的要求。失真的、错误的统计会造成领导决策失误,统计工作也就失去了它的意义和作用。因此,统计工作一定要坚持实事求是,尊重客观实际,如实地反映情况。反对瞒报、虚报统计的内容和数字。

(2)科学性原则。统计工作科学性主要表现在系统指标结构的科学性方法、手段的科学性。指标结构要求要有一个放映事物全面的、系统的指标体系。指标和数字还应能够准确、深刻地反映问题实质。统计方法和手段科学性,要求以最少的投入获得最好的效果,目前采用了电子计算机进行迅速、精确、全面的火灾统计。

(3)统一性原则。火灾统计工作的统一性,是指全国性统计,必须按照全国规定的统计范围、统计项目、计算方法、计算标准、报告时间等。如果没有这样的统一性,每个地区、每个单位各行其是,这样的统计数字,就不能反映火灾现象,也就失去了统计的作用。因此,统计工作必须维护高度的统一性。

9.6.4　火灾统计的内容

为了得到火灾形成、发展、扑救、危害等有关方面的综合统计资料,必须对下列各方面的内容进行认真统计。

①火灾的种类:可分为建筑物火灾、露天火灾、交通运输工具火灾、其他火灾等。

②火灾时间:包括起火时间、发现时间。

③火灾所在地:对火灾发生的单位和部位作详细的统计(即发生火灾的单位是什么属于什么系统,哪个行业,具体的起火部位等)。

④火灾原因:要填写起火源、起火物和具体原因、途径和间距。

⑤火灾损失:包括建、构筑物,设备和其他财产损失。

⑥火灾伤亡:指整个火灾伤亡人数,包括轻、重伤。

⑦灭火时间:记录接警、出动、到场、出水、控制、扑灭等整个灭火过程的时间。

⑧火灾气象:火场上的风向、风力等气象变化。

⑨灭火战斗:统计灭火战斗部署、战斗成果、补救措施、存在问题、基本评价等一系列内容。

学习鉴定

1. 填空题

(1)燃烧需要具备三个条件或三要素:＿＿＿＿＿＿、＿＿＿＿＿＿ 和 ＿＿＿＿＿＿。这三个条件必须同时存在,相互作用,才可以发生燃烧,也就是产生了火。

(2)灭火器的类型有＿＿＿＿＿＿、＿＿＿＿＿＿、＿＿＿＿＿＿、＿＿＿＿＿＿。

(3)在燃气生产场所可能出现的着火源主要有＿＿＿＿＿＿、电、＿＿＿＿＿＿、静电火花、＿＿＿＿＿＿、＿＿＿＿＿＿、明火及其他着火源等。

2. 问答题

(1)燃气大量泄漏时有哪些处置方法?

(2)燃起火灾扑救有哪些方法?

10 职业卫生与个体防护

核心知识

- 职业中毒的防护
- 劳动防护用品的作用及种类
- 劳动防护用品的发放和使用
- 防护设备和检测设备使用说明

学习目标

- 了解职业卫生相关术语
- 熟知生产性有害因素的种类
- 熟知生产性有害因素对人体的危害
- 了解生产性毒物的产生及分类

10.1

职业卫生

10.1.1 生产过程中可能存在的有害因素

1) 生产性有害因素的种类

生产性有害因素,是指在生产劳动过程中,因生产需要或伴随生产而产生的可能对劳动者身心健康产生有害作用的因素。生产性有害因素按其性质主要可分为下述几类:

(1)物理性有害因素

①不良气象条件,如高温、低温、高低气压、高湿;

②电磁辐射,包括电离辐射和非电离辐射,如 X 射线、γ 射线、微波、高频电磁场、红外线、紫外线、激光;

③噪声、超音、振动等。

(2)化学性有害因素

①有毒物质,即能引起急性或慢性中毒的化学物质,如铅、汞、苯、氯、一氧化碳、农药;

②粉尘,经呼吸道进入人体可以引起尘肺病,如矽尘、石棉尘、煤尘、有机粉尘等。

(3)生物性有害因素

常见的有炭疽杆菌、布氏杆菌、森林脑炎病毒等。

(4)其他有害因素

①劳动组织不合理,如作业强度过大、劳动时间过长、轮班制度和休息制度不健全或不合理;

②强制体位,由于机器或工具不适合于人的解剖生理特点,引起个别器官或系统过度紧张;

③生产场所的卫生技术设备不完善,如厂房面积不足、机器安放过密、缺少防尘和防毒设备、照明条件差等。

2) 主要生产性有害因素

①生产性毒物：如铅、锰、铬、汞、有机氯农药、有机磷农药、一氧化碳、二氧化碳、硫化氢、二氧化硫、氯、氯化氢、甲烷、氨、氮氧化物等。

②生产性粉尘：如滑石粉尘、铅粉尘、木质粉尘、骨质粉尘、合成纤维粉尘。

③异常气候条件：生产场所的气温、湿度、气流及热辐射。

④辐射线：指生产环境中可能接触到的各种射线，如红外线、紫外线、X射线、无线电波等。

⑤高气压和低气压。

⑥生产性噪声和振动。

3) 生产性毒物的产生及分类

在生产过程中使用或产生的各种对人体有害的化学毒物，称为生产性毒物。

生产性毒物可能存在于生产过程的各个环节。生产中的原料、辅料、半成品、成品、副产品、废弃物和夹杂物等，都可能是生产性毒物的来源。

生产性毒物的分类方法很多。按物理形态可分为气体、蒸气、气溶胶（烟、雾）、粉尘等；按化学成分结合形态可分为无机毒（金属与金属盐、酸、碱、其他无机物等），有机毒（脂肪族碳氢化合物、芳香族碳氢化合物、其他有机物等）；按毒物对机体产生的毒作用，可分为窒息性毒物、刺激性毒物、神经性毒物、血液性毒物、全身性毒物。

将毒物的存在形态、作用特点和化学结构等各种因素综合起来进行综合性分类，生产性毒物可分为金属、类金属毒物，刺激性、窒息性毒物，有机化合物；高分子化合物，农药等几类。

4) 生产性有害因素对人体的危害

①接触生产性毒物，可能引起各种职业中毒，如汞中毒、苯中毒等。

②长期接触生产性粉尘，可能引起各种尘肺，如石棉肺、煤肺、金属肺等。

③在高温和强烈热辐射条件下作业，可能引发热射病、热痉挛、日射病等。

④潜水作业在高压下进行，可能引起减压病。

⑤高山和航空作业，可能引发高山病或航空病。

⑥试验发动机作业、纺织作业，强烈的噪声作用于听觉器官，可引起职业性耳聋。

⑦畜牧、皮毛皮革作业中，可能受炭疽杆菌感染而引起职业性炭疽。

⑧森林作业中，可能因病毒感染而引发职业性森林脑炎。

5）生产性毒物对人体的危害

表 10.1　作业环境中有害物质对人体的作用

状态	对人体作用分类	举例
气体、蒸气（含烟雾）	1. 单纯窒息性物质	在环境中大量存在因氧含量下降而引起窒息，如氮气、二氧化碳、烷烃类等
	2. 刺激上呼吸道的物质	因其化学作用而引起窒息，如一氧化碳、氰化物等
	3. 刺激上呼吸道的物质	刺激鼻、喉，引起炎症的物质，如氨、二氧化硫、甲醛、醋酸乙酯、醋酸甲酯、硒化物、苯乙烯等
	4. 刺激肺脏的物质	强烈刺激肺部，引起肺炎、肺气肿、肺水肿，如氯气、光气、二氧化氮、臭氧、溴、氟、二甲基硫酸、羰基镍、氧化镉等
	5. 损害中枢神经的物质	作用于中枢神经系统，引起麻醉、麻痹及其他中枢神经障碍，如醇类、脂肪烃（二硫化碳、环乙烷、汽油）芳香烃等
	6. 损害肝肾的物质	作用于肝肾部位，引起各种肝肾疾患，如苯、甲苯、二甲苯、卤代烃（四氯乙烷、四氯化碳、氯仿）、酮类（丙酮、丁酮、甲基丁基酮）、硫化氢、锰、四乙铅、氯代烃（氯仿、四氯化碳）、三硝基甲苯（TNT）、氯萘等
	7. 损害造血器官和血液的物质	如苯、铅、砷化氢、四氢呋喃、苯胺、硝基苯等
	8. 引起金属热的物质	引起称为金属热的一时性发热症状，如锌、铜、黄铜等
	9. 引起牙酸蚀症的物质	如氯气、盐酸、硫酸、硝酸等
	10. 致癌物	如羰基镍、沥青、苯等
粉尘	1. 引起哮喘的物质	如动、植物类的粉尘
	2. 引起尘肺的物质	吸入后引起肺部纤维增殖化、结节化，如矿物、某些有机物
	3. 引起全身性中毒的物质	作用于种种组织器官，引起全身性中毒症状，如多种无机元素（铅、砷、镉、锰、黄磷等）
	4. 致癌物	如沥青、β-萘胺、联苯类、砷等

10.1.2　预防职业病的主要措施

①技术革新、改革生产工艺。如以无毒或低毒的物质代替有毒或剧毒的物质,以低噪声设备代替高噪声设备等。生产过程实现机械化、自动化,从而减少工人与有害因素接触的机会。

②采取通风法、排毒、降噪、隔离等技术性措施来降低或消除生产性有害因素。

③加强生产设备的管理,防止毒物的跑、冒、滴、漏污染环境。

④对新建、改建、扩建和技术改造项目进行"三同时"审查,确保这些项目完成后有害因素的浓度或强度可以达到国家标准。

⑤制订和严格遵守安全操作规程,防止发生意外事故。

⑥加强个人防护,养成良好的卫生习惯,防止有害物质进入体内。

⑦合理安排休息制度,注意营养,增强机体对有害物质的抵抗能力。

⑧对接触生产性有害作业的工人,进行就业前体格检查和定期体格检查,及早发现禁忌证及职业病患者,及早进行处理。

⑨根据国家制订的一系列卫生标准,定期检查作业环境中生产性有害因素的浓度或强度,及时发现问题,及时解决。

10.2

职业中毒的防护

10.2.1　生产性毒物进入人体的途径

在劳动生产过程中,由于接触生产性毒物引起的中毒,称为职业中毒。

毒物进入人体的途径有三种:即呼吸道、皮肤和消化道。其中最主要的途径是经呼吸道进入人体,其次是经皮肤进入人体。而经消化道进入人体的,仅在特殊的情况下发生。

10.2.2　预防生产性毒物的个体防护措施

接触毒物作业工人的个体防护有特殊意义。根据有毒物质的性质、有毒作业的特点和防护要求,在有毒作业环境中应配置事故柜、急救箱和个人防护用品(防毒服、手套、鞋、眼镜、过滤式防毒面具、长管面具、空气呼吸器、生氧面具等），人体冲洗器、洗眼器等。卫生防护设施的服务半径应小于 15 m。

属于作业场所的防护用品有防护服装、防尘口罩和防毒面具。

1）防护装备

（1）防护服装

防护服装包括防护服、鞋、帽、眼镜、手套等。为防止毒物经皮肤侵入人体或损伤人体，对防护服装的选择、设计应有利于防毒、轻便、耐用，不影响体温调解。

防护服应有专用柜存放，禁止穿防护服去食堂、浴室、宿舍等。防护服装应经常清洗、保持卫生，必要时进行化学处理。

（2）防毒口罩和防毒面具

防毒口罩和防毒面具属于呼吸防护器，种类很多，据防护原理可分为过滤式和隔离式两大类。

①过滤式：将空气中的有害物质过滤净化，达到防护目的。在作业场所空气中有害物质的浓度不很高的情况下，佩戴此类防护器。

②隔离式：佩戴者呼吸所需的空气（氧气），不直接从现场空气中吸取，而是由另外的供气系统供给。这种防护器多用于空气中有害物质浓度较高的作业场所。

2）防护措施

（1）防缺氧、窒息措施

针对缺氧危险工作环境（密闭设备：指船舱、容器、锅炉、冷藏车、沉箱等；地下有限空间：指地下管道、地下库室、隧道、矿井、地窖、沼气池、化粪池等；地上有限空间：指储藏室、发酵池、垃圾站、冷库、粮仓等）发生缺氧窒息和中毒窒息（如二氧化碳、硫化氢和氰化物等有害气体窒息）的原因，应配备（作业前和作业中）氧气浓度及有害气体浓度检测仪器、报警仪器、隔离式呼吸保护器具（空气呼吸器、氧气呼吸器、长管面具等）、通风换气设备和抢救器具（绳缆、梯子、氧气呼吸器等）。

（2）急性中毒的表现及抢救

如果发现了急性中毒患者，应当立即抢救。首先迅速、准确地判断引起中毒的途径，阻止毒物继续侵入人体。如果毒物是经呼吸道进入人体，应立即将患者送离现场，移到空气新鲜处，并保持患者呼吸道畅通；如果毒物经皮肤侵入人体，应立即除去受毒物污染的衣物，用清水或解毒剂彻底清洗受污染的皮肤表面；如果毒物经口腔侵入人体，应立即采取催吐和保护胃黏膜的措施。对于已出现昏迷患者要特别加以注意（抢救时要特别注意呼吸衰竭、循环衰竭、心功能衰竭、肾功能衰竭等严重危及生命的紧急情况），及时采取积极有效的急救措施，争取尽快将病人送往医院。

10.3

其他有害因素的防护

10.3.1 预防粉尘伤害的措施

1）技术措施

①工艺改革：以低粉尘、无粉尘物料代替高粉尘物料，以不产尘设备、少产尘设备代替高产尘设备是减少或消除污染的根本措施。

②密闭尘源：使用密闭的优良生产设备或者将敞口设备改成密闭设备，是防止和减少粉尘外逸，造成作业场所空气污染的重要措施。

③通风排尘：受生产条件限制，设备无法密闭或密闭后仍有粉尘外逸时，要采取通风的方法，将产尘点的含尘气体直接抽走，确保作业场所空气中粉尘浓度符合国家卫生标准。

2）组织管理措施

①加强防尘工作领导：各级领导应把防尘工作作为生产中的大事来抓，确保有一定的资金投入，用于防尘设施的改善。

②加强防尘工作的宣传教育：宣传粉尘知识、粉尘危害知识、防尘设备使用常识、个人防护用品知识的宣传培训使作业者对粉尘危害有充分的了解和认识。

③加强维护管理：投入使用的各种除尘设备要加强检查、维护，确保设备的良好、高效运行。

3）个人防护措施

受生产条件限制，在粉尘无法控制或高浓度粉尘条件下作业，必须合理、正确使用防尘口罩、防尘服等个人防护用品。

4）卫生保健措施

定期对作业人员进行体检，对从事特殊作业的人员应发放保健津贴，有作业禁忌证的人员，不得从事接尘作业。

10.3.2 预防噪声危害的措施

噪声危害的发生和程度主要决定于噪声强度、接触噪声时间、噪声的频率及频谱特性、接触者的敏感性等因素。因而要预防其危害需从以上几方面着手，主要措施如下：

（1）改造声源、降低噪声

通过技术革新，把发声物体改造为不发声或发声小的物体是根本措施。

（2）对噪声传播途径采取措施降低噪声强度

具体又可分为：把高噪声机器与低噪声机器分开布置；采用消声器或用消声、吸声、隔声材料阻隔声源。

（3）加强个人防护

最常用的方法是佩戴耳塞、耳罩、防声帽。

（4）定期健康监护体检

定期进行健康监护体检，筛选出对噪声敏感者或早期听力损伤者，并采取相应措施。

就业前体检或定期体检中发现明显的听觉器官疾病、心血管病、神经系统器质性疾病者不得参加接触强烈噪声的工作。

10.3.3 防止振动危害的措施

为减轻振动对人的危害，要采取各种减少振动的措施。

（1）对于局部振动的减振措施

①改革工艺法和设备：用焊接和高分子粘接工艺代替铆接工艺、用液压机代替锻压机、用电弧气刨代替风铲等可以大大减少振动的发生源。

②改革工作制度：专人专机；保持作业场所温度在 16 ℃以上，合理使用减振个人用品。

③建立合理的劳动制度，限制作业人员日接振时间。

（2）对全身振动的减振措施

①在有可能产生较大振动设备的周围设置隔离地沟，衬以橡胶、软木等减振材料，以确保振动不能外传。

②对振动源采取减振措施,如用弹簧等减振阻尼器,减少振动的传递距离。

③汽车等运输工具的座椅加泡沫垫等,减弱运行中由于各种原因传来的振动。

另外,利用尼龙机件代替金属机件,可减低机器的振动;及时检修机器,可以防止因零件松动引起的振动,消除机器运行中的空气流和涡流等均可收到一定的减振效果。

10.3.4　防暑降温措施及中暑急救

1)防暑降温的措施

做好防暑降温工作,必须采用综合性措施。主要措施包括:

①合理设计和改革工艺过程,尽量实现机械化、自动化和遥控操作以减少工人接触高温热辐射的机会,以及避免机体因过劳而加速中暑的发生。

②利用水或导热系数小的材料进行隔热。

③加强通风。在自然通风不能满足降温需要或生产上要求车间内保持一定的温湿度时,可采用机械通风。

④供给含盐饮料和补充营养。

⑤做好个人防护。高温作业工人的工作服,应以耐热、导热系数小而透气性能好的织物制成,宜宽大又不妨碍操作。

⑥制订合理的劳动休息制度,布置合理的工休地点。

⑦加强医疗预防工作。对高温作业工人应进行就业前和入暑前体格检查,凡有心血管疾病、中枢神经系统疾病、消化系统疾病、重病恢复期及体弱者,均不宜从事高温作业。

2)中暑症状及其急救

(1)中暑症状

中暑是在高温、高湿或强辐射气象条件下发生的,以体温调节障碍为主的急性疾病。按发病机理,中暑可分为四种类型,即热射病、热痉挛、日射病和热衰竭。通常的中暑一般为以上四种类型的综合征。

中暑根据病征的程度可分为先兆中暑、轻症中暑和重症中暑。

①先兆中暑:在高温作业场所工作一定时间后,出现大量出汗、口渴、头昏、耳鸣、胸闷、心悸、恶心、全身疲乏、四肢无力、注意力不集中等症状;体温正常或略升高。如能及时离开高温环境,经休息短时间内症状可消失。

②轻症中暑:除先兆中暑症状外,尚有下列症状:体温在38 ℃以上,有面色潮红、皮

266

肤灼热等现象;有面色苍白、恶心、呕吐、大量出汗皮肤湿冷、血压下降、脉搏细弱而快等呼吸、循环衰竭的早期症状出现。脱离高温环境,轻症中暑可在4~5小时内恢复。

③重症中暑:表现为除上述症状外,出现突然昏倒或痉挛,或皮肤干燥无汗,体温在40 ℃以上。

（2）中暑的急救措施

对于先兆中暑和轻症中暑,应首先将患者移至阴凉通风处休息,擦去汗液,给予适量的清凉含盐饮料,并可选服人丹、十滴水、避瘟丹等药物,一般患者可逐渐恢复。如有循环衰竭倾向,需立即给予对症治疗。

对于重症中暑,必须采取紧急措施,予以抢救。对高温昏迷者,治疗以迅速降温为主,对循环衰竭或患热痉挛者,以调节水、电解质平衡和防治休克为主。

10.3.5 冻伤的预防

1）做好采暖和保暖工作

应当按照国家有关规定,在工作场所设置必要的采暖设备,冬季室内作业车间温度最好不低于15 ℃。露天作业,应在工作地点附近设立取暖室,以供工人轮流休息和取暖之用。

2）注意个人防护

在低温环境中工作,应穿导热性小、吸湿性强的防寒服装、鞋靴、手套、帽子等。在潮湿环境下劳动时,应穿橡胶长靴或橡胶围裙等防湿用品。工作前后涂擦防护油膏也有一定保护作用。必须使低温作业工人在就业时掌握防寒知识,养成良好的卫生习惯。

3）卫生保健措施

• 加强耐寒锻炼,能够提高机体对低温的适应能力,是防止低温危害的有效方法之一。故经常冷水浴或冷水擦身,较短时间的寒冷刺激结合体育锻炼,均可提高对寒冷的适应。

• 低温作业工人应增加脂肪、蛋白质和维生素的食物,以提供较多的能量和提高对寒冷的耐受性。

• 建立合理的劳动制度,尽量避免在低温环境中一次停留时间过长或在没有特殊防护的情况下,在低温环境中睡眠。

• 对于低温作业人员应定期体检,年老、体弱及有心血管、肝、肾等疾病患者,应避免从事低温作业。

10.3.6 作业场所除湿与加湿

1)除湿措施

在一些企业中,有一些车间含湿量较大,当冬季室内温度降低时,车间就会产生结露现象,整个车间雾气腾腾,极大地影响了生产及工艺操作。

针对这种情况,可采用空调除湿或除湿机除湿的办法。一般具备一定规模的企业都会安装空调系统,调节厂区车间温度及湿度;也可采用采暖通风的方式,提高室内温度,降低空气的相对湿度,从而达到防暑降湿的目的;往室内放置一些干石灰和木炭也可吸附空气中的水分子,降低空气湿度。

2)加湿措施

安装空调系统和加湿机,调节厂区车间湿度;作业环境要求不是很严格的车间,也可用湿拖把拖地,或在室内洒些清水,将湿毛巾搭在暖气片上,起到一定的加湿作用。

10.3.7 辐射防护的基本方法

目前世界各国大多制订了防护规程,对放射性物质的生产、使用、操作、保存、运输、废物处置以及工作人员的职业性健康保护等进行监督。

一般来说,辐射防护遵循三个原则:a. 远离辐射源;b. 尽可能缩短接触辐射源的时间;c. 在辐射源周围增加屏蔽。从这三项原则中,我们总结出一些可行的方法:

①控制辐射源的质与量:控制辐射源的质与量,这是根治辐射损害的方法。在不影响应用效果的前提下,应尽量减少辐射源的强度、能量和毒性。

②减少照射时间:外照射的总剂量与总照射时间成正比,因此必须尽量减少受照射时间。可采取减少不必要停留时间、轮换作业、提高操作技术等措施,减少个体受照射时间。

③加强屏蔽防护:在开放型放射源与人员之间设置防护屏,吸收或减弱射线的能量。

④距离防护:点状放射源的剂量与距离平方成反比,操作中应尽可能远离放射源,切忌直接用手持放射源。

⑤围封隔离:对于开放型放射源及其作业场所必须采取"封锁隔离"的方法,把开放源控制在有限空间,防止向环境中扩散。

⑥除污保洁:操作开放型放射源,使用开放型放射性元素时,要随时清除工作环境介质的污染,监测污染水平,控制其向周围环境的大量扩散。

⑦个人防护:要合理使用配备的个人防护用品,如口罩、手套、工作鞋帽、服装等;遵守个人防护规则,在开放型放射性工作场所中,禁止一切可能使放射性元素侵入人体的行为,如禁止饮水、吸烟、进食、化妆等。

10.4
劳动防护用品的使用与发放

使用劳动防护用品,通过采取阻隔、封闭、吸收、分散、悬浮等手段,能起到保护机体的局部或全身免受外来侵害的作用。在一定条件下,使用个人防护用品是主要的防护措施,防护用品必须严格保证质量,安全可靠,而且穿戴要舒适方便,经济耐用。

10.4.1　劳动防护用品的种类

劳动防护用品是指劳动者在劳动过程中为免遭或减轻事故伤害及职业危害所配备的防护装备,劳动防护用品分为一般劳动保护用品和特种劳动防护用品。

(1)一般劳动保护用品

一般劳动保护用品是指不需国家认定,由企业自行发放给员工在劳动生产过程中穿戴和使用的劳动防护用品。

(2)特种劳动防护用品

特种劳动防护用品是指由国家认定的,在易发生伤害及职业危害的场合供员工穿戴或使用的劳动防护用品。

(3)有关特殊劳动防护用品的规定

对于生产中必不可少的安全帽、安全带、绝缘防护品、防毒面具、防尘口罩等员工个人特殊劳动防护用品,必须根据特定工种的要求配备齐全,并保证质量。

对特殊防护用品应建立定期检验制度,不合格的、失效的一律不准使用。对在易燃、易爆、烧灼及有静电发生的场所作业的员工,禁止发放、使用化纤防护用品。

10.4.2　常用的劳动防护用品

根据《劳动防护用品分类代码》的规定,我国采取以人体防护部位划分的分类标准:

1)头部防护

目前,具备防护功能的装备主要有安全帽(或安全头盔)、防护头罩和工作帽三类。

（1）安全帽

安全帽能有效地防止和减轻操作人员在生产作业中遭受坠落物体或自坠落时对人体头部的伤害。安全帽由帽壳、帽衬、下颚带、后箍等部件组成。

使用注意:

①要选择与自己头型适合的安全帽,佩戴安全帽前,要仔细检查合格证、使用说明、使用期限,并调整帽衬尺寸,其顶端与帽壳内顶之间必须保持 20～50 mm 的空间。

②不能随意对安全帽进行拆卸或添加附件,以免影响其原有的防护性能;一定要将安全帽戴正、戴牢,不能晃动,要系紧下颚带,调节好后箍,以防安全帽脱落。

③安全帽在使用过程中会逐渐损坏,要经常进行外观检查。如果发现帽壳与帽衬有异常损伤、裂痕等现象,或帽衬与帽壳内顶之间水平垂直间距达不到标准要求,应当更换新的安全帽。

④安全帽不用时,需放置在干燥通风的地方,远离热源,不受日光的直射,这样才能确保在有效使用期内的防护功能不受影响。

⑤注意使用期限:玻璃钢安全帽一般不超过三年,到期的安全帽要进行检验,符合安全要求才能继续使用,否则必须更换。

⑥安全帽只要受过一次强力的撞击,就无法再次有效吸收外力(有时尽管外表上看不到任何损伤,但是内部已经遭到损伤)不能继续使用。

（2）防护头罩

防御头和面部免受火焰、辐射热、腐蚀性烟雾、粉尘以及高低温恶劣气候的伤害的防护用品。防护头罩由头罩、面罩和披肩三部分组成。

①防护作用:

选用不同的材料制成的头罩,其防护作用不同,员工需要根据具体工作场合选用。

●用防水材料缝制、连接处密封的头罩有防湿和防雨水的作用。

●用喷涂铝的织品或经阻燃处理的织品制成头罩,其面罩用镀铝有机玻璃或金属丝织网,可防御辐射热和火焰。

●选用致密的纺织品制成的头罩,其面罩选用一般玻璃或有机玻璃制作,可防烟尘和风沙。

②使用注意:为了防御物体打击(撞击)头部,防护头罩可与安全帽连用。如果需要,头罩还可与各类有特殊作用的防护面罩、眼护具、呼吸护具和防护服联合使用。

（3）工作帽

工作帽,用于防御头发和头皮被有害物污染或长发被卷入机件中,帽形有无檐和有檐两种。它以较致密的织品制作,重量轻,以能遮盖头部和毛发为原则;样式尽量简单,大小可以调节。如果工作场所可能遇到火花或热金属,护发帽应当用耐火的材料制作。

2）眼面部防护

可以预防烟雾、尘粒、金属火花和飞屑、热、电磁辐射、激光、化学飞溅等伤害眼睛或面部。

（1）分类

按照对眼睛可能造成的危害及风险,眼睛保护用品一般可以分为四类:

①安全眼镜:用于预防低能量的飞溅物,如金属碎渣等;但不能抵御尘埃,也不能抵御高能量的冲击。易于更换。

②安全护目镜:用于预防高能量的飞溅物和灰尘;在经过进一步处理后,也能抵御化学品及金属液滴。其缺点是内侧容易起雾,镜片易损,戴后视野受局限,不能保护整个面部,价格也较贵。在抵抗非离子辐射时,要另外加上过滤片。

③面罩:提供对整个面部的高能量飞溅的保护,同时加上各种过滤片后,可以处理各种类型的辐射。视野可能会受到限制。

④防护面罩:分为安全型和遮光型两种。a. 安全型,防御固态或液态的有害物体,如钢化玻璃面罩;b. 遮光型,防御有害辐射线,如电焊面罩、炉窑面置等。

（2）使用注意

• 使用的眼镜和面罩必须经过有关部门检验。

• 挑选、佩戴合适的眼镜和面罩,以防作业时脱落和晃动,影响使用效果。

• 眼镜框架与脸部要吻合,避免侧面漏光。必要时应使用带有护眼罩或防侧光型眼镜。

• 防止面罩、眼镜受潮、受压,以免变形损坏或漏光。电焊面罩应该具有绝缘性,以防触电。

• 使用面罩式护目镜作业时,累计 8 小时至少更换一次保护片。安全眼镜的滤光片被飞溅物损伤时,要及时更换。

• 保护片和滤光片组合使用时,镜片的屈光度必须相同。

• 对于送风式、带有防尘、防毒面罩的焊接面罩,应严格按照有关规定保养和使用。

• 使用过程中避免接触油脂、酸碱或其他脏污物质,以免影响屏蔽效果。

3）呼吸防护

（1）分类

呼吸防护装置一般分为两大类：一类是过滤式呼吸保护器，一类是隔绝式呼吸保护器。

①过滤式呼吸保护器（有五类）：口罩、半面罩呼吸保护器、全面罩呼吸保护器、动力空气净化呼吸保护器、动力头盔呼吸保护器。

防毒面具属过滤式呼吸器，见图 10.1。

过滤式呼吸保护器在缺氧空气中提供不了任何保护作用。

当有害环境中污染物仅为非发挥性颗粒物质，且对眼睛、皮肤无刺激时，可考虑使用防尘口罩；当颗粒物质为油性颗粒物质，则有害环境中污染物为蒸汽和气体，同时含有颗粒物质（包括气溶胶）时，可选择防毒口罩或过滤式防毒面具；如果污染物浓度较高，则应选择过滤式防毒面具。

图 10.1　防毒面具

1—面罩；2—滤毒罐；3—导气管

图 10.2　长管呼吸器

②隔绝式呼吸保护器（主要有三种）：长管洁净空气呼吸器、压缩空气呼吸器、自备气源呼吸器。

a. 长管呼吸器全面罩防毒面具配防硫化氢滤毒罐隔绝式呼吸器：由电动送风式长管呼吸器由面罩、腰带、长管和电动送风机四部分构成，见图 10.2。

表 10.2　电动送风式长呼吸器规格

型　号	HM-12
电源电压	AC100 V 50 Hz(配有 AC220 V 转 AC100 V 变压器)
最大转速	14 000 r/min
最大风压	1 300 mmH$_2$O
最大送风量	270 L/min
最大消耗功率	450 W
尺寸	469 mm×180 mm×158 mm
质量	6.4 kg

特点:

- 面罩(SV-1)视野宽、带着舒适,与面部有双层接触,能保持高度的气密性;
- 腰带上装有风量调节阀,使用者可自己调节风量;
- 电动送风机内装有高性能机械过滤器,即使在有粉尘存在的场所,亦可使用;
- 1 台电动送风机可同时供 4 人使用;
- 装有 5 速变速转换挡位,可根据管长和使用人数变换挡位,来调整送风量;
- 空气溢出方式设计,即使 1 人使用,也不会烧电机。

b. SP-98 车式长管呼吸装置

SP-98 车式长管呼吸装置,是一种采用车式储气瓶、长胶管输送气体供操作者呼吸用的正压式呼吸装置,企业标准 Q/HDKLA 012—2003,参照欧洲标准 EN132 制订。SP-98 安全可靠、维护简单,可同时供两人使用,特别适合在狭窄的工作场合及需要长时间在毒气环境及贫氧环境中工作的场合。

特点:

- 两布一丝三胶钢编胶管,抗挤压,不会产生死角,影响供气;
- 立式固定气瓶,更换快捷方便;
- 每只气瓶与四通之间设有放气阀,可轻松拆下气瓶;
- 四通接口设有防尘罩,避免污物进入减压器;
- 胶管卷桶设有定位销,可根据用户使用距离调节输气管路长度;
- 主胶管出口以快速插头固定在车架上,避免拖地进尘土;
- 主胶管与分支管路都以快速插头连接,可以单人或者两人同时使用;
- 减压器长时间使用不结冰,通气量大,达 1 000 L/min;

● 6.8 L,9 L 气瓶通用；

● 可自主选配两只 SP-96KZT 逃生器；

● 具有中压输出指示。

（2）使用注意

呼吸防护用品的选择应符合 GB/T 18664《呼吸防护用品的选择、使用与维护》要求；缺氧条件下，应符合 GB 8958《缺氧危险作业安全规程》要求。

根据有害环境的性质和危害程度，如是否缺氧、毒物存在形式（如蒸汽、气体和溶胶）等，判定是否需要使用呼吸防护用品和应用选型。

● 当缺氧（氧含量<18%）、毒物种类未知、毒物浓度未知或过高（浓度>1%）或毒物不能为过滤式呼吸防护用品，只能考虑使用隔绝式呼吸防护用品。

● 选配呼吸防护用品时大小要合适，使用中佩戴要正确，以使其与使用这脸形相匹配和贴合，确保气密，保障防护的安全性，达到理想的防护效果。

● 佩戴口罩时，口罩要罩住鼻子、口和下巴，并注意将鼻梁上的金属条固定好，以防止空气未经过滤而直接从鼻梁两侧漏入口罩内。另外，一次性口罩一般仅可以连续使用几个小时到一天，当口罩潮湿、损坏或沾染上污物时需要及时更换。

● 选用过滤式防毒面具和防毒口罩时要特别注意，不同的滤毒盒只对某种或某类蒸汽或气体起防护作用，要用不同的颜色进行标实，根据工作或作业环境中有害蒸汽或气体的种类进行选配。

● 佩戴呼吸防护用品后应用进行相应的气密检查，确定气密良好后再进入含有毒害物质的工作、作业场所，以确保安全。

● 在选用动力送风面具、氧气呼吸器、空气呼吸器、生氧呼吸器等结构较为复杂的面具时，为保证安全使用，佩戴前需要进行一定的专业训练。

● 选择和使用呼吸防护用品时，一定要严格遵照相应的产品说明书。

4）听力防护

（1）分类

听觉器官防护用品主要有耳塞、耳罩和防噪声头盔三大类。

①耳塞：可以置放在耳道内，用树脂泡沫材料或者橡胶等制成，用完了就可丢弃。也有一些种类的耳塞是可以重复使用的，但是必须注意卫生问题。

②耳罩：由可以盖住耳朵的套子和放在人脑上来定位的带子组成。套子通常装有树脂塑胶泡沫材料，达到把耳朵密封起来的效果。

③防噪声头盔：一般来说，防噪声头盔防噪声效果最好，不但能隔阻气传导噪声，还

能减轻骨传导噪声对耳内的损伤,应使用于强噪声环境。

（2）使用注意

● 在使用护耳器前,应先测出工作场所的噪声声级,以挑选各种规格的护耳器。

● 使用耳塞时要注意耳塞和使用者的耳道是否匹配。因为各人的耳道大小不一,所以要用不同尺寸的耳塞。

● 佩戴耳塞时,先将耳廓向上提起使外耳道口呈平直状态,然后手持塞柄将塞帽轻轻推入外耳道内与耳道贴合,不要使劲太猛或塞得太深,以感觉适度为止。

● 如隔声不良,可将耳塞慢慢转动到最佳位置;隔声效果仍不好时,应另换其他规格的耳塞。

● 重复使用的耳塞在使用后要特别留意耳塞的清洁问题。

● 使用耳罩及防噪声头盔时,应先检查罩壳有无裂纹和漏气现象。佩戴时应注意罩壳标记顺着耳型戴好,务必使耳罩软垫圈与周围皮肤贴合。

5）躯干防护

（1）对躯干伤害的因素

①高温、强辐射热:对人体的危害主要有两种情况。一类是局部性伤害,如皮肤烫伤及局部组织烧伤等;另一类是全身性伤害,如中暑及高温昏厥、抽搐等。

②低温:危害主要有三种情况。一是皮肤组织被冻疼、冻伤或冻僵;二是低温金属与皮肤接触时产生粘皮肤伤害;三是对人体造成全身性生理危害所造成的不适症状。

③化学药剂:如酸碱溶液、农药、化肥及其他经皮肤进入体内的化学液体,或将皮肤灼伤;或刺激皮肤产生过敏性反应、毛囊炎;或引起全身性中毒症状。

④微波辐射:微波对人体的危害,主要表现在外周白细胞总数暂时下降;长期接触微波的人员,可能发现晶体混浊,甚至发生白内障;对生殖、内分泌机能、免疫功能等都可能有不利影响。

⑤电离辐射:可能造成急性辐射伤害或慢性辐射伤害。其症状与微波辐射基本相同,如细胞和血小板减少、明显贫血、胃肠功能紊乱、毛发脱落、白内障、齿龈炎等,症状严重的以再生性贫血和白细胞减少症较为多见。

⑥静电危害:人体静电电击的发生,可能是由带电体对人体放电,也可能是由带静电的人对接地体的放电。其结果是电流流经人体产生电击,可造成指尖受伤（皮炎、皮肤烧伤等）等机能损伤,或产生心理障碍、恐惧感,进而导致二次事故。

（2）分类

身体防护用品一般分类防护服和防护围裙,如下表 10.3 所示。

表 10.3 身体防护用品

	一般劳动防护服	
防护服	特种劳动防护服	阻燃防护服
		防静电服
		防酸服
		抗油拒水服
		防水服
		森林防火服
		劳保羽绒服
		防 X 射线防护服
		防中子辐射防护服
		防带电作业屏蔽服
		防尘服
		防砸背心
防护围裙		

（3）使用注意

● 如全身套服或者大衣是用棉布制成的,有些是一次性使用的。使用时要注意选择。

● 在清洗时要做出安排,防止破坏其工业卫生要求(如在处理油及化学品时使用的情况下)。

● 当衣服不能保持清洁和及时更换有可能会导致皮炎或皮肤癌的形成。

● 穿上工作服后,可能会对运动有所限制,而且容易被机器缠上,因此,要小心地对工作服的类型及制造进行选择,同时还要教会使用者正确地使用。

● 不得与有腐蚀性物品一起存放,存放处应干燥、通风,防止鼠咬、虫蛀、霉变。

● 特种劳动防护服在穿用一段时间后,应对其性能进行检验。若不符合标准要求,则不能再作为防护服穿用。

6）手部防护

针对工作环境中存在的各种危害因素,可以选择不同的手套种类,如针对化学物质的防化手套,针对电危害的绝缘手套,针对高、低温作业的高、低温手套,针对切割作业的抗割手套,针对振动作业的抗震手套等。手套的材质决定手套的防护性能,是手套选择的依据。

在使用手套的过程中要注意以下几点:

- 选用适合于不同工作场所的手套,手套尺寸要适当。
- 所选用的手套要具有足够的防护作用(该选用钢丝抗割手套的环境,就不能选用合成纱的抗割手套等)。
- 随时对手套进行检查,检查有无小孔或破损、磨蚀的地方,尤其是指缝。对于防化手套可以使用充气法进行检查。而且要定期更换手套,如果超过使用期限,则有可能使手或皮肤受到伤害。
- 使用中要注意安全,不要让手腕裸露出来,以防在作业时焊接火星或其他有害物溅入袖内受到伤害;各类机床或有被夹挤危险的地方,严禁使用手套。
- 不得将污染的手套任意丢放,避免造成对他人的伤害;暂时不用的手套要放在安全的地方。
- 摘取手套一定要注意正确的方法,防止将手套上沾染的有害物质接触到皮肤和衣服上,造成二次污染。
- 最好不要与他人共用手套。
- 戴手套前要洗净双手,手套要戴在干净(无菌)的手上,否则容易滋生细菌。摘掉手套后要洗净双手,并擦点护手霜以补充油脂。
- 在戴手套前要罩住伤口,皮肤是抵御外界环境伤害的天然屏障,可以阻止细菌和化学物质的进入。
- 不要忽略任何皮肤红斑或痛痒,防止皮炎等皮肤病的发生。如果手部出现干燥、刺痒、气泡等,要及时请医生诊治。

7)足部防护

目前,比较常见的防护鞋包括安全鞋、绝缘鞋、防静电和导电鞋、炼钢鞋和鞋盖、防寒鞋等,另外还有适合筑路工人的鞋底隔热,适合建筑工人的鞋底加固等,适合食品、酿酒工人的鞋底防潮的防护鞋等。防护鞋的功能主要针对工作环境和条件而设定,一般都具有防滑、防刺穿、防挤压的功能,另外就是具有特定功能,如防导电、防腐蚀等。

选择及使用:

- 防护鞋除应根据作业条件选择适合的类型外,还应合脚,穿起来使人感到舒适,要仔细挑选合适的鞋号。

● 防护鞋应有产品合格证和产品说明书。使用前应对照使用的条件阅读说明书，使用方法要正确。

● 防护鞋要有防滑的设计，不仅要保护人的脚免受伤害，而且要防止操作人员滑倒。

● 不同性能的防护鞋都要达到各自的技术指标要求，如脚趾不被砸伤、脚底不被刺伤、绝缘导电等。但一定要记住，防护鞋不是万能的。

● 使用防护鞋前要认真进行检查或测试，在电气和酸碱作业中，破损和有裂纹的防护鞋都是不安全的。

● 防护鞋用后要妥善保管，橡胶鞋用后要用清水或消毒剂冲洗并晾干，以延长使用寿命。

● 不得擅自修改安全鞋的构造。

● 注意个人卫生，使用者应维持脚部及鞋履清洁干爽。定期清理安全鞋，但不应采用溶剂作清洁剂。此外，鞋底亦须经常清扫，避免积聚污垢物，因鞋底的导电性或防静电效能会受污垢物多少情况而影响。

● 贮存安全鞋于阴凉、干爽和通风良好的地方。

8）防坠落用品

防坠落用品是防止人体从高处坠落，通过绳带，将高处作业者的身体系接于固定物体上或在作业场所的边沿下方张网，以防不慎坠落，这类用品主要有安全带和安全网两种。

（1）安全带

高处作业劳动者佩带预防坠落伤亡的防护用品为安全带。它是由带子、绳子和金属配件组成。

使用时要注意如下事项：

● 安全带应高挂低用，注意防止摆动碰撞。使用 3 m 以上长绳应加缓冲器，自锁钩所用的吊绳则例外。

● 缓冲器、速差式装置和自锁钩可以串联使用。

● 不准将绳打结使用。也不准将钩直接挂在安全绳上使用，应挂在连接环上使用。

● 安全带上的各种部件不得任意拆除。更换新绳时要注意加绳套。

● 安全带使用两年后，按批量购入情况，抽验一次。

● 使用频繁的绳，要经常进行外观检查，发现异常时，应立即更换新绳。带子使用期为 3~5 年，发现异常应提前报废。

（2）安全网

安全网是高处作业必不可少的防护用品。因不同施工项目的不同安全要求,其规格和架设方法也有所不同,在使用过程中必须严格遵守有关规定。因不属于个人防护用品。在这里不再具体表述。

9）护肤用品

指用于防止皮肤(主要是面、手等外露部分)免受化学、物理等因素危害的个体防护用品。按照防护功能,护肤用品分为防毒、防腐、防射线、防油漆及其他类。

10.4.3 劳动防护用品的发放

1）发放劳动防护用品的要求

发放劳动防护用品应遵守"三同"(即同工种、同劳动条件、同标准)的原则发放。对于从事多工种作业的员工,应按其从事的主要工种发给劳动防护用品,其他防护用品随借随还。对于各种学校来厂的实习学生和临时工、轮换工等,应按"三同"原则供给或借给劳动防护用品。对企业及其主管部门经常参加劳动和经常深入生产现场的生产管理人员和安全技术人员,均应按需要发给劳动防护用品。

使用劳动防护用品的单位应为劳动者免费提供符合国家规定的劳动防护用品。不得以货币或其他物品替代应当配备的劳动防护用品,应教育本单位劳动者按照劳动防护用品使用规则和防护要求正确使用劳动防护用品。应建立健全劳动防护用品的购买、验收、保管、发放、使用、更换、报废等管理制度,并应按照劳动防护用品的使用要求,在使用前对其防护功能进行必要的检查。

使用劳动防护用品的单位应到定点经营单位或生产企业购买特种劳动防护用品,购买的劳动防护用品须经本单位的安全技术部门验收。

各企业必须严格执行劳动防护用品的发放标准,不得擅自扩大和提高劳动防护用品的发放范围和标准。严禁以劳动防护用品为名变相增发其他福利性物资,不准将劳动防护用品折合成现金发给员工,严禁将劳动防护用品作为商品进行转买转卖。

2）发放标准

①发放劳动防护服装的范围:发放劳动防护服装的范围主要有:井下作业;有强烈辐射热、烧灼危险的作业;有刺割或严重磨损而可能引起外伤的作业;接触有毒、有放射性物质,对皮肤有感染的作业;接触有腐蚀物质的作业;在严寒地区冬季经常从事野外、

露天作业而自备棉衣不能御寒的工种及经常从事低温作业的工种才能发放防寒服装。

②有下列情况的一种，企业应该供给员工工作服或者围裙，并且根据需要分别供给工作帽、口罩、手套、护腿和鞋盖等防护用品：

- 有灼伤、烫伤或者容易发生机械外伤等危险的操作；
- 在强烈辐射热或者低温条件下的操作；
- 散放毒性、刺激性、感染性物质或者大量粉尘的操作；
- 经常使衣服腐蚀、潮湿或者特别肮脏的操作。

③在有危害健康的气体、蒸汽或者粉尘的场所操作的员工，应该由企业分别供给适用的口罩、防护眼镜和防毒面具等。工作中发生有毒的粉尘和烟气，可能伤害口腔、鼻腔、眼睛、皮肤的，应该由企业分别供给员工漱洗药水或者防护药膏。

④在有噪音、强光、辐射热和飞溅火花、碎片、刨屑的场所操作的员工，应该由企业分别供给护耳器、防护眼镜、面具和帽盔等。

⑤经常站在有水或者其他液体的地面上操作的员工，应该由企业供给防水靴或者防水鞋等；高空作业员工，应该由企业供给安全带；电气操作员工，应该由企业按照需要分别供给绝缘靴、绝缘手套等；经常在露天工作的员工，应该由企业供给防晒、防雨的用具；在寒冷气候中必须露天进行工作的员工，应该由企业根据需要供给御寒用品；在有传染疾病危险的生产部门中，应该由企业供给员工洗手用的消毒剂，所有工具、工作服和防护用品，必须由企业负责定期消毒。

产生大量一氧化碳等有毒气体的企业，应该备有防毒救护用具，必要的时候应该设立防毒救护站。企业应该经常检查防毒面具、绝缘用具等特制防护用品，并且保证它良好有效。企业对于工作服和其他防护用品，应该负责清洗和修补，并且规定保管和发放制度。

10.5
气体检测设备及使用说明

便携式气体检测报警仪——连续实时地显示被测气体的浓度，达到设定报警值时可实时报警，主要用于检测有限空间中氧、可燃气、硫化氢等气体浓度，见图10.3。

检测指标包括氧浓度值、易燃易爆物质（可燃性气体、爆炸性粉尘）浓度值、有毒气体浓度值等。未经检测，严禁作业人员进入有限空间。

未经检测,严禁作业人员进入有限空间。在作业环境条件可能发生变化时,生产经营单位应对作业场所中危害因素进行持续或定时检测。作业者工作面发生变化时,视为进入新的有限空间,应重新检测后再进入。

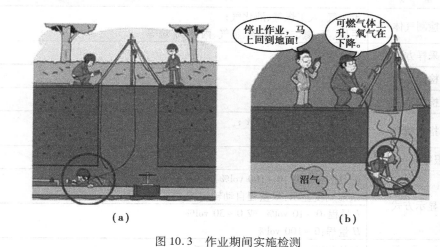

图 10.3　作业期间实施检测

实施检测时,检测人员应处于安全环境,检测时要作好检测记录,包括检测时间、地点、气体种类和检测浓度等。

1) 气体检测仪 XP-3140

①主要特点如下,技术参数详见表 10.4。

- 数字显示、条形刻度两种浓度显示方式;
- 小型、轻量(450 g)、省电;
- 可使用干电池和专用充电电池;
- 流量异常自检功能;
- 具有数据记录功能;
- 可直读最多 5 种气体(可选功能);
- 具有数据下载功能(可选功能);
- 可以完全替代新宇宙老款 XP314 嗅敏仪;

②使用范围:

- 用于管道天然气置换;
- 用于天然气管道的管网查漏;
- 惰性气体置换后的罐内或管道中的可燃气体浓度确认;
- 检测高浓度的可燃气体浓度泄漏;

● 可探测用氢气做标示气体的地下电话电缆线的破损点。

表 10.4 XP-3140 技术参数

型　号	XP-3140
检测气体	天然气、人工煤气、液化气； 甲烷、氢、氦、二氧化碳、氩气、丙烷、丁烷等
采样方式	自动吸引式
检测原理	气体热传导式
检测范围	0～100 vol%
指示精度	L 量程：满量程的±10%； H 量程：满量程的±5%
报警设定值	50 vol%
显示方式	液晶数字显示：0～100 vol%； 条形刻度显示：双量程自动转 L 量程：0～10 vol% 或 0～30 vol%； H 量程：0～100 vol%
报警方式	气体报警：蜂鸣器响、红色灯闪烁； 故障报警：蜂鸣器响、红色灯闪烁、液晶显示
防爆标志	Ex ibd Ⅱ BT3（本安+隔爆）
使用温度范围	0～40 ℃
电源	5 号碱性干电池 4 节或专用镍镉充电电池
连续使用时间	使用碱性干电池时：约 30 h； 使用专用镍镉充电池：约 7 h（无报警、无背景照明时）
外形尺寸	W82 mm×H162 mm×D36 mm
质量	约 450 g（不包括电池）
标准附件	合成革外套、5 号碱性干电池 4 节、气体导入软管（1 m）、过滤管、吸气金属管、吸气金属管用橡胶头。
选购件	加长气体导入软管、气体混合器、数据下载组件（CD-ROM 软件+USB接头线）、使用专用镍镉充电电池、充电器

2）气体检测仪 XP-3110

可以检测 0～100% LEL 范围内的可燃气体，最适合监视有爆炸危险场所，是XP311A 嗅敏仪的换代产品。

①特点如下,技术参数详见表 10.5。

- 两种浓度显示方式:数字显示、条形刻度显示;
- 小型、轻量(450 g)、省电;
- 可使用干电池和专用充电电池;
- 流量异常自检功能;
- 具有数据记录功能;
- 可直读最多 5 种气体(可选功能);
- 具有数据下载功能(可选功能)。

②用途:

- 动火前的可燃气体浓度分析;
- 检测各种场所的可燃气体浓度;
- 检测可燃性溶剂的蒸气浓度;
- 各种燃气管道和燃气设备的检漏。

表 10.5　XP-3110 技术参数

型　号	XP-3110
检测对象气体	天然气、人工煤气、液化气; 可燃性气体、可燃性有机溶剂的蒸气
检测方式	自动吸引式
检测原理	接触燃烧式
检测范围	0 ~ 100% LEL
指示精度	满量程的±5%
报警设定值	20% LEL
显示方式	液晶数字显示(带背景照明); 数字显示:0 ~ 100% LEL; 条形刻度显示:量程自动切换 L 量程:0 ~ 10% LEL; H 量程:0 ~ 100% LEL
报警方式	气体报警:蜂鸣器响、红色灯闪烁; 故障报警:蜂鸣器响、红色灯闪烁、液晶显示

续表

型号	XP-3110
防爆标志	Ex ibd Ⅱ BT3(本安+隔爆)
使用温度范围	−20~50 ℃
电源	5号碱性干电池4节或专用镍镉充电电池
连续使用时间	使用碱性干电池时:约20 h(无报警、无背景照明时); 使用专用镍镉充电池:约5 h(无报警、无背景照明时)
外形尺寸	W82 mm×H162 mm×D36 mm
质量	约450 g(不包括电池)
标准附件	皮革外套、5号碱性电池4节、气体导入软管(1 m)、过滤管、过滤片、吸气金属管,吸气管用橡胶头
选购件	加长气体导入软管、气体混合器、数据下载组件(CD-ROM 软件+USB接头线)、使用专用镍镉充电电池、充电器

3) 可燃气体检测仪 XP-3160

①特点如下,技术参数详见表10.6。

- 两种浓度显示方式:数字显示、条形刻度显示;小型、轻量(450 g)、省电;
- 可使用干电池和专用充电电池;
- 流量异常自检功能;
- 量程自动切换功能;
- 具有数据记录功能;
- 可直读,最多五种气体(可选功能);
- 具有数据下载功能(可选功能);
- 灵敏度高;
- 用于检测微量可燃性气体及可燃性有机溶剂的蒸气;
- 广泛用于船舶修理及燃气行业的捡漏;
- 可用于检测柴油。

表 10.6　XP-3160 技术参数

型　号	XP-3160
检测对象气体	可燃性气体及可燃性有机溶剂的蒸气
检测方式	自动吸引式
检测原理	接触燃烧式
检测范围	$0 \sim 5\ 000 \times 10^{-6}$ 或 $0 \sim 1$ vol%
指示精度	H 量程:全刻度的 $\pm 5\%$; L 量程:全刻度的 $\pm 10\%$
报警设定值	$250 \times 10^{-6} / 500 \times 10^{-6}$
显示方式	液晶数字显示(带背景照明); 数字显示: $0 \sim 5\ 000 \times 10^{-6}$ 或 $0 \sim 1$ vol% 条形刻度显示:量程自动切换 L 量程: $0 \sim 500 \times 10^{-6}$ 或 $0 \sim 1\ 000 \times 10^{-6}$; H 量程: $0 \sim 5\ 000 \times 10^{-6}$ 或 $0 \sim 1$ vol%
报警方式	气体报警:蜂鸣器响、红色灯闪烁; 故障报警:蜂鸣器响、红色灯闪烁、液晶显示
防爆标志	Ex ibd Ⅱ BT3 (本安+隔爆)
使用温度范围	$-20 \sim 50$ ℃
电源	5 号碱性干电池 4 节或专用镍镉充电电池
连续使用时间	使用碱性干电池时:约 20 h(无报警、无背景照明时) 使用专用镍镉充电池:约 5 h(无报警、无背景照明时)
外形尺寸	W82 mm×H162 mm×D36 mm
质量	约 450 g(不包括电池)
标准附件	皮革外套、5 号碱性电池 4 节、气体导入软管(1 m)、过滤管、过滤片、吸气金属管,吸气管用橡胶头
选购件	加长气体导入软管、气体混合器、数据下载组件(CD-ROM 软件+USB 接头线)、使用专用镍镉充电电池、充电器

4)复合型气体检测仪 XP-3118。

①特点如下,技术参数详见表 10.7。

• 可检测所有可燃性气体和氧气(请指定气体对象);

• 以数字式条形图与数字式数值显示测量浓度;

- 带告知测量者危险浓度的报警功能和红灯闪烁功能；
- 体积小，质量轻，只有 450 g；
- 单手持握，使用方便；
- 可直接读取多个气体浓度（选购品）；
- 记录功能（选购品）。

表 10.7　XP-3118 技术参数

型　号	XP-3118	
检测对象气体	可燃性气体、可燃性溶剂的蒸气	氧气
采样方式	自动吸引式	
检测原理	接触燃烧式	隔膜电流电池式
测量范围	0～100 LEL	0～25 vol%
显示精度	全量程的±0.5% LEL	±0.3 vol%
报警设定值	20% LEL	18 vol%
显示方式	液晶数字式（带背景灯）　数字式数值显示/数字式条形图显示＊3	
报警方式	气体报警时：蜂鸣器，红灯闪烁； 故障报警时：蜂鸣器，红灯闪烁，液晶显示	
防爆结构	Ex ibd Ⅱ BT3（本质安全防爆构造+耐压防爆）	
使用温度范围	0～40 ℃	
电源	5 号碱性干电池 4 节或专用镍镉充电电池组	
连续使用时间	使用碱性干电池时：约 20 h（甲烷约 15 h）； 专用镍镉充电电池组：约 5 h（甲烷 4 h）	
外形尺寸	W82 mm×H162 mm×D36 mm	
质量	约 450 g（电池除外）	
标配附件	皮套、5 号碱性干电池 4 节、气体导管（1 m）、排放过滤器、过滤片、吸管、吸管用橡胶盖	
选购品	气体导管、混合器、记录数据收集装置（CD-ROM 软件+USB 线）、专用镍镉充电电池组、充电用 AC 适配器	

5）气体检测仪 XP-311A

①特点如下，参数详见表 10.8。

- 采用新宇宙小功率型传感器，使用寿命极长；

- 内藏独特的微型电磁泵,自动采样被测气体;
- 本质安全防爆型,可在各种危险场所使用;
- 大型显示表盘,读数准确,可靠;
- 体积小,重量轻,外观朴实,结构紧凑;
- 操作简便,仅有一个旋转开关,开机就能检测;
- 动火前的可燃气体浓度分析;
- 各种危险场所的可燃气体浓度检测;
- 各种燃气管道燃气设备的检漏。

表 10.8 XP-311 技术参数

型 号	XP-311	XP-311A(带报警)
检测对象气体	可燃性气体	
检测原理	接触燃烧式	
检测范围	0~10% LEL/0~100% LEL	
指示精度	满量程的±5%	
报警设定值	—	20% LEL(标准)
响应时间	3 s 以内	
使用温度范围	−20~+50 ℃	
电源	5 号干电池 4 只	
防爆结构	本质安全防爆结构 id2G3	
外形尺寸	W84 mm×H190 mm×D40 mm	
质量	约 700 g	

学习鉴定

1. 填空题

(1)生物性有害因素常见的有:_____、_____、森林脑炎病毒等。

(2)为防止毒物经皮肤侵入人体或损伤人体,对防护服装的选择设计应有利于_____、_____、耐用、_____。

(3)发放劳动防护服装的范围主要有:_____、有强烈辐射热、_____;有刺割、_____或_____而可能_____的作业。

2. 简答题

(1)生产性有害因素对人体的危害有哪些?

(2)生产性毒物是如何产生及分类的?

11 燃气事故应急管理

■核心知识

- 燃气的危害

- 燃气事故的特点

- 燃气事故产生的原因

- 应急管理的常识

- 应急救预案

■学习目标

- 熟悉燃气事故的危害与特点

- 理解应急管理的概念

- 掌握如何编制、使用应急救援预案

11.1

燃气事故应急管理的意义

我国目前正处于经济高速增长阶段,企业可能会片面追求利润的增长,而忽视了安全生产的重要性,加上我国目前阶段相关法律法规的不健全和执法力度的不到位,这一阶段属于安全事故的多发期。一些重大安全事故的发生曾导致大范围人群的日常生活、经济活动受到消极影响,人们的生命和财产安全受到破坏。燃气企业同样也面临着这一问题,作为现代化城市生命线之一的燃气供应与城镇居民的生活息息相关,一旦发生重大安全事故,可能直接形成社会不稳定的因素。所以,既然安全事故、燃气事故存在发生的可能性,且不可绝对避免,那么当事故发生后如何应急处置就成为当前迫切需要解决的问题。

11.2

应急与应急管理概述

应急一般指针对突发、具有破坏力的紧急事件采取预防、预备、响应和恢复的活动与计划。那么相对应的,燃气应急一般指针对突然发生的造成或者可能造成人员伤亡、燃气设备损坏、燃气管网大面积停气、环境破坏等危及燃气供应企业、社会公共安全稳定的紧急事件,采取应急处置措施予以应对。

①应急工作的主要目标是:对紧急事件做出预警;控制紧急事件发生与扩大;开展有效救援,减少损失和迅速组织恢复正常状态。

②应急救援的对象是:突发性和后果与影响严重的公共安全事故、灾害与事件。这些事故、灾害或事件主要来源于如下领域:工业事故、自然灾害、城市主要生命线(包括燃气)、重大工程、公共活动场所、公共交通等。各类事故、灾害或事件具有突发性、复杂性、不确定性。

燃气应急救援的对象自然也就是与燃气有关的各类突发事件。

③应急管理:是指对紧急事件的全过程管理。尽管紧急事件的发生往往具有突发

性和偶然性,但紧急事件的应急管理应贯穿于其发生前、中、后的各个过程,不只限于其发生后的应急救援行动。

应急管理是为了预防、控制及消除紧急事件,减少其对人员伤害、财产损失和环境破坏的程度而进行的计划、组织、指挥、协调和控制的活动。它是一个动态过程,包括预防、准备、响应和恢复四个阶段,见图11.1。

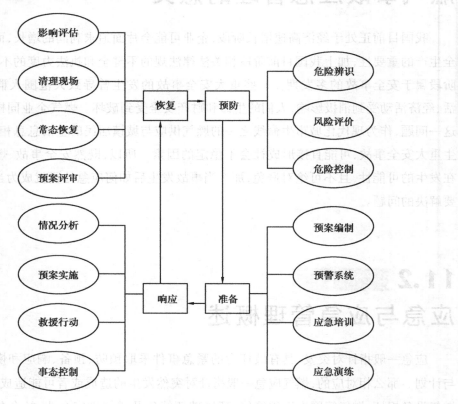

图 11.1　应急管理内涵图

1)预防

预防就是从应急管理的角度,防止紧急事件发生,避免应急行动。对于任何有效的应急管理而言,预防是其核心,此阶段紧急事件最容易控制,花费最小。在应急管理中,预防包含两层含义:一是紧急事件的预防工作,即通过安全管理和安全技术手段对紧急事件进行危险辨识和风险评价,进行风险控制,尽可能避免紧急事件的发生,以实现本质安全的目的;二是在假定紧急事件必然发生的前提下,通过预先采取的预防措施来降低或减缓紧急事件的影响和后果的严重程度。

2）准备

准备是应急管理过程中一个极其关键的过程，它是针对可能发生的紧急事件，为迅速有效地开展应急行动而预先所做的各种准备，包括应急机构的设立和职责的落实、预案的编制、应急队伍的建设、应急设备及物资的准备和维护、预案的培训与演练、与外部应急力量的衔接等，其最终目的是保持紧急事件应急救援所需的应急能力，一旦紧急事件发生，使损失最小化，并尽快恢复到常态。

3）响应

响应又称反应，是在紧急事件发生之前以及紧急事件期间和紧急事件后，对情况进行科学合理分析，立即采取的应急救援行动，防止事态的进一步恶化。响应的目的是通过发挥预警、疏散、搜寻和营救以及提供避难所和医疗服务等紧急事务功能，使人员伤亡及财产损失减少到最小。

4）恢复

恢复工作应在紧急事件发生后立即进行，它首先对紧急事件造成的影响评估，使紧急事件影响地区恢复最起码的服务，然后继续努力，使之恢复到正常状态。要立即开展的恢复工作包括紧急事件损失评估，清理废墟、食品供应、提供避难所和其他装备；长期恢复工作包括毁损区域重建、再发展以及实施安全减灾计划。恢复阶段还要对应急救援预案进行评审，改进预案的不足之处。

11.3
燃气应急管理

11.3.1 应急救援预案概述

近年来，我国政府颁布了一系列法律法规，如《安全生产法》《中华人民共和国消防法》《中华人民共和国突发事件应对法》《危险化学品安全管理条例》《关于特大安全事故行政责任追究的规定》等，对危险化学品、特大安全事故、重大危险源等应急救援工作提出了相应的规定和要求。

《安全生产法》第十七条规定,生产经营单位的主要负责人具有组织制订并实施本单位的生产安全事故应急救援预案的职责。第二十三条规定,生产经营单位对重大危险源应当制订应急救援预案,并告知从业人员和相关人员在紧急情况下应当采取的应急措施。第六十八条规定,县级以上地方各级人民政府应当组织有关部门制订本性质区域内特大安全生产事故应急救援预案,建立应急救援体系。

《安全生产法》特别强调了应急救援预案。什么是应急救援预案呢?它是指政府或企业为降低突发事件后果的严重程度,以对危险源的评价和事故预测结果为依据而预先制订的突发事件控制和抢险救灾方案,是突发事件应急救援活动的行动指南。

应急救援预案对于突发事件的应急管理具有重要的指导意义,它有利于实现应急行动的快速、有序、高效,以充分体现应急救援的"应急"精神,制订应急救援预案的目的是为了在发生突发事件时,能以最快的速度发挥最大的效能,有序地实施救援,达到尽快控制事态发展,降低突发事件造成的危害,减少事故损失。

应急救援预案的制订是贯彻国家安全生产法律法规的要求,是减少事故中人员伤亡和财产损失的需要,是事故预防和救援的需要,是实现本质安全型管理的需要。应急救援预案是应急管理得以实现必要工具。

燃气突发事件与事故的应急管理也必然要通过燃气应急救援预案来实现。

11.3.2 燃气应急救援预案的编制

应急救援预案是应急管理的文本体现,如何使纸面上的应急救援预案更加有效,确保应急管理的有效性,预案的内容就必须要体现应急管理的核心要素。这些核心要素包括:指挥与控制、沟通、生命安全、财产保护、社区外延、恢复和重建、行政管理与后勤。

燃气应急救援预案的编制一般遵循以下原则。

1)应急预案内容的基本要求

①符合与应急相关的法律、法规、规章和技术标准的要求;
②与事故风险分析和应急能力相适应;
③职责分工明确、责任落实到位;
④与相关企业和政府部门的应急预案有机衔接。

2)应急预案的主要内容

(1)总则
①编制目的:明确应急预案编制的目的和作用。

292

②编制依据:明确应急预案编制的主要依据。应主要包括国家相关法律法规,国务院有关部委制订的管理规定和指导意见,行业管理标准和规章,地方政府有关部门或上级单位制订的规定、标准、规程和应急预案等。

③适用范围:明确应急预案的适用对象和适用条件。

④工作原则:明确燃气突发事件应急处置工作的指导原则和总体思路,内容应简明扼要、明确具体。

⑤预案体系:明确应急预案体系构成情况。一般应由应急预案、专项应急预案和现场处置方案构成。应在附件中列出应急预案体系框架图和各级各类应急预案名称目录。

（2）风险分析

①本地区或本燃气企业概况:明确本地区或本燃气企业与应急处置工作相关的基本情况。一般应包括燃气企业基本情况、从业人数、隶属关系、生产规模、主设备型号等。

②危险源与风险分析:针对本地区或燃气企业的实际情况对存在或潜在的危险源或风险进行辨识和评价,包括对地理位置、气象及地质条件、设备状况、生产特点以及可能突发的事件种类、后果等内容进行分析、评估和归类,确定危险目标。

③突发事件分级:明确本地区或燃气企业对燃气突发事件的分级原则和标准。分级标准应符合国家有关规定和标准要求。

（3）组织机构及职责

①应急组织体系:明确本地区或燃气企业的应急组织体系构成。包括应急指挥机构和应急日常管理机构等,应以结构图的形式表示。

②应急组织机构的职责:明确本地区或燃气企业应急指挥机构、应急日常管理机构以及相关部门的应急工作职责。应急指挥机构可以根据应急工作需要设置相应的应急工作小组,并明确各小组的工作任务和职责。

（4）预防与预警

①危险源监控:明确本地区或燃气企业对危险源监控的方式方法。

②预警行动:明确本地区或燃气企业发布预警信息的条件、对象、程序和相应的预防措施。

③信息报告与处置:明确本地区或燃气企业发生燃气突发事件后信息报告与处置工作的基本要求。包括本地区或燃气企业24小时应急值守电话、燃气企业内部应急信息报告和处置程序以及向政府有关部门、燃气监管机构和相关单位进行突发事件信息报告的方式、内容、时限、职能部门等。

（5）应急响应

①应急响应分级：根据燃气突发事件分级标准，结合本地区或燃气企业控制事态和应急处置能力确定响应分级原则和标准。

②响应程序：针对不同级别的响应，分别明确启动条件、应急指挥、应急处置和现场救援、应急资源调配、扩大应急等应急响应程序的总体要求。

③应急结束：明确应急结束的条件和相关事项。应急结束的条件一般应满足以下要求：燃气突发事件得以控制，导致次生、衍生事故隐患消除，环境符合有关标准，并经应急指挥部批准。应急结束后的相关事项应包括需要向有关单位和部门上报的燃气突发事件情况报告以及应急工作总结报告等。

（6）信息发布

明确应急处置期间相关信息的发布原则、发布时限、发布部门和发布程序等。

（7）后期处置

明确应急结束后，燃气突发事件后果影响消除、生产秩序恢复、污染物处理、善后理赔、应急能力评估、对应急预案的评价和改进等方面的后期处置工作要求。

（8）应急保障

明确本地区或燃气企业应急队伍、应急经费、应急物资装备、通信与信息等方面的应急资源和保障措施。

（9）培训和演练

①培训：明确对本地区或燃气企业人员开展应急培训的计划、方式和周期要求。如果预案涉及对社区和居民造成影响，应做好宣传教育和告知等工作。

②演练：明确本地区或燃气企业应急演练的频度、范围和主要内容。

（10）奖惩

明确应急处置工作中奖励和惩罚的条件和内容。

（11）附则

明确应急预案所涉及的术语定义以及对预案的备案、修订、解释和实施等要求。

（12）附件

应急预案包含的主要附件（不限于）如下：

①应急预案体系框架图和应急预案目录；

②应急组织体系和相关人员联系方式；

③应急工作需要联系的政府部门、燃气监管机构等相关单位的联系方式；

④关键的路线、地面标志和图纸，如燃气调压站系统工艺图、输配厂总平面布置图等；

⑤应急信息报告和应急处置流程图；

⑥与相关应急救援部门签订的应急支援协议或备忘录。

11.3.3　燃气应急救援预案的管理

1）应急救援预案的管理原则

①应急救援预案应明确管理部门，负责应急救援预案的综合协调管理工作。

②应急救援预案的管理应遵循综合协调、分类管理、分级负责、属地为主的原则。

2）应急救援预案的评审

①应当组织有关专家对应急救援预案进行审定；涉及相关部门职能或者需要有关部门配合的，应当征得有关部门同意。

②涉及建筑施工和易燃易爆物品、危险化学品、放射性物品等危险物品的生产、经营、储存、使用的应急救援预案，应当组织专家对编制的应急救援预案进行评审。评审应当形成书面纪要并附有专家名单。

③应急救援预案编制单位必须对本单位编制的应急预案进行论证。

④参加应急救援预案评审的人员应当包括应急救援预案涉及的政府部门工作人员和有关安全生产及应急管理、燃气行业管理方面的专家。

⑤应急救援预案的评审或者论证应当注重应急预案的实用性、基本要素的完整性、预防措施的针对性、组织体系的科学性、响应程序的操作性、应急保障措施的可行性、应急救援预案的衔接性等内容。

⑥应急救援预案经评审或者论证后，由本地区政府领导或燃气企业法人代表签署公布。

3）应急救援预案的备案

①燃气企业的应急救援预案，按照政府相关规定报安全生产监督管理部门和有关主管部门备案。

②各级政府的应急救援预案，应当按照国家相关法律法规在上一级政府部门备案。

③申请应急救援预案备案，应当提交以下材料：

- 应急救援预案备案申请表；
- 应急救援预案评审或者论证意见；
- 应急救援预案文本及电子文档。

④受理备案登记的部门应当对应急救援预案进行形式审查,经审查符合要求的,予以备案并出具应急预案备案登记表;不符合要求的,不予备案并说明理由。

4) 应急救援预案的修订

①应急救援预案,应当根据预案演练、机构变化等情况适时修订。

②应急救援预案应当至少每两年修订一次,预案修订情况应有记录并归档。

③有下列情形之一的,应急预案应当及时修订:

• 燃气企业因兼并、重组、转制等导致隶属关系、经营方式、法定代表人发生变化的;

• 生产工艺和技术发生变化的;

• 周围环境发生变化,形成新的重大危险源的;

• 应急组织指挥体系或者职责已经调整的;

• 依据的法律、法规、规章和标准发生变化的;

• 应急救援预案演练评估报告要求修订的;

• 应急救援预案管理部门要求修订的。

④应急救援预案制订部门应当及时向有关部门或者单位报告应急救援预案的修订情况,并按照有关应急救援预案报备程序重新备案。

5) 应急救援预案的培训

①应急救援预案的编制部门负责组织本地区或本燃气企业应急救援预案的培训工作。

②应急救援预案的培训每年至少应组织一次。

③应急救援预案涉及地区的人员宜参加应急救援预案的培训。

④燃气企业的所有员工必须参加应急救援预案的培训。

⑤应急救援预案的培训必须有培训记录。

6) 应急救援预案的演练

应急演练指针对突发事件风险和应急保障工作要求,由相关应急人员在预设条件下,按照应急救援预案规定的职责和程序,对应急预案的启动、预测与预警、应急响应和应急保障等内容进行应对训练。

（1）应急演练的目的与原则

①目的：

a. 检验突发事件应急救援预案，提高应急救援预案针对性、实效性和操作性。

b. 完善突发事件应急机制，强化政府、燃气企业、燃气用户之间的协调与配合。

c. 锻炼燃气应急队伍，提高燃气应急人员在紧急情况下妥善处置突发事件的能力。

d. 推广和普及燃气应急知识，提高公众对突发事件的风险防范意识与能力。

e. 发现可能发生事故的隐患和存在问题。

②原则：

a. 依法依规，统筹规划。应急演练工作必须遵守国家相关法律、法规、标准及有关规定，科学统筹规划，纳入本地区或燃气企业应急管理工作的整体规划，并按规划组织实施。

b. 突出重点，讲求实效。应急演练应结合本单位实际，针对性设置演练内容。演练应符合事故/事件发生、变化、控制、消除的客观规律，注重过程、讲求实效，提高突发事件应急处置能力。

c. 协调配合，保证安全。应急演练应遵循"安全第一"的原则，加强组织协调，统一指挥，保证人身、燃气管网、用户设施及人民财产、公共设施安全，并遵守相关保密规定。

（2）应急演练分类

①综合应急演练：由多个单位、部门参与的针对燃气突发事件应急救援预案或多个专项燃气应急预案开展的应急演练活动，其目的是在一个或多个部门（单位）内针对多个环节或功能进行检验，并特别注重检验不同部门（单位）之间以及不同专业之间的应急人员的协调性及联动机制。其中，社会综合应急演练由政府相关部门、燃气行业管理部门、燃气企业、燃气用户等多个单位共同参加。

②专项应急演练：针对燃气企业燃气突发事件专项应急预案以及其他专项预案中涉及燃气企业职责而组织的应急演练。其目的是在一个部门或单位内针对某一个特定应急环节、应急措施、或应急功能进行检验。

（3）应急演练形式

①实战演练：由相关参演单位和人员，按照突发事件应急救援预案或应急程序，以程序性演练或检验性演练的方式，运用真实装备，在突发事件真实或模拟场景条件下开展的应急演练活动。其主要目的是检验应急队伍、应急抢险装备等资源调动效率以及组织实战能力，提高应急处置能力。

a. 程序性演练：根据演练题目和内容，事先编制演练工作方案和脚本。演练过程中，参演人员根据应急演练脚本，逐条分项推演。其主要目的是熟悉应对突发事件的处置流程,对工作程序进行验证。

b. 检验性演练:演练时间、地点、场景不预先告知,由领导小组随机控制,有关人员根据演练设置的突发事件信息,依据相关应急预案,发挥主观能动性进行响应。其主要目的是检验实际应急响应和处置能力。

②桌面演练:由相关参演单位人员,按照突发事件应急预案,利用图纸、计算机仿真系统、沙盘等模拟进行应急状态下的演练活动。其主要目的是使相关人员熟悉应急职责,掌握应急程序。

除以上两种形式外,应急演练也可采用其他形式进行。

(4)应急演练规划与计划

①规划:应急救援预案编制部门应针对突发事件特点对应急演练活动进行3~5年的整体规划,包括应急演练的主要内容、形式、范围、频次、日程等。从实际需求出发,分析本地区、本单位面临的主要风险,根据突发事件发生发展规律,制订应急演练规划。各级演练规划要统一协调、相互衔接,统筹安排各级演练之间的顺序、日程、侧重点,避免重复和相互冲突。演练频次应满足应急预案规定,但不得少于每年一次。

②计划:在规划基础上,制订具体的年度工作计划,包括演练的主要目的、类型、形式、内容、主要参与演练的部门、人员,演练经费概算的等。

(5)应急演练准备

针对演练题目和范围,开展下述演练准备工作。

①成立组织机构:根据需要成立应急演练领导小组以及策划组、技术组、保障组、评估组等工作机构,并明确演练工作职责、分工。

a. 领导小组:
- 领导应急演练筹备和实施工作;
- 审批应急演练工作方案和经费使用;
- 审批应急演练评估总结报告;
- 决定应急演练的其他重要事项。

b. 策划组:
- 负责应急演练的组织、协调和现场调度;
- 编制应急演练工作方案,拟定演练脚本;
- 指导参演单位进行应急演练准备等工作;
- 负责信息发布。

c. 技术保障组:
- 负责应急演练安全保障方案制订与执行;

● 负责提供应急演练技术支持,主要包括应急演练所涉及的调度通信、自动化系统、设备安全隔离等。

d. 后勤保障组:

● 负责应急演练的会务、后勤保障工作;

● 负责所需物资的准备,以及应急演练结束后物资清理归库;

● 负责人力资源管理及经费使用管理等。

e. 评估组:负责根据应急演练工作方案,拟定演练考核要点和提纲,跟踪和记录应急演练进展情况,发现应急演练中存在的问题,对应急演练进行点评。

② 编写演练文件:

a. 应急演练工作方案主要内容包括:

● 应急演练目的与要求;

● 应急演练场景设计:按照突发事件的内在变化规律,设置情景事件的发生时间、地点、状态特征、波及范围以及变化趋势等要素,进行情景描述。对演练过程中应采取的预警、应急响应、决策与指挥、处置与救援、保障与恢复、信息发布等应急行动与应对措施预先设定和描述;

● 参演单位和主要人员的任务及职责;

● 应急演练的评估内容、准则和方法,并制订相关评定标准;

● 应急演练总结与评估工作的安排;

● 应急演练技术支撑和保障条件,参演单位联系方式,应急演练安全保障方案等。

b. 应急演练脚本:应急演练脚本是指练工作方案的具体操作手册,帮助参演人员掌握演练进程和各自需演练的步骤。一般采用表格形式,描述应急演练每个步骤的时刻及时长、对应的情景内容、处置行动及执行人员、指令与报告对白、适时选用的技术设备、视频画面与字幕、解说词等。应急演练脚本主要适用于程序性演练。

c. 根据需要编写演练评估指南,主要包括:

● 相关信息:应急演练目的、情景描述,应急行动与应对措施简介等;

● 评估内容:应急演练准备、应急演练方案、应急演练组织与实施、应急演练效果等;

● 评估标准:应急演练目的的实现程度的评判指标;

● 评估程序:针对评估过程做出的程序性规定。

d. 安全保障方案主要包括:

● 可能发生的意外情况及其应急处置措施;

● 应急演练的安全设施与装备;

●应急演练非正常终止条件与程序；

●安全主要事项。

③落实保障措施

a.组织保障：落实演练总指挥、现场指挥、演练参与单位（部门）和人员等，必要时考虑替补人员。

b.资金与物资保障：落实演练经费、演练交通运输保障，筹措演练器材、演练情景模型。

c.技术保障：落实演练场地设置、演练情景模型制作、演练通信联络保障等。

d.安全保障：落实参演人员、现场群众、运行系统安全防护措施，进行必要的系统（设备）安全隔离，确保所有参演人员和现场群众的生命财产安全，确保运行系统安全。

e.宣传保障：根据演练需要，对涉及演练单位、人员及社会公众进行演练预告，宣传燃气应急相关知识。

④其他准备事项：根据需要准备应急演练有关活动安排，进行相关应急预案培训，必要时可进行预演。

（6）应急演练实施

①程序性实战演练实施：

a.实施前状态检查确认：在应急演练开始之前，确认演练所需的工具、设备设施以及参演人员到位，检查应急演练安全保障设备设施，确认各项安全保障措施完备。

b.演练实施：

●条件具备后，由总指挥宣布演练开始；

●按照应急演练脚本及应急演练工作方案逐步演练，直至全部步骤完成；

●演练可由策划组随机调整演练场景的个别或部分信息指令，使演练人员依据变化后的信息和指令自主进行响应；

●出现特殊或意外情况，策划组可调整或干预演练，若危及人身和设备安全时，应采取应急措施终止演练；

●演练完毕，由总指挥宣布演练结束。

②检验性实战演练实施：

a.实施前状态检查确认：在应急演练开始之前，确认演练条件具备，检查演练安全保障设备设施，确认各项安全保障措施完备。

b.演练实施（可分为两种方式）：

●方式一：策划人员是新发布演练题目及内容，向参演人员通告事件背景，演练事件、地点、场景随机安排。

●方式二:策划人员不事先发布演练题目及内容,演练时间、地点、内容、场景随机安排。

有关人员根据演练指令,依据相应预案规定职责启动应急响应,开展应急处置行动。演练完毕,由策划人员宣布演练结束。

③桌面演练实施

a.实施前状态检查确认:在应急演练开始之前,策划人员确认演练条件具备。

b.演练实施:

●由策划人员宣布演练开始;

●参演人员根据事件预想,按照预案要求,模拟进行演练活动,启动应急响应,开展应急处置行动;

●演练完毕,由策划人员宣布演练结束。

④其他事项

a.演练解说:在演练实施过程中,可以安排专人进行解说。内容包括演练背景描述、进程讲解、案例介绍、环境渲染等。

b.演练记录:演练实施过程要有必要的记录,分为文字、图片和声像记录,其中文字记录内容主要包括:

●演练开始和结束事件;

●演练指挥组、主现场、分现场实际执行情况;

●演练人员表现;

●出现的特殊或意外情况及其处置。

(7)应急演练评估、总结与改进

①评估:对演练准备、演练方案、演练组织、演练实施、演练效果等进行评估,评估目的是确定应急演练是否已达到应急演练目的和要求,检验相关应急机构指挥人员及应急人员完成任务的能力。

评估组应掌握事件和应急演练场景,熟悉被评估岗位和人员的响应程序、标准和要求;演练过程中,按照规定的评估项目,依推演的先后顺序逐一进行记录;演练结束后进行点评,撰写评估报告,重点对应急演练组织实施中发现的问题和应急演练效果进行评估总结。

②总结:应急演练结束后,策划组撰写总结报告,主要包括以下内容:

●本次应急演练的基本情况和特点;

●应急演练的主要收获和经验;

●应急演练中存在的问题及原因;

● 对应急演练组织和保障等方面的建议及改进意见;

● 对应急预案和有关执行程序的改进建议;

● 对应急措施、设备维护与更新方面的建议;

● 对应急组织、应急响应能力与人员培训方案的建议等。

③后续处置

a.文件归档与备案:应急演练活动结束后,将应急演练方案、应急演练评估报告、应急演练总结报告等文字资料,以及记录演练实施过程的相关图片、视频、音频等资料归档保存;对主管部门要求备案的应急演练,演练组织部门(单位)将相关资料报主管部门备案。

b.预案修订:演练评估或总结报告认定演练与预案不相衔接,甚至产生冲突,或预案不具有可操作性,由应急预案编制部门按程序对预案进行修改完善。

④续改进:应急演练结束后,组织应急演练的部门(单位)应根据应急演练情况,对表现突出的单位及个人,给予表彰或奖励,对不按要求参加演练,或影响正常开展的,给予批评或处分。应根据应急演练评估报告、总结报告提出的问题和建议,督促相关部门和人员制订整改计划、明确整改目标、制订整改措施、落实整改资金,并跟踪督查整改情况。

学习鉴定

1. 填空题

(1)城镇燃气是具有_____、_____及有_____的物质,其危害主要是_____和_____两大类。

(2)城市燃气事故的特点_____、_____、_____,影响范围大,后果严重,既可形成主灾害,也可成为其他灾害的次生灾害。

(3)应急一般指针对突发、具有破坏力的紧急事件采取预防、预备、响应和恢复的活动与计划。那么相对应的,燃气应急一般指针对_____,造成或者可能造成_____、_____、_____、_____等危及燃气供应企业、社会公共安全稳定的紧急事件,采取应急处置措施予以应对。

(4)应急救援预案是应急管理的文本体现,核心要素包括_____、沟通、_____、财产保护、社区外延、_____、行政管理与后勤。

(5)_____是为了锻炼燃气应急队伍,提高燃气应急人员在紧急情况下妥善处置突发事件的能力。

2. 简答题

(1)应急救援预案的作用是什么?

(2)应急救援预案在什么时候应该进行修订?

12　物联网技术与燃气管理

12.1

燃气管网数据采集系统（**SCADA**）

SCADA 是英文 Supervisory Control and Data Acquisition 的简称，即监控与数据采集系统。SCADA 系统基本原理，是以电子计算机为中心系统，对场站运行设备进行数据监测和远程控制，通常指工业控制系统，即用于工业、公用事业或基础设施的计算机监视控制系统。SCADA 系统是一项集成了包括了计算机控制技术、软件工程技术、监控网络技术、PLC/RTU 技术、工业仪表技术等多种技术在内的系统工程，通过对多种技术的集成实现其数据采集与监视控制功能。SCADA 系统运行的本质过程可以概括为：将现场运行实况通过传感器进行感受并转换为标准的电信号，再通过数模转换技术将电信号转换为数字信息，最终通过数据通信技术将信息传输至中心站，完成实时监测；同时中心站可以通过发送数据指令控制执行器实现远程实时控制。

以燃气应用为例，SCADA 系统通过通信网络，对天然气管网关键站点进行实时监测，从而掌握整个管网的生产运行，确保管网压力、流量等参数在正常范围内运行，遇异常情况或参数达到所设定报警限制，系统进行报警，提示操作人员注意，并通过 SCADA 系统发出控制指令，调控现场设备。

SCADA 系统已广泛应用于电力、燃气、供水、污水处理以及环境监测等各领域。各领域工作职能不同，但基本概念和原理相同：实现对现场的运行设备进行实时远程监视、数据采集、测量、信号报警等各项功能，中心系统能做数据存储、处理和分析，为管理和决策提供适用的各种信息。通过 SCADA 系统实现对燃气输气管网的全线远程监控，不仅可以实现对控制工艺的改进，提高企业管理水平，而且将在确保安全生产基础上获得更大的经济效益。

 知识拓展

系统的组成

SCADA 系统的组成主要包括硬件设备和软件两大类。硬件设备主要分为现场数据采集和控制设备，网络通信传输设备，上位的数据存储、计算和应用的服务器、工作站，打印机等设备；软件产品主要有监控组态软件和接口软件等。

1)硬件设备

（1）现场设备

①变送器：传感器是一种获取信息的装置，可以把物理量或化学量变换成可以利用的（电）信号的转换器件。它能感受被测量，并按照一定规律转换成可用的输出信号。传感器输出的信号有多种形式，如电压、电流、频率和脉冲等，输出信号的形式由传感器的原理确定。当传感器的输出为规定的标准信号时，则称为变送器。

②执行器：执行器又称终端控制元件（Final Controlling Element），一般由执行机构和调节机构组成。在工业监控系统中，执行器受控制器的指令信号，经执行机构将其转换成相应的角位移或直线位移，去控制调节机构，改变被控对象进、出的能量或物料，以实现过程的自动控制。执行器按其能源形式分为气动、电动和液动三大类，它们各有特点，适用于不同的场合。

在燃气管网中应用最为广泛的是电动执行器。

③RTU/PLC 控制终端：远程终端装置 RTU（Remote Terminal Unit）和可编程逻辑控制器 PLC（Programmable Logic Controller）是燃气现场数据采集和控制的常见设备。

现场数据都是通过控制终端站进行采集并上传至服务器。PLC/RTU 从模块构成上看，可分为两类，即固定 I/O 及端口式和模块式。组成部分一般包括地板、电源模块、CPU 模块、通信模块、模拟量输入/输出模块、数字量输入/输出模块。

（2）网络通信传输设备

①交换机：交换机是一种基于网络主机的硬件地址（Media Access Control，MAC）识别，通过封装转发数据包实现网络内数据传送与交换的网络设备。交换机可以"学习"MAC 地址，并把其存放在内部地址表中，通过在数据帧的始发者和目标接收者之间建立临时的交换路径，使数据帧直接由源地址到达目的地址。

②路由器：所谓"路由"，是指把数据从一个地方传送到另一个地方的行为和动作，而路由器正是执行这种行为动作，选择最佳的路由线路的网络设备。路由器通常用于连接多个网络或网段，实现其互通与互联。

③防火墙：从狭义上说防火墙是指安装了防火墙软件的主机或路由器系统；从广义上说防火墙还包括整个网络的安全策略和安全行为。总之防火墙是一种网络安全保障手段，是网络通信时执行的一种访问控制尺度，其主要目标就是通过控制入、出一个网络的权限，并迫使所有连接都经过这样的检查，防止一个需要保护的网络遭受外界因素的干扰和破坏。

（3）上位设备

上位系统一般包括服务器、工作站、打印机、时钟同步、大屏幕显示系统、UPS 电源等。

①服务器：服务器是一种高性能计算机，作为网络的节点，存储、处理计算机网络上大部分的数据、信息，因此也被称为网络的灵魂。服务器的构成与微型计算机（微机）基本相似，有处理器、硬盘、内存、系统总线等，它们是针对具体的网络应用特别制订的，因而与微机相比，服务器在处理能力、稳定性、可靠性、安全性、可扩展性、可管理性等方面有着显著的优势。一般 SCADA 系统由实时数据服务器、历史数据服务器以及一些其他应用或者专用系统的服务器组成，例如Web 发布服务器、GIS 服务器、域管理服务器等。

实时数据服务器是 SCADA 系统的核心并且占有最重要的地位。所有通过 RTU/PLC 从现场变送器采集的实时数据通过通信网络，被传输至实时数据服务器。这些数据通过软件系统的汇总、分析、计算等处理后在操作员工作站进行显示。

②工作站：工作站是一种高档的微型计算机，通常配有高分辨率的大屏幕显示器及容量很大的内存储器和外部存储器，并且具有较强的信息处理功能和高性能的图形、图像处理功能以及联网功能。一般的系统监视、组态配置等工作需要在工作站上完成。典型的SCADA 系统工作站包括操作员工作站、工程师站、培训工作站等。随着技术的发展和应用的增多，操作员工作站一般被配置成双屏或多屏显示。

③打印机：打印机是用于进行事件、文档、图像的打印输出，按照介质的不同分为激光打印机、喷墨打印机和针式色带打印机等。SCADA 系统一般包括报警和事件打印机、报表打印机等。报警和事件打印机一般采用针式打印机、用于打印系统中的报警记录和操作

员的操作记录等,用于事件的记录和分析。报表和图像打印机一般采用激光打印机。通常在大的系统中打印机都通过打印服务器与服务器、工作站连接。

④时钟同步服务器:时钟同步服务器用于在服务器、工作站和RTU 等设备间进行时钟的同步,确保所有数据的时钟标签保持一致。时钟同步服务器一般通过 GPS 地球同步卫星上获取标准时钟信号信息,将这些信息在网络中传输,网络中需要时间信号的设备如计算机,控制器等设备就可以与标准时钟信号同步。

2)软件

工业监控的发展经历了手动控制、仪表控制和计算机控制等几个阶段。特别是随着集散控制系统的发展和在流程工业控制中的广泛应用,集散控制中采用组态工具来开发控制系统应用软件的技术得到了广泛的认可。随着 PC 的普及和计算机控制在众多行业应用中的增加,以及人们对工业自动化的要求不断提高,传统的工业控制软件已无法满足应用的需求和挑战。

随着微电子技术、计算机技术、软件工程和控制技术的发展,作为用户无须改变运行程序源代码的软件平台工具—组态软件(Configuration Software)便逐步产生并不断发展。由于组态软件在实现工业控制的过程中免去了大量烦琐的编程工作,解决了长期以来控制工程人员缺乏丰富的计算机专业知识与计算机专业人员缺乏控制工程现场操作技术和经验的矛盾,极大地提高了自动化工程的开发效率及工控软件的可靠性。近年来,组态软件不仅在中小型工业控制系统中广泛应用,也成为大型 SCADA 系统开发人机界面和监控应用最主要的应用软件,在配电自动化、智能楼宇、农业自动化、能源监控等领域也得到了众多应用。

(1)组态软件

不同的组态软件在系统运行方式、操作和使用上都会有自己的特色,但它们总体上都具有以下特点:

①简单灵活的可视化操作界面:组态软件多采用可视化、面向窗口的开发环境,符合用户的使用习惯和要求。以窗口或画面为单位,构造用户运行系统的图形界面,使组态工作既简单直观,又灵活多变。用户可以使用系统的默认架构,也可以根据需要自己组态配置,

生成各种类型和风格的图形界面以及组织这些图形界面。

②实时多任务特性：实时多任务特性是工控组态软件的重要特点和工作基础。在实际工业控制中，同一台计算机往往需要同时进行数据的采集、处理、存储、检索、管理、输出，算法的调用，实现图形、图表的显示、报警输出、实时通信等多个任务。实时多任务特性是衡量系统性能的重要指标，特别是对于大型系统，这一点尤为重要。

③强大的网络功能：可支持 C/S 模式，实现多点数据传输；能运行于基于 TCP/IP 网络协议的网络上，利用 Internet 浏览器技术实现远程监控；提供基于网络的报警系统、基于网络的数据库系统、基于网络的冗余系统；实现以太网与不同的现场总线之间的通信。

④高效的通信能力：简单地说，组态软件的通信即上位机与下位机的数据交换。开放性是指组态软件能够支持多种通信协议，能够与不同厂家生产的设备互连，从而实现完成监控功能的上位机与完成数据采集功能的下位机之间的双向通信，它是衡量工控组态软件通信能力的标准。能够实现与不同厂家生产的各种工控设备的通信是工控组态软件得以广泛应用的基础。

⑤开放的接口：接口开放可以包括两个方面的含义。

第一方面就是用户可以很容易地根据自己的需要，对组态软件的功能进行扩充。由于组态软件是通用软件，而用户的需要是多方面的，因此，用户或多或少都要扩充通用版软件的功能，这就要求组态软件留有这样的接口。例如，现有的不少组态软件允许用户可以方便地用 VB 或 VC++等编程工具自行编制或定制所需的设备构件，装入设备工具箱，不断充实设备工具箱。有些组态软件提供了一个高级开发向导，自动生成设备驱动程序的框架，给用户开发 I/O 设备驱动程序工作提供帮助。用户还可以使用自行编写动态链接库 DLL 的方法在策略编辑器中挂接自己的应用程序模块。

第二方面是组态软件本身是开放系统，即采用组态软件开发的人机界面要能够通过标准接口与其他系统通信，这一点在目前强调信息集成的时代特别重要。人机界面处于综合自动化系统的最底层，它要向制造执行系统等上层系统提供数据，同时接受其调用。此外，用户自行开发的一些先进控制或其他功能程序也要通过与人机界面或实时数据库的通信来实现。

⑥多样化的报警功能:组态软件提供多种不同的报警方式,具有丰富的报警类型,方便用户进行报警设置,并且系统能够实时显示报警信息,对报警数据进行存储和应答,并可定义不同的应答类型,为工业现场安全、可靠运行提供了有力的保障。

⑦良好的可维护性:组态软件由几个功能模块组成,主要的功能模块以构件形式来构造,不同的构件有着不同的功能,且各自独立,易于维护。

⑧丰富的设备对象图库和控件:对象图库是分类存储的各种对象(图形、控件等)的图库。组态时,只需要把各种对象从图库中取出,放置在相应的图形画面上。也可以自己按照规定的形式制作图形加入图库中。通过这种方式,可以解决软件重用的问题,提高工作效率,也方便定制许多面向特定行业应用的图库和控件。

⑨丰富生动的画面:组态软件多以图像、图形、报表、曲线等形式,为操作员及时提供系统运行中的状态、品质及异常报警等相关信息;用大小变化、颜色变化、明暗闪烁、移动翻转等多种方式增加画面的动态显示效果;对图元、图符对象定义不同的状态属性,实现动画效果,还为用户提供了丰富的动画构件,每个动画构件都对应一个特定的动画功能。

(2)软件体系结构

①C/S结构:C/S软件体系结构即客户端(Client)/服务器(Server)体系结构,是为实现资源共享而提出的。其将应用一分为二,服务器(后台)负责数据管理,客户端(前台)完成与用户的交互任务。其基本的工作方式为客户端把SQL语言、文件系统的调用以及其他请求通过网络送到服务器中,服务器接受请求、完成计算并将结果通过网络发回客户应用程序,网络上流通的仅仅是请求信息和结果信息,服务器进行的计算对客户应用程序透明。这种结构分散了处理任务,在数据库管理系统中存储所有的数据,对基本数据结构担负主要的职责,对数据完整性、管理和安全性进行严格的统一控制。方便系统管理员备份数据、定期维护数据和服务器。

所以基于C/S结构的功能模块具有以下特点:安全性要求高,具有较强的交互性,使用者活动范围相对固定,要求处理大量的实时的数据。

针对 C/S 结构的特点，通常在工业调控中心系统中，工作站与数据服务器大都组建 C/S 结构模式，从而有效保证调度监控数据处理的实时性、高效性与安全性。

②B/S 结构：B/S 软件体系结构即浏览器（Browser）/服务器（Server）结构，是随着 Internet 技术的兴起，对 C/S 体系结构的一种变化或者改进的结构。在 B/S 体系结构下，用户界面完全通过浏览器实现，一部分事务逻辑在前端实现，但是主要事务逻辑在服务器端实现。B/S 体系结构主要是利用不断发展的浏览器技术，结合浏览器的多种脚本语言，用通用浏览器就实现了原来需要复杂的专用软件才能实现的强大功能，节约了开发成本。基 B/S 体系结构的软件系统的安装、修改和维护全在服务器端解决。用户在使用系统时，仅仅需要一个浏览器就可运行全部的模块，并且很容易在运行时自动升级。B/S 体系结构还提供了异种设备、异种网络、异种应用服务的联机、联网、统一服务的最现实的开放性基础。

使用 B/S 模式的功能模块具有以下特点：使用者活动范围变化大，安全性要求相对较低，功能变动频繁。

针对 B/S 结构的特点，应用中集成基于 B/S 模式的 Web 发布系统，充分满足系统门户信息发布的需求。系统工作站与数据服务器组建 C/S 模式的同时，与 Web 服务器组建 B/S 模式，从而实现两种模式的互备与互补。

③C/S 与 B/S 混合结构：在实际应用中越来越多地采用集成 C/S 与 B/S 混合结构模式，可以充分发挥该两种模式的优点，实现优势互补。采用 C/S 与 B/S 混合结构的中心站软件系统通常由三层组成：通信软件子系统、数据服务软件子系统、应用软件子系统。

● 通信软件子系统实现对系统监控组网、网络操作系统平台、网络通信协议、网络接口服务、网络平台管理、监控数据远程实时采集等软件的集成，并为其上层系统-数据服务子系统提供数据支持。

● 数据服务子系统实现对服务器操作系统、数据库软件平台（实时数据库、关系型数据库等）、数据服务（Web Services、DCOM 组件、数据接口服务、中间件等）软件的集成，并为其上层系统-应用软件子系统提供数据支持。

● 应用软件子系统实现对应用客户端操作系统、组态应用软件、工具软件、各类人机界面软件的集成,从而最终满足用户对系统的操作使用需求。

通过分层结构,大大提高了系统集成"高内聚、低耦合"的程度,并降低了系统中各组成部分相互关联与依赖复杂度,同时利于各层软件与资源的复用,从而有效地提高了系统的性能价格比。

(3)网络操作系统软件

典型网络操作系统特点是:硬件独立,可以在各种网络平台上运行、网络安全、系统管理、应用程序。应用于调度监控领域的网络操作系统主要是 Windows 和 Unix。

①Windows 操作系统:Windows 操作系统平台凭借其在稳定性、扩展性、开放性、易操作维护性等方面的能力可以全面、充分地满足调度监控领域的应用需求。并且越来越多国际知名品牌的组态软件厂商都在不断地将微软的相关标准与技术应用于组态软件,从而实现其对监控需求的更好满足。

②Unix 操作系统(特点):

● 稳定性:Unix 系统已经被事实证明具有极强的稳定性,许多 Unix 服务器可以连续运行数年而不会停机。与 Unix 服务器相比,Windows 服务器由于各种原因需要重启的频率较高,例如驱动程序崩溃或需要安装微软公司提供的补丁或升级软件包等情况。和 Windows 相比,Unix 的安全漏洞更少,并且更易于通过定制和管理其网络与服务实现防止恶意入侵。

● 病毒抵抗性:攻击 Windows 系统的病毒越来越多,例如宏病毒、蠕虫病毒、拒绝服务攻击病毒等等。病毒攻击有时会导致整个系统和网络数小时甚至数日不能正常工作,这对于 SCADA 系统来说是难以接受的。Unix 服务器不会被以上病毒所感染,即便出现系统中的某些工作站不幸被感染而停机的情况,Unix 服务器仍然能够继续正常运行并为其他工作站提供服务,从而既降低了系统的管理费用又提高了其连续不停机的时间。

● 多进程处理能力:一个 SCADA 服务器可能有数百甚至数千个进程/线程在同时运行。Unix 可以更好地管理服务器内存和其他资源以支持更多的应用,并且通过更好地对多任务进行管理可防止某些进程独占 CPU 的情况。

● 强大的网络和输入/输出能力：与 Windows 相比，Unix 拥有更强大的网络和文件输入/输出能力。中等配置的服务器即可以其极快的响应速度为数百名用户提供文件、数据库及网络服务，在这点上，Windows 系统难以与之相比。

12.1.1　SCADA 系统的功能

SCADA 系统主要功能是对现场运行参数进行实时采集、计算，实现对现场工艺设备的运行情况进行自动、连续的监视管理和数据统计，远程操作现场设备，为燃气供应平衡、安全运行提供必要的辅助决策信息。

1) 数据采集

中心站通过通信链路对远程终端站进行扫描式的数据采集，采集到的数据打包后按照事先约定的协议传入 SCADA 系统实时数据服务器，服务器将对数据包进行解析和集中，并对需要计算和处理的数据进行处理。通信协议可采用符合国际工业标准的工业以太网通信协议（如 Modbus、DNP3.0 等）。这些协议被世界上大多数主要 SCADA 集成商和设备供应商采用。

2) 数据显示与查询

操作员站和工程师站通过以太网将系统采集的数据以直观、友好的图形方式表现给用户。显示界面直观、清晰、明快，不易产生误解。动态数据、图形和静态图形的显示色彩鲜艳、主次分明，用户通过简单的鼠标操作实现显示界面切换。任何一台操作员站都能够完成系统提供的全部功能，通过显示系统可以方便地将操作界面进行全景或局部显示。

显示界面主要包括：

(1) 管网图动态实时显示

管网图以管网分布图为背景，在管网图上终端站所处相应位置显示该站点的参数数据，见图 12.1。显示包括：

- 管网分布图；
- 各终端站点相对位置；
- 各终端站点参数值；
- 各终端站回路总图等。

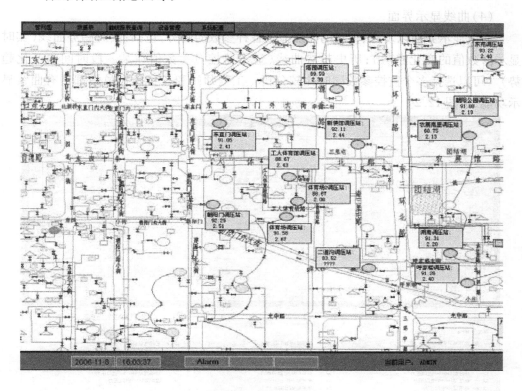

图 12.1　管网图界面

管网图显示包括缩略图显示和详细图显示。缩略图主要突出主要管网和重要站点重要参数的数据显示。详细图是覆盖整个管网系统详细信息的图形加数据显示界面。各站点的地理位置能快速、清晰地反映在管网图界面上。

（2）工艺流程图动态实时显示

系统可以对终端站的工艺变量、全线工艺设备运行状态进行监视；可显示终端站的内部工艺流程图，工艺流程图以采集的数据（如阀门的开停）为依据，以特定的符号及线段、颜色绘制动态显示管网的运行（如阀门为绿色表示开启，红色表示关断）；可显示站场整体流程，也可分区显示或者采用缩放功能显示。系统同时将采集的模拟数据实时显示在站点内部工艺图相应位置上，对于装有电动控制阀的站，可用图形和数字两种方式给出阀门的开度和开/关状态。终端站里的主要设备（阀门、仪表等）的规格、型号、品牌在工艺流程上用相近似的二维图显示，流程中标有主要参数数值、设备运行状态、报警提示。

（3）站内设备布置图

系统可以显示站场的内部设备布置图，用来作为设备管理、故障查找的依据。

（4）曲线显示界面

曲线显示界面以友好、直观的曲线显示各种参数的趋势，包括：实时趋势曲线（实时显示参数值的变化趋势）；历史趋势曲线（显示监控点参数值在某一段时间内变化趋势）。可以选择多个监控参数同时比较分析。工程师站和各台操作员站都具有曲线显示功能，见图12.2。

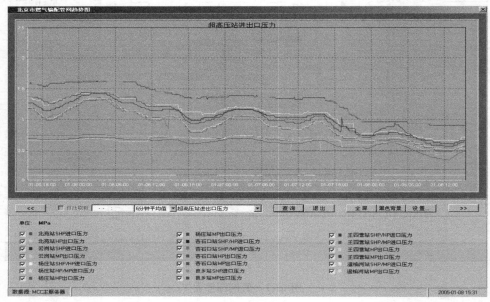

图12.2　历史曲线显示

（5）参数列表

以数据列表的方式显示系统全部参数的列表。以便于操作员查询系统内全部参数的实时数据。工程师站和各操作员站都具有参数列表显示功能，见图12.3。

3）控制指令下发

具有授权的操作人员可以通过工作站对远程终端设备进行控制，这种控制通过界面操作即可实现。控制功能包括设备控制和站点控制。

（1）设备控制

SCADA系统通过图像显示及表格形式提供监控功能，操作员可以通过如下方式进行控制：

中低压站数据监测表

项目 序号	站点编号	站名	采集时间	通讯状态	进口压力 KPa	出口压力 KPa	室内温度 ℃	燃气温度 ℃	瞬时流量 Nm3/h	日累计流量 Nm3	浓度报警	220V供电
				第 一 输 网 所								
1	XRLI0051	黎画学院	2006-11-08 15:55	正常	90.60	2.49	37.33	13.67				正常
2	XRLI0052	小雪03	2006-08-24 16:45	中断	????	????	????	????				
3	XRLI0053	坝河北里	2006-08-24 16:45	中断	????	????	????	????				
4	XRLI0054	大山子	2006-11-08 15:55	正常	91.50	2.47	11.48	14.35				正常
5	XRLI0055	左二	2006-11-08 15:55	正常	94.35	2.62	20.06	15.90				正常
6	XRLI0056	新源西里	2006-11-08 15:56	正常	95.10	2.46	16.19	????				正常
7	XRLI0057	东直门	2006-11-08 15:56	正常	91.05	2.41	14.65					正常
8	XRLI0058	新侨宾馆	2006-11-08 15:56	正常	92.11	2.44	0.00	21.46				正常
9	XRLI0059	朝阳公园	2006-11-08 15:56	正常	91.86	2.19	15.35	12.37				正常
10	XRLI0060	农展南里	2006-11-08 15:56	正常	90.38	2.13	0.00	20.38				正常
11	XRLI0061	体育场	2006-11-08 15:56	正常	91.50	2.67	16.64	15.76				正常
12	XRLI0062	朝阳门	2006-11-08 15:56	正常	92.29	2.51	0.00	14.14				正常
13	XRLI0063	湖南	2006-11-08 15:56	正常	91.31	2.20	0.00	11.88				正常
14	XRLI0064	呼家楼	2006-11-08 15:56	正常	91.26	2.40	17.52	17.68				正常
15	XRLI0065	甜水园	2006-11-08 15:56	正常	90.60	2.43	21.19	13.03				正常
16	XRLI0066	道字设	2006-11-08 15:56	正常	90.75	2.30	0.00	18.85				正常
17	XRLI0067	霍顿三	2006-11-08 15:56	正常	88.13	2.29	16.55	12.32				正常
18	XRLI0068	石佛营中区	2006-10-28 07:00	中断	92.70	2.38	17.71	14.73				正常
19	XRLI0069	甘露园南	2006-11-08 15:57	正常	95.25	2.29	25.72	12.68				正常
20	XRLI0070	康村院	2006-11-08 15:57	正常	92.40	2.39	16.51	20.69				正常
21	XRLI0071	和平里03	2006-11-08 15:49	正常	92.04	2.50	28.95	13.54				正常
22	XRLI0072	电梯	2006-11-08 15:53	正常	93.90	2.52	2.74	4.81				正常
23	XRLI0073	烟厂	2006-11-08 15:56	正常	86.10	2.29						正常
24	XRLI0074	花家地01	2006-11-08 15:56	正常	93.19	2.39	10.73	22.10	0.00			正常
25	XRLI0075	北苑家园	2006-11-08 15:56	正常	104.18	2.75	-10.00	12.78	0.00			正常
26	XRLI0076	华湖	2006-11-08 15:56	正常	93.48	2.22						正常
27	TGLI1051	天安门肘待新	2006-11-08 15:58	中断	89.53	13.49			????		太阳能	
28	TGLI1052	二十一世纪	2006-11-08 15:58	正常	90.60	16.19			????		太阳能	
29	TGLI1053	嘉祥	2006-11-08 15:58	正常	94.48	2.32			????		太阳能	
30	TGLI1054	苏州街	2006-11-08 15:59	正常	88.67	2.29					太阳能	
31	TGLI1070	工人体育馆	2006-11-08 15:57	正常	88.57	2.46	12.23				正常	正常

图 12.3　参数列表显示

- 在界面上(菜单上)选取需要控制的设备、需要执行的指令;
- 直接在界面上选取对某设备某种操作的按钮。

系统对每一控制操作都跟踪显示操作成功与否,记录控制命令从发送到执行完毕的时间,如延迟太长时间还未执行,系统报警。

当操作员选择某站点时,此站点便不能被其他操作员控制。

(2)站点设置

操作员可以对站点进行下列设置

- 远程控制模式;
- 本地自动控制模式;
- 本地手动控制模式。

(3)现场智能设备控制

调控中心的操作员能向远程设备、智能设备装载配置控制目标值。由现场设备按照目标值自行完成控制。

操作员设置操作、设置原因、设置时间、操作员姓名等都存储在数据库中。系统可以对存储的信息进行查询统计,可以设置时间、设置类型或操作员姓名等信息进行查询统计。

控制系统利用多级安全保护措施(工作站级和控制器级)对控制命令进行校验和有效性检查,来防止非法的命令(包括操作错误,通信噪声,设备故障和软件错误等)。

控制指令通过监控组态软件的通信驱动程序向指定的设备发送。控制指令比正常的巡检优先级高,调控中心可以发送紧急关断控制(ESD)命令,命令下达时,通信系统迅速响应(暂停巡检,控制命令下达后再巡检)。

4)报警与事件管理

系统具有报警和故障报警处理的功能,报警功能对于系统安全稳定地运行,及时发现并清除隐患具有巨大的意义。

(1)报警原理

系统可以对运行报警事件或报警条件进行组态(如超限报警、故障报警等),当管网参数超出预定范围或当系统发生某种故障时,系统提供声光报警功能。

- 需多次测试故障状态,才可发出报警信息,从而消除假报警信息。

- 不能对某一单独的报警状态反复报告和记录。在持续异常的情况下,可定期(如每30 min)记录其状态。

- 允许操作员禁止任一报警条件(设备故障、通信故障、状态变化、越限报警等)。

- 报警类型分为三种:主报警、重要报警、一般报警。

(2)报警处理

每个报警/事件具有优先显示权,实现分级报警管理,不仅能提醒操作员各主要异常事件,而且能相应的减少操作员的劳动强度,避免误报。每个报警信息包含:报警发生的日期和时间、类型、站名、参数名称(如压力、流量等)及需要的其他信息。

①报警发生:当警报发生时,实时数据服务器首先对报警数据进行检查,包括:

a.模拟量检查,以确定报警属于哪种类型,包括超出设备仪表的量程、超出预定义的限制范围。

b.报警类型确认后:系统能够根据用户的要求执行预定动作(如关断某个阀门等)。

- 工艺图、流程图显示报警信息。

- 控制台发出声音警报(语音提示或用不同的报警声音区别不同类型的/不同级别的报警)。

- 界面弹出报警列表,列表中显示报警信息(报警的时间、位置、类型和等级等),报警显示以逆序方式排列;报警列表可以筛选显示,如未处理的、优先级高的、已经处理的或按站点和区域显示等。

- 在事件日志中记录报警信息,支持 *.txt 和 *.xls 通用数据文件输出。

- 报警信息在被操作员确认前,闪烁显示。
- 自动或手动地打印报警信息。
- 根据用户的要求将报警信息发送存储到网络上的任何节点、磁盘文件和数据库中。
- 报警的位置、类型、时间都存储在历史数据服务器中。

如果报警点位于站内,只要报警信息仍然存在,该站示意图、列表显示及目录显示中的站名就会不断闪烁。

②报警点恢复正常:当一个报警状态返回正常状态时被记录在事件日志里,其他一切恢复正常。

(3)报警信息查询

所有报警信息都存储在数据库中,可以按条件或者组合查询,也可以分类显示报警信息。

(4)系统具有事故处理和安全保护的功能

当系统发生严重报警,参数变化严重超出预定范围或预定速率、管网仿真系统检测到泄漏等重要故障发生,确定为事故时:

①系统可以自动执行预定义的控制操作,如关断相关紧急关断阀门等,提供安全保护的功能,从而控制事故的蔓延和发展。

②报警提示,显示故障处理提示窗口,按照事故类型提示操作员应该采用的应急措施(安全处理、通知相关部门抢险、处理)。

5)数据存储、归档管理

(1)数据存储归档

所有的监控系统实时数据和手工录入的数据,按数据种类存入历史数据库,按照服务器和存储设备的容量能够存储3年以上历史数据。操作人员可随时对这些数据进行查询、检索、统计、制表和绘制曲线并打印,见图12.4。

常用数据库包括:

- 监测类数据库——对全网实测参数进行汇总、计算、分析、处理;
- 控制类数据库——统一管理系统控制参数、控制指令、控制队列和优先级;
- 报警和故障类数据库——存储系统所有的报警和故障数据;
- 操作信息数据库——存储系统所有的操作信息。

可根据需要将数据存储,可以将长时间不使用的数据归档到磁带、光盘等存储设备中,归档保存。存储的数据将标记年、月、周、日和时间信息。

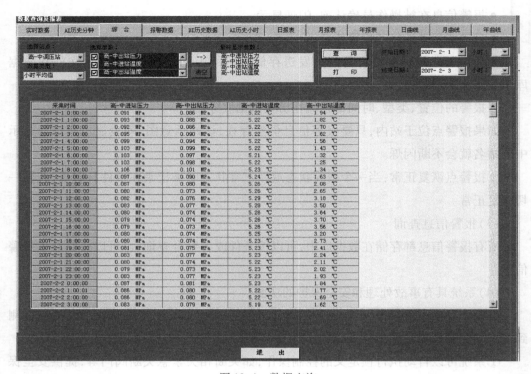

图 12.4　数据查询

所有实时数据和历史数据都可以查询、显示和打印。使用专用的编辑软件设计专用的显示和报表,所有操作界面都为中文。

应用程序利用标准的数据库存取方法,可以很容易实现对实时数据和历史数据的存取。

（2）数据库管理

①数据库软件选择:系统的成功执行依赖于灵活的、高效的数据库管理系统。虽然各种数据具有不同的特性(实时数据、系统参数、历史数据、报警、应用程序运行结果、文本、显示和将来的视频图像),但是系统的可扩充性、灵活性和系统性能都能通过完整的数据库管理系统得到提高。

②数据库存取:数据库的存取通过标准接口实现,使得应用软件和其他系统部分与数据库设计的组织和物理地址分离开来。允许其他的应用程序和用户访问数据库的数据,在保证系统安全的前提下,数据库提供标准的接口,保证数据通过标准的通信协议在调控中心和其他系统之间传输,使调控中心系统具有良好的开放性及可扩展性。

③数据备份:系统自动进行数据备份,以保证系统正常、平稳地工作。对于长时间不用的数据可以归档处理(备份到磁带或光盘上,归档保存)。

④数据恢复:当出现系统崩溃或数据丢失时,从备份介质恢复数据。

⑤数据库主要包括:系统参数配置表存储整个监控系统节点及参数配置信息。

a. 实时数据库(建议保存 1 年):以一定的时间间隔存储实时监测数据及状态。实时数据库中至少可保存一年的数据,一年前的数据可备份至磁带、光盘或其他数据存储介质上,当需要查询这些数据时可恢复到实时数据库中。

b. 历史数据库(建议保存 3 年):设定的每一时间段内,对实时数据库进行统计,生成历史数据。通过大容量的磁盘阵列和高性能数据库,历史数据库中至少可保存三年的数据,超过三年的数据可备份至磁带机、光盘、USB 硬盘或其他数据存储介质,当需要查询这些数据时可恢复到历史数据库中。历史数据库信息可供报表、图形显示和趋势分析使用。

c. 报警/事件数据库保存(建议保存 3 年):存储监测数据报警信息及事件信息,包括:报警/事件发生的日期及时间、报警类型、报警恢复正常的信息、调度员操作信息。

6) 系统组态与管理

(1)系统组态

系统可以对系统内部相关参数进行在线设定,可以设置的系统参数包括终端站的个数、终端站的站名、终端站的站号、测控参数的种类、测控参数的数量、测控参数的参数名称、测控参数的物理量的转换方式、测控参数的限值、系统的显示方式、报警处理方式、报表格式等内容进行设置,使系统的组建和操作灵活、方便。

(2)网络管理

系统具有对网络进行监视及管理的功能,可以不断监测所有网络设备以判断是否有失效的网络设备。

监视的内容包括:

①当失效发生时报警给用户。

②网络设备的状态显示(故障、正常)。

③网络链路上的统计信息,包括:a. 包总数;b. 字节数;c. 丢包数;d. 其他可检测的失效状态。

(3)通信管理

系统可以对通信通道进行监视和管理,当主信道故障时切换到备份信道。

系统对通信通道的以下内容进行监视:

• 收发消息的总数

• 各种类型错误的总数

- 传输平均量
- 各通信链路通讯失败的最大数

典型的 SCADA 系统燃气调度功能模块如图 12.5 所示。

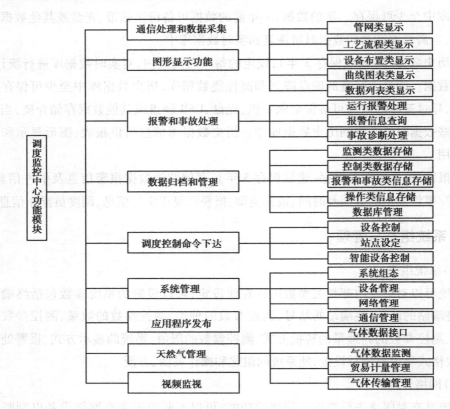

图 12.5　系统软件功能树

12.1.2　SCADA 系统在城镇燃气系统中的应用

SCADA 系统从 20 世纪 60 年代开始逐步应用在城镇燃气系统中,并随着电脑技术、工业控制、网络技术的发展逐渐发展和成熟。现在 SCADA 系统已经成为燃气传输和输配中不可或缺的一部分并占有越来越重要的地位。

SCADA 系统历史角色

(1) 单一的 SCADA 系统阶段(20 世纪60～80 年代)

特点:

- 单一独立的 SCADA 系统;
- 没有统一的设计标准和协议,每个厂商使用自己的标准;
- 限制硬件和软件;
- 只能在局域网内使用。

缺点:

- 兼容性差;
- 升级和扩展困难;
- 需要专门的公司或人员维护,维护成本高。

(2) 多系统并行阶段(20 世纪90 年代)

特点:

- 多个系统并存运行;
- 每个系统分开并独立;
- 没有数据共享和交互作用。

缺点:

- 重复投资;
- 结构复杂;
- 维护困难,维护成本高。

随着新技术和宽频网络快速发展,SCADA 系统已经从单一的监视和控制系统向多元化发展,逐步形成具有多种功能的综合系统。越来越多的厂商开始统一标准的接口和通用的协议,使系统开放性大大加强、兼容性提高,产品硬件和软件的模块化设计使系统功能划分清晰,方便用户根据自己的实际情况选择产品,也大大节约了系统维护的时间和成本。随着企业信息化的发展,一些办公系统也需要连接 SCADA 系统,共享数据来提高管理效率和减少管理成本。

1）SCADA 系统与生产系统集成

（1）与仿真系统集成

仿真系统是一个非常有用的工具被广泛应用于燃气传输和输配领域。

燃气管网仿真系统是一个定义数学模型的过程，通常由各种压力级制的管网组成，它是 SCADA 功能的扩展。目的是通过添加或者删除一些条件来模拟真实的运行过程。压力-流量模型反映了不同压力和负荷排列方法之间的联系，这个系统可以被用于模拟燃气管网不同的运行条件，在真实的系统中为决策和运行提供一个可靠的指导。

燃气仿真系统也被作为是燃气管网设计、运行计划、燃气调度、市场分析、能量结算、学员培训的一个非常有价值的工具。

（2）与地理信息系统集成

这个方法是使用 SCADA 数据作为基础数据，地理信息系统作为显示平台来集成 SCADA 和 GIS。它可以在燃气管网图上显示实时 SCADA 数据，使操作员可以直观地了解管网的和各种设备的空间分布，也可以根据需求提供各种交互查询，管网图形和属性信息。这个应用已经成为燃气运行的一个非常有效的工具。通过绑定了静态和动态数据，可以优化管理和提高调度管理效率和水平。

（3）与应急系统集成

应急系统一般与 SCADA 系统、地理信息系统 GIS 和全球定位系统 GPS 集成在一起应用。抢修人员可以通过应急客户端平台在现场的查询现场管网运行工况和管线信息，判断管线埋深和相关燃气设备信息。调度人员在中心调度室可以掌握抢修车辆情况和突发事件的影响范围，通过软件计算可以模拟影响范围并生成应急抢修方案和补救措施。一个好的应急系统可以使影响范围最小化，节约时间和减少人员财产的损失。

（4）与计量系统集成

计量系统主要用于公司管理计量站数据。计量站的流量计算机或者 RTU 提供实时和历史的流量数据。通常主计量系统总是和 SCADA 系统分开，通过通用的协议或者串口与 SCADA 数据采集服务器或 RTU 连接。操作员可以根据流量的数据信息更好地掌握燃气的供应和分配，优化调度和减少供销差。

2）SCADA 系统与办公管理系统结合

办公管理系统是建立在企业应用平台的顶层，一般是由若干个系统组成，例如管理信息系统 MIS、企业资源规划系统 ERP、客户信息系统 CIS 等。这个系统是独立于生产管理系统。但是近年来，为了方便管理和提高管理效率，需要使用 SCADA 系统的原始数据,越来越多的办公管理系统需要与 SCADA 系统结合应用。

(1)与 ERP 系统结合

企业资源规划系统(ERP)是一个集成了软件模块和统一的数据库,可以有效计划、管理和控制所有企业核心办公过程的综合系统。许多部门需要尽可能地使用自身部门感兴趣的 SCADA 系统的数据,例如计划、设计和管网分析部门。利用一个集成的系统,可以使综合的维护和维修成本大幅下降,也加强了各部门间的联系沟通。更进一步来讲,共享数据可以保持各系统间数据的准确性和完整性。同时,这些数据被存入企业数据库,使领导和决策层在紧急情况下可以快速准确的作出判断和决定。

(2)与客户信息系统结合

CIS 是客户信息系统的缩写,这个系统是负责管理客户信息,包括用户类型、燃气消耗、燃气设备信息等。CIS 与 SCADA 系统结合并使用实时数据,特别是流量数据可以实时并连续掌握用户的使用情况。根据这些生产数据,客户信息系统可以记录这些数据用于分析,对于未来新客户的发展和管网供气分配提供有效的帮助。

SCADA 系统是燃气传输和输配的一个安全、可靠、有效的工具。在城镇燃气系统中发挥了越来越重要的作用。随着技术的发展,SCADA 系统软件供应商将常用的生产系统功能模块与主 SCADA 模块集成开发,用户可以根据自己的行业特点和用途选择相应的模块。统一开发的优点是兼容性好,易于维护和升级扩展。用户只需要根据自己的需求进行简单的组态就可以实现功能。尽可能使用通用标准接口与 SCADA 系统连接,避免单独开发接口程序实现不同系统之间的集成,这样可以最大程度保证系统的稳定性。SCADA 系统应用的范围将越来越广,与其他系统集成的紧密程度将越来越高,在燃气生产中占据核心的地位。

12.1.3 SCADA 系统的安全

随着国家大型天然气工程项目的相继启动,天然气供应已延伸至各重要城镇、乡村。在使用天然气带来的高经济效益的同时,天然气安全管理也受到广泛关注,因此监测管网运行的可靠和安全是十分必要的。无论长输管线还是城市管网,为了确保管网运行的安全可靠,都必须建设一个以 SCADA 系统为核心的调度中心。因此,SCADA 系统肩负着监控管网安全运行的使命,其作用可归纳为以下两个方面。

1)确保燃气管网安全可靠运行

天然气供应能带给燃气供应者和使用者不同利益,前者可赚取利润,后者可为家居生活带来便利,但两者都有一个共同的要求:燃气供应不能中断、要可靠、要安全。这是一个最基本的要求,如何实现满足这个要求,燃气供应者如何能以千里眼透视几百千米以外长输管线的安全、如何能俯瞰如蜘蛛网的城市管网是否安全运行、如何确保向使用者安全提供充足的燃气,SCADA 系统是燃气供应者实现管网安全可靠运行的工具。

SCADA 系统通过科学的规划,在管网重要的位置上安装监测设备,对管网压力、流量、温度、阀门状态等工况进行实时监测,确保所有管网工况在预设范围下正常运行。如遇有超出预设范围或紧急情况,SCADA 系统可实时预警、报警,根据不同的报警采取适当的措施,调派工程人员到现场处理事故;更可以利用 SCADA 系统遥控功能,遥调或遥控相关设施,以阻止危险情况恶化、蔓延,确保管网正常运行、可靠供气。

2)燃气供求管理、危机处理、管网规划分析和扩展

SCADA 系统在城镇燃气输配中应用的另一个重要功能,是对所采集的数据进行系统的存储分析,根据监测数据进行管网负荷预测,实现燃气供求平衡管理和调度。利用管网仿真模型,可发现燃气泄漏事故,在上游供气中断情况下可计算剩余气量及维持供应的时间,以及受影响用户的数量及程度,启动相应的应急预案。除此以外,还可为管网工程建设提供参考依据,包括管网新建、改造等工程。所以,SCADA 系统功能不限于数据采集与监测控制,结合用户和市场需求做出相应的设计和开发,在燃气应用和管理上可以无限延伸、扩展。

12.2
PDA 在城镇燃气管理中的应用

12.2.1 关于 PDA

1)PDA 简介

PDA 是 Personal Digital Assistant(个人数字助理)的简称,是集电子记事本、便携式电脑和移动通信装置为一体的电子产品,即将个人平常所需的资料数字化,能被广泛传输与利用。狭义的 PDA 是指电子记事本,其功能较为单一,主要是管理个人信息,如通信录、记事和备忘、日程安排、便笺、计算器、录音和辞典等功能。广义的 PDA 主要指掌上电脑,当然也包括其他具有类似功能的小型数字化设备。

目前,PDA 可分为电子词典、掌上电脑、手持电脑设备和个人通信助理机四大类。而后两者由于技术和市场的发展,已经慢慢融合在一起了。

随着人类科技水平的不断发展,诸如射频识别技术(RFID)、通信互联技术(Wi-Fi,GPRS,3G)、全球卫星定位技术(GPS)以及存储技术等方面突飞猛进的发展,特别是硬件产品集成化程度的提高,使得 PDA 或其他个人手持数字终端设备的能力发生日新月异的变化。

PDA 相对于传统电脑,其优点是轻便、小巧、可移动性强,同时又不失功能的强大;但缺点是屏幕过小,且电池续航能力有限(其实,近期大容量电池的出现,对延长 PDA 连续工作时间有了一定改善)。PDA 通常采用触控笔作为输入设备,而存储卡作为外部存储介质;在无线传输方面,大多数 PDA 具有红外(IrDA)和蓝牙(Blue Tooth)接口,以保证无线传输的便利性;许多 PDA 还能够具备 RFID 射频识别功能、Wi-Fi 连接以及 GPS 全球卫星定位系统。

其便携性介于个人电脑和 PDA 之间的个人电脑产品有笔记本电脑,超级移动电脑(UMPC)及平板电脑(PAD)。其实从处于当前的功能来看,PDA 与智能手机(Smart Phone)、与平板电脑,由于产品功能相互渗透,边界已经比较模糊,相互之间的差别变得很小了。

目前 PDA 的操作系统平台分别有苹果的 Mac OS、Palm OS、微软 Windows Mobile(前身为 Windows CE)、Symbian OS 和 Andriod OS。

与标准台式电脑和笔记本电脑一样,PDA 的各种功能也是靠微处理器来完成的。微处理器就像 PDA 的大脑,能根据程序指令协调 PDA 的各种功能。与台式电脑和笔记本相比,PDA 使用的处理器体积更小、价格更便宜,虽然速度较慢,但对于在 PDA 上执行的任务来说已足够了,见图 12.6。

PDA 没有硬盘,其基础程序如操作系统等都储存在只读存储器(ROM)上,关机后仍能保持完好无损;后来存入的个人数据和程序则存放在随机存取存储器(RAM)中,而 RAM 中的信息只在开机时保持。PDA 的设计能安全保存 RAM 中的数据,其原因是即使在关机后 PDA 还能从电池继续使用少量电能。

功能较弱的 PDA,其 RAM 也往往较小。不过很多应用程序需要较多内存,因此大多数的机器的内存也较多。同时,设备通常需要更多资源,具有更多 RAM。为了提供附加内存,许多 PDA 支持可拆卸闪存媒体扩展卡,便于存储大文件或多媒体内容,如数码照片等。有些 PDA 使用闪存代替 RAM。闪存为非易失存储器,能很好地保存数据和应用程序,即使电池耗尽也不受影响。

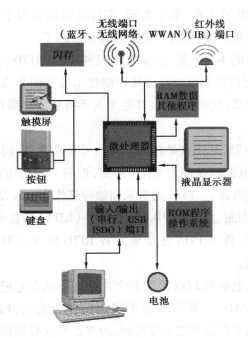

图 12.6　PDA 的主要组成部件

2）PDA 的功能

如今,大部分的 PDA 都带有某些无线和多媒体功能,见图
12.7。比较常见(但并不一定是所有的都具有)的功能包括:

①短距离的无线连接使用红外(IrDA)或蓝牙(Blue Tooth)
技术。大多数 PDA 具有红外功能,使用它需要视线上无阻碍,
通常用于与具有 IrDA 端口的笔记本电脑同步。蓝牙可以以无
线方式连接其他蓝牙设备,如耳机和打印机等。蓝牙所采用的
是射频技术,不需要视线上无阻碍。

图 12.7　PDA 示意图

②通过 Wi-Fi(无线网络连接)和无线接入点实现互联网和
公司网络连接。

③支持无线广域网(Wide Area Networks,WAN);支持为智能手机提供互联网连接
的蜂窝数据网。

④具有内存卡插槽,可容纳闪存介质,如 CompactFlash、MultiMediaCard 和 Secure
Digital 卡(介质卡用作存放文件和应用程序的附加存储器)。

⑤支持 MP3 音频,带有麦克风、扬声器插孔及耳机插孔。

⑥额外特性：高端 PDA 具有多媒体、安全以及扩展等一些低价设备所不具备的功能，包括：

- 通过 SDIO（Secure Digital Input/Output）卡槽，可以插接各种 SDIO 卡类外设，如蓝牙卡、Wi-Fi 卡或 GPS（全球定位系统）卡；
- 内置数码相机用于拍摄数码相片和短视频（质量可能比不上专门的相机）；
- 内置安全功能，如生物指纹阅读器；
- 内置 GPS 功能；
- 射频识别功能。

3）PDA 的行业应用

PDA 的行业应用，即将 PDA 技术与行业应用有机结合起来，为行业用户提供方便、高效的业务移动处理模式。例如，用 PDA 来实现遥控器的集成；航海专业人员可利用 PDA，在航海中进行航海专业计算（如星历计算、天体高度方位计算、潮汐计算，还可显示电子海图等）；在餐饮行业中可以让客户实现无纸化快速点餐；在仓库物流行业中，可随时随地实现产品的出入库管理。

由此可见，在了解不同领域的用户需求后，对 PDA 进行进一步开发和升级，其自身优势和强大的软件支持，可以有的放矢地在功能上有选择性地无限扩展。PDA 的行业应用，不仅使其得到不断完善和成熟，也使各领域中的工作由传统型向智能型转化，为各行业的发展注入新的血液。

12.2.2　PDA 在城镇燃气管理中的应用

燃气作为现代城市必不可少的能源，随着城镇规模的不断扩张，已成为经济发展的重要公用基础设施之一，它直接关系到百姓的日常生活和企业的经济效益。为确保安全平稳供气，使燃气管网及其附属设施在燃气的输送配气中发挥其特定的作用，需要持续加强对燃气管网的总体控制和过程监控，以充分满足燃气用户不同需求为基础，必须加强对管线及其附属设施运行巡检的管理、加强燃气生产作业及应急抢险的管理、加强燃气客户服务的管理。

由于城镇燃气管网是依据城市整体规划布局进行设计施工的，故城镇燃气管网大多是环状及枝状管线，这使管线及其附属设施分布范围较广，几乎遍及城市的各个区域，同时基于燃气易燃易爆的特性，具有一定危害性，因此为了提高安全供气能力，这就要求燃气管理单位在完善管理流程、加强标准化管理的前提下，从实际情况出发，有重点、有步骤地利用现代化科技手段辅助强化过程管控，实现过程数据完整采集，强调数据综合分析,为全面提高城镇燃气管理能力提供支持。

当前我们正处于信息科技不断更新的时代,采用先进的、有效的设备和技术,辅助加强城镇燃气管理就变得极为重要。PDA作为一种近十年发展起来的手持移动数字终端设备,其本身功能逐步得到加强和完善,并且随着系统开放性的提升与硬件集成度的提高,可实现与GPS模块、SIM卡、RFID阅读器等设备的集成应用,实现原本在台式电脑上才能完成的基于第三方应用软件的开发,使PDA成为实现集无线通信、无线互联、卫星定位、射频识别等功能于一体的多功能个人移动数字终端设备,在各行业中发挥着巨大的作用。

PDA在城镇燃气管理中的应用,其中也会涉及其他相关技术,这是因为当今的技术应用没有孤立的,都是在相互融合、相互关联、相互集成、相互畅通的环境中发挥着效能。

1)PDA在管线及其附属设施运行巡检管理中的应用

燃气管线及其附属设施(包括调压站、调压箱、闸井、凝水器、阴极保护桩等)是城市燃气输送过程中的重要组成部分。设备设施的正常运行,使燃气企业向所有燃气用户提供可靠的燃气供应服务得到保证,并在发生应急情况下具备较强的供气保障手段和能力。而要保证设备设施的正常运行,及时掌握设备设施的运行数据和运行状态是基础。目前燃气行业主要通过专业人员的日常巡检巡视和SCADA(燃气管网数据采集系统)相结合的方式,对管网及其附属设施实现日常管理和维护。

管线及其附属设施的日常巡检工作主要为:对不同类型的管网或附属设施制订相应的日常巡视保养周期以及巡检保养的具体工作内容,即巡检计划。管网及附属设施日常巡视保养人员应根据巡检计划在规定的巡视周期内完成巡视保养工作,在现场记录管线及附属设施的状态和运行数据。管理者收集现场采集的管线及设施的运行状态和运行数据,安排对管线和设施的维护保养,并对设施状态的变更在台账中予以更新。并通过以上数据的积累和数据挖掘为管线和设施的更新,选型作辅助决策。

(1)当前巡检工作中存在的三个主要问题

①无法客观、方便地掌握巡检人员巡检的到位情况,因而无法有效地保证巡检工作人员按计划要求、按时间周期对所有的管线或附属设施开展巡视,从而使巡检工作的质量得不到保证、管线状态和设施运行数据的真实性得不到保证。

②管线和附属设施的运行状况、运行参数无法方便、可靠地记录存档(目前很多单位还在以纸质记录的方式记录巡检信息,纸质记录保存不便,如录入电脑存档,又存在数据丢失和误差的问题,并耗工费时)。

③管线和附属设施的运行状况、运行参数等历史数据无法有效地利用,使得后期不便查询,对设备的缺陷分析、设备选型、辅助决策无从实施。

(2)辅助完成燃气管线及附属设施的运行巡检工作

①运行巡检计划管理:按照燃气管网及附属设施的建设年代、压力级制等条件,制订运行巡检计划,根据运行人员的不同管辖范围,将计划按工作日及人员进行分解,并将分解计划利用无线或有线数据传输技术下载到运行人员的PDA,使运行巡检人员对每日具体工作有较详细了解,从而避免因为任务不清而导致的计划完成不全面的问题。

②运行到位情况查询:利用PDA的GPS功能,按照提前设置的时间间隔,可随时采集运行巡检人员的经纬坐标,坐标可即时或结束运行后回传至管理系统,系统以坐标采集的时间为次序,将坐标点依次连接成线,此线即为运行人员的运行轨迹,再通过运行轨迹与管网地图的叠加比较,即可实现运行到位情况的查询。

③设备设施台账及状态查询与更新:系统中保存的设备设施台账可按照管辖范围下载到运行巡检人员的PDA,为运行巡检人员随时提供设备设施具体数据查询,同时运行巡检人员可即时采集巡检过程中设备设施的状态以及维检修记录,实现设备设施全生命周期的历史记录与查询,将运行巡检记录及时回传管理系统,完成系统数据更新与补充完善。

④管网地图的查询与定位:利用GIS技术,可在PDA上实现管网地图的查询与定位,方便运行巡检人员对管线线位的随时掌握,从而加强管线运行到位率的提高。

⑤异常情况与突发事件的及时上报:在运行巡检过程中发现的异常现象与突发事件,可通过PDA端的管网地图确定发生异常与事件的管线位置或区域,利用GPRS技术及时将采集到的现场记录与图片上传至管理系统,并由管理人员根据现场发回的数据制订急抢修方案,及时派遣相关人员到场进行处理。

⑥运行巡检报表管理:运行巡检人员将现场采集数据上传至管理系统,结束正常运行巡检工作后,返回单位按照具体要求由系统自动打印输出运行巡检日志及记录报表,见图12.8。

2)PDA在燃气生产作业及应急抢险管理中的应用

在城镇燃气管理中,生产作业及应急抢险管理是比较典型的两部分工作内容,关系到要求燃气与城市发展建设保持同步,不断满足居民、公服与企业用户对燃气的需要;关系到当燃气正常供应中发生突发事件时,如何紧急应对采取正确措施,减少或降低可能出现的次生危害。

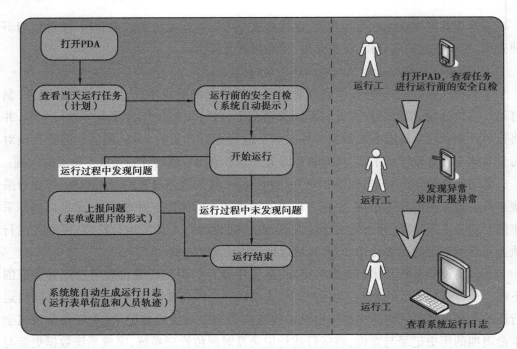

图 12.8　PDA 辅助管网运行巡检工作模式示意图

（1）应用于生产作业及应急抢险管理主要工作：

①燃气行业的生产作业主要是指在燃气管道和设备通有可燃气体的情况下进行的有计划的作业，基本包括：带气接切管线，降压、通气、停气，更换设备等。

生产作业包括动火作业和不动火作业。动火作业指需要进行焊接、切割的带气作业，包括降压手工焊接和接切线作业、机械作业和塑料管作业（机械作业又分为开孔作业和封堵作业）；不动火作业包括降压作业、停通气作业、加拆盲板作业、更换设备（如阀门、调长器）作业等。生产作业可根据危险程度和可能造成的风险高低对作业进行分级。生产作业实施前必须编制作业方案，并通过相应的审批手续，在实施过程中必须按照批准后的作业方案进行。因此，加强生产作业的过程管理是安全顺利实施作业的根本保证。

②应急管理就是为了预防、控制及消除紧急状态，减少其对人员伤害、财产损失和环境破坏的程度而进行的计划、组织、指挥、协调和控制的活动，它是一个动态过程，包括预防、准备、相应和恢复四个阶段。

PDA 作为手持移动数字终端设备，其方便灵活的使用方式满足了户外工作对信息化设备的要求，针对不同工作而生产的不同类型的 PDA 满足了多种极端工作环境，如防水型、防腐蚀型、防爆型等。在燃气行业中，结合不同的工作任务可有选择性地选择相应类型的 PDA 设备，以确保工作任务安全地顺利实施。

（2）在燃气的生产作业与应急抢险管理中的主要应用

①现场过程数据采集与记录：利用 PDA 完成现场过程数据的采集与记录，包括文字记录与图片记录。通过 PDA 端预置的管理程序，可对于不同类型的生产作业进行详细的记录，特别是关键环节，如作业准备确认、开始时间、降压时间、燃气浓度值、开孔时间、结束时间、防腐完成情况等。

②作业方案与应急预案的现场查询：将作业方案下载到 PDA，作为现场过程辅助管理的参考依据，并且利用作业方案可对 PDA 端过程管理程序中表单、关键点等内容的组织和预置起到指导和帮助作用。应急抢险过程管理中，可通过 PDA 将应急预案快速调出，结合所提供的管网数据与受影响范围，现场制订应急抢险方案。

③便于现场数据及时回传，有利总体协调与指挥：针对范围广、跨区域的生产作业或应急抢险现场，可能需要多个作业面同时配合完成相关工作，这就要求各个作业面的有序协同进行。各作业面利用 PDA 可将单点完成情况及时采集和反馈，现场指挥部即可根据反馈数据对各作业面的进度作出总体了解与把握，从而对整体进展作出正确判断、下达正确指令，确保各环节的紧密协调、过程控制的统一有序。

④管网相关数据与历史记录的现场支持：利用 PDA 可以将所有相关业务系统支持的数据集中调入，如 SCADA 工况数据、管网地图、管线及设备设施情况和状态、维检修历史记录、应急抢修记录、受影响用户明细及统计等，为生产作业或应急抢修提供参考数据。

⑤自动生成全过程记录：作业或抢修任务完成后，由 PDA 采集并记录的全过程数据可由管理系统按照要求自动生成全程记录，包括时间节点、各项表单、现场照片与视频、检验检测结果等内容。

3）PDA 在燃气用户服务管理中的应用

做好燃气用户服务管理工作是城镇燃气管理工作的重点。

（1）燃气用户服务管理的应用内容：

①居民用户的引入口截门前通气；户内工程通气（空方通气和入住楼通气）；抢修作业复气；数据统计（工程数量、空房或入住楼计划通（复）气户数、PDA 上传户数、通气公共设施数量、已通气户数、未通气户数、违章户数等）。

②公服用户的引入口截门前通气；户内工程通气（锅炉房通气，食堂通气，公共设施通气）；抢修作业复气；数据统计（工程数量、操作间或锅炉房计划通（复）气户数、PDA 上传户数、通气公共设施数量、已通气户数、未通气户数、违章户主等）。

③户内维报修服务与户内巡检。

④人工入户查表服务等。

（2）利用 PDA 为燃气用户服务管理提供辅助功能

①利用 PDA 加强户内安全操作控制规程，针对不同工作任务将户内操作流程固化在 PDA 端，操作人员必须按照 PDA 提示的标准过程进行操作，从而杜绝由于安全操作规程不到位带来后患的发生。

②应用 PDA 强化操作过程记录、维检修记录和巡检记录，详细记录违章情况及处理措施，要求操作时间记录精确到秒，严格记录严密度试验情况，要求 PDA 端有用户签字（可采用图片形式保存）以备法律诉讼提供证据。

③以入户服务为契机，利用 PDA 采集用户相关信息及表具、灶具等信息，补充完善燃气用户台账，为综合利用用户数据打下基础。

④利用 PDA 实现用户满意度评价。

⑤自动进行数据统计报表的编制汇总，依据数据采集形成的报表，对工作的各项内容状况进行分析。

12.2.3　应用实例

1）燃气管网 PDA 巡检系统

国内北方某城市燃气集团拥有管线一万余千米、用户四百万左右。面对管理如此庞大的燃气管网及其附属设施，为确保实现安全平稳供气、持续加强管网运行管理、实现对运行到位的有效监管、进一步提高管网运行效率、提升管网运行管理水平，该集团于 2009 年引入成熟的现代化信息技术为管网运行管理提供辅助工具，与开发商合作研制燃气管网 PDA 巡检系统（其拓扑关系图见 12.9）。截至 2011 年底，已在集团所属六家分公司的部分单位投入一百余台 PDA 进行管网运行的辅助管理，并取得明显效果。

系统以 PDA 作为运行数据的采集终端，利用 GPS 辅助工具实现管网运行轨迹的采集；同时结合 GIS、GPRS、PDA 图像采集等功能，对运行过程中发现的异常事件、管线占压、违章施工等现象，通过现场取证、管线定位和数据上传等操作，将管网出现的问题随时报送上级主管部门予以及时处理解决，从时限性和准确性等方面，进一步强化了管网运行效率，见图 12.10。

利用 GPS 工具所采集的运行轨迹数据，结合 GIS 中的管网数据，为运行管理人员提供了运行到位情况的参考依据，使运行管理人员对管网运行日常工作的完成情况做到全面、细致的掌握，为完善管网运行管理提供有效帮助。管网运行管理系统还具有运行计划管理、运行轨迹比较、运行到位数据统计、历史数据回查等功能。

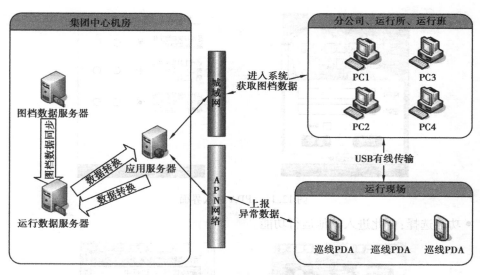

图 12.9　燃气管网 PDA 巡检系统拓扑图

图 12.10　利用 PDA 进行调压箱设备巡检

（1）PDA 端登录界面

● 身份验证：要求用户输入用户名及密码。

● 状态提示：电池电量及 GPRS 信号状态提示。

（2）自检界面

● 自检提示：要求运行人员依项做好运行前准备，见图 12.11。

（3）PDA 端主界面

● 九宫格界面：主界面采用九宫格布局，方便使用人员操作。

（4）管网运行界面（见图 12.12）

● 运行信息：提示当前管网运行状态。

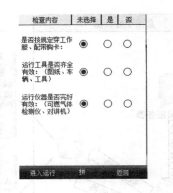

图 12.11　PDA 进入界面

- 功能选择：由此进入其他运行功能。

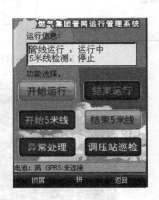

图 12.12　PDA 运行界面

（5）异常情况

- 异常情况：实现异常情况的添加、查看、编辑、删除功能。
- 信息上传：利用 GPRS 实现异常情况的无线上传。
- 异常位置：在管网地图上记录异常发生的位置，并上传。

（6）管网地图（见图 12.13）

- 管网地图：PDA 端可调用该管辖范围的管网地图。
- 浏览功能：实现管网地图的平移、放大、缩小等功能。
- 选择功能：实现管线选择并查询相关数据的功能。
- 我的位置：以我的位置为中心的地图显示及位置标注

（7）通用文档

- 文档查询：提供相关规范技术文件供运行时查看。
- 浏览功能：可放大、缩小、全屏显示。

图 12.13　PDA 管网图示界面

2）智能巡检管理系统

南京某软件公司利用现代计算机技术、数字通讯技术和互联网技术研发的智能巡检管理系统,是集 GIS 数据采集、数据处理、数据同步、系统管理的高效解决方案。

其产品具备工作管理(计划查询、计划下发等);隐患管理(隐患摄像、隐患上报、隐患查询等);抢修任务(任务查询、自动巡航、抢修记录等);系统设定(巡检参数、密码修改等);信息公布(快讯公告、数据同步等)等功能(见图 12.14、图 12.15、图 12.16、图 12.17)。

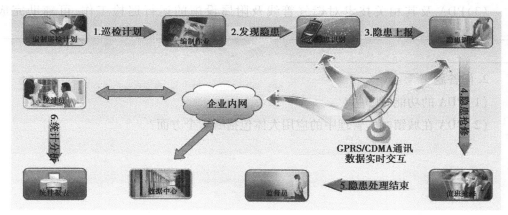

图 12.14　业务运作流程图

系统采用智能巡检设备 PDA 作为数据采集终端,该设备防水、防摔、防爆,并可长时间待机,同时配置专业的 GIS 信息采集软件和数据处理软件,保证实现高精度的数据采集,可开发的升级功能,可满足不同地下管线巡检的特殊要求。

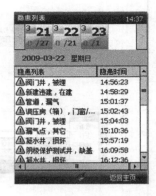

| 图 12.15　菜单界面 | 图 12.16　发现隐患 | 图 12.17　隐患列表 |

 学习鉴定

1. 填空题

(1)PDA 是＿＿＿＿＿＿＿的简称,顾名思义即为＿＿＿＿＿＿＿;目前,PDA 可分为电子词典、＿＿＿＿＿＿＿、＿＿＿＿＿＿＿、＿＿＿＿＿＿＿四大类。

(2)当前 PDA 操作系统大致有:"苹果"的＿＿＿＿＿＿＿,Palm OS,微软的＿＿＿＿＿＿＿(前身为 Windows CE)和＿＿＿＿＿＿＿。

(3)PDA 及其相关技术对燃气管线及附属设施的运行巡检工作,可辅助完成＿＿＿＿＿＿＿、＿＿＿＿＿＿＿、＿＿＿＿＿＿＿、＿＿＿＿＿＿＿、＿＿＿＿＿＿＿、＿＿＿＿＿＿＿。

2. 问答题

(1)PDA 的功能有哪些?

(2)PDA 在城镇燃气管理中的应用大体包括哪 3 个方面?

13 安全教育

13.1
安全教育培训

安全教育是提高全体员工安全生产素质的一项重要手段,只有全体员工安全素质的提高,才能形成企业良好的安全生产环境。根据国家有关法规要求,企业必须开展安全教育、普及安全知识、倡导安全文化,建立健全安全教育制度。开展安全管理工作,首先要抓好的就是安全教育培训。

13.1.1　安全教育的基本要求

1)对生产经营单位主要负责人教育培训的基本要求

①危险物品的生产、经营、储存单位以及矿山、烟花爆竹、建筑施工单位的主要负责人必须进行安全资格培训,经安全生产监督管理部门或法律法规规定的有关主管部门考核合格并取得安全资格证书后方可任职。

②其他单位主要负责人必须按照国家有关规定进行安全生产培训,经培训单位考核合格并取得安全培训合格证后方可任职。

③所有单位主要负责人每年应进行安全生产再培训。

④危险物品的生产、经营、储存单位以及矿山、烟花爆竹、建筑施工单位主要负责人安全资格培训时间不得少于 48 学时,每年再培训时间不得少于 16 学时;其他单位主要负责人安全生产管理培训时间不得少于 32 学时,每年再培训时间不得少于 12 学时。

2)对安全生产管理人员教育培训的基本要求

该基本要求同上。

(1)对特种作业人员的教育培训

特种作业是指在劳动过程中容易发生伤亡事故,对操作者本人,尤其对他人和周围设施的安全有重大危害的作业。从事特种作业的人员称为特种作业人员。

①特种作业的范围:特种作业的范围包括电工作业、金属焊接、切割作业、起重机械(含电梯)作业、企业内机动车辆驾驶、登高架设作业、锅炉作业(含水质化验)、压力容器作业、制冷作业、爆破作业、矿山通风作业、矿山排水作业、矿山安全检查作业、矿山提升运输作业、采掘(剥)作业、矿山救护作业、危险物品作业、经国家安全生产监督管理总

局批准的其他作业。

②对特种作业人员的培训、考核和取证要求:特种作业人员上岗前,必须进行专门的安全技术和操作技能的培训和考核,并经培训考核合格,取得《特种作业人员操作证》后方可上岗。特种作业人员的培训实行全国统一培训大纲、统一考核标准、统一证件的制度。《特种作业人员操作证》由国家统一印制,地、市级以上行政主管部门负责签发,全国通用。特种作业人员安全技术考核包括安全技术理论考试与实际操作技能考核两部分,以实际操作技能考核为主。

③特种作业人员重新考核和证件的复审要求:离开特种作业岗位达 6 个月以上的特种作业人员,应当重新进行实际操作考核,经确认合格后方可上岗作业。取得《特种作业人员操作证》者,每两年进行 1 次复审。连续从事本工种 10 年以上的,经用人单位进行知识更新教育后,每 4 年复审 1 次。复审的内容包括健康检查、违章记录、安全新知识和事故案例教育、本工种安全知识考试。未按期复审或复审不合格者,其操作证自行失效。

(2)对生产经营单位其他从业人员的教育培训

①生产经营单位其他从业人员:生产经营单位其他从业人员(简称"从业人员")是指除主要负责人和安全生产管理人员以外,该单位从事生产经营活动的所有人员,包括其他负责人、管理人员、技术人员和各岗位的工人,以及临时聘用的人员。

②新从业人员:对新从业人员应进行厂(矿)、车间(工段、区、队)、班组三级安全生产教育培训。新从业人员安全生产教育培训时间不得少于 24 学时。煤矿、非煤矿山、危险化学品、烟花爆竹等生产经营单位新上岗的从业人员安全培训时间不得少于 72 学时,每年接受再培训的时间不得少于 20 学时。

③调整工作岗位或离岗一年以上重新上岗的从业人员:从业人员调整工作岗位或离岗一年以上重新上岗时,应进行相应的车间(工段、区、队)级安全生产教育培训。

④企业实施新工艺、新技术或使用新设备、新材料时,应对从业人员进行有针对性的安全生产教育培训。生产经营单位要确立终身教育的观念和全员培训的目标,对在岗的从业人员应进行经常性的安全生产教育培训。其内容主要是:安全生产新知识、新技术,安全生产法律法规,作业场所和工作岗位存在的危险因素、防范措施及事故应急措施,事故案例等。

13.1.2　安全教育的内容

企业组织的安全教育培训主要针对两类人员,一是企业管理人员,二是企业一般员工。

1)管理人员安全教育

直属企业的安全处(科)长安全教育培训主要内容是:国家和企业有关职业安全卫生的方针、政策、法律、法规、制度和标准;安全管理、安全技术、职业卫生和安全文化等知识;易发事故的基本知识;有关事故案例及事故应急管理等。

其他管理负责人(包括职能部门负责人、基层单位负责人)、专业工程技术人员安全教育培训的主要内容是:国家和企业有关职业安全卫生的方针、政策、法律、法规、制度和标准;本部门、本岗位职业安全卫生职责;安全管理、安全技术、职业卫生和安全文化等知识;有关事故案例及事故应急管理等。

2)生产岗位员工安全教育

班组长的安全教育培训主要内容是:国家和集团公司有关职业安全卫生的方针、政策、法律、法规、制度和标准;安全技术、职业卫生和安全文化等知识;本班组和有关岗位的危险危害因素、安全注意事项、本岗位安全生产职责;典型事故案例及事故应急处理措施等。

所有新员工(包括学徒工、外单位调入员工、合同工、代培人员和大中专院校毕业生、技术岗位的季节性临时工等)上岗前应接受三级安全教育,考试合格后方可上岗。

①一级安全教育时间不少于24学时,主要内容是:国家和集团公司有关安全生产和职业安全卫生法律、法规;通用安全技术、职业卫生基本知识,包括一般机械、电气安全、消防和气体防护等常识;本单位安全生产的一般状况、性质、特点和特殊危险部位的介绍;集团公司、直属企业和本单位安全生产规章制度和五项纪律(劳动、操作、工艺、施工和工作纪律);典型事故案例及其教训,事故预防的基本知识。

②二级安全教育时间不少于24学时,主要内容是:本单位的生产概况,安全卫生状况;本单位主要危险危害因素,安全技术操作规程和安全生产规章制度;安全设施、个人防护用品、急救器材性能和使用方法,预防工伤事故和职业病的主要措施等;典型事故案例及事故应急处理措施。

③三级安全教育时间不少于8学时,主要内容是:岗位生产工艺流程、工作特点和安全注意事项;岗位职责范围,应知应会;岗位安全技术操作规程,岗位间衔接配合的安全注意事项;岗位事故预防措施,安全防护设施、个人防护用品的性能、作用和使用操作方法。

员工调动工作后应重新进行入厂三级安全教育。单位内工作调动、转岗、下岗再就业、干部顶岗以及脱离岗位6个月以上者,应进行二、三级安全教育,经考试合格后,方可从事新岗位工作。

3）其他人员的安全教育

特种作业人员应按国家有关要求进行专业性安全技术培训,经考试合格,取得特种作业操作证后方可上岗,并定期参加复审。

非技术岗位且风险小的季节性临时工的安全教育时间不应少于 8 学时,内容为生产工艺特点、入厂须知、所从事工作的性质、安全注意事项和事故教训、有关的安全规章制度等。

外来检查人员的安全教育,按相关安全管理规定执行。

参观人员的安全教育,由接待部门负责,内容为本企业的有关安全规定及安全注意事项。

此外,在新工艺、新技术、新装置、新产品投产前,应组织编制新的安全技术操作规程,并进行专门培训。有关人员经考试合格,方可上岗操作。

发生事故时,对事故责任者和相关员工进行安全教育,吸取教训,落实防范措施,防止类似事故发生。

13.1.3 日常安全教育

除了定期开展的安全教育培训以外,还要经常组织以班组为单位的安全教育。班组安全教育的主要内容是:

- 学习国家和政府颁发的有关安全生产法令和法规;
- 学习有关安全生产文件、安全通报、安全技术规程、安全管理制度及安全技术知识;
- 结合集团公司事故汇编和安全信息,讨论分析典型事故,总结和吸取事故教训;
- 开展防火、防爆、防中毒及自我保护能力训练,以及异常情况紧急处理和应急预案演练;
- 开展岗位安全技术练兵、比武活动;
- 开展查隐患、纠违章活动;
- 开展安全技术座谈,观看安全教育电影和录像;
- 其他安全活动。

班组安全教育更有针对性,要使之经常化、制度化、规范化,防止流于形式和走过场。班组安全教育培训应有领导、有计划、有内容、有记录。对活动形式、内容、要求,安全员应明确,并对安全活动记录进行检查、签字,并写出评语。

班组安全教育每月不少于两次,每次不少于 1 学时,时间不应挪作他用。

班组安全教育是班组的一项重要工作,应认真组织,严格考勤制度,保证出勤率,不应无故缺席,有事须经单位领导批准。

13.1.4　安全教育的方式方法

企业安全教育的方式方法是多种多样的。例如:宣传挂图、安全科教电影、电视以及幻灯片,报告、讲课以及座谈,开展安全竞赛及安全日活动、安全教育展览及资料图书等;另外还有实地参观、现场教育、介绍事故案例、安全会议、班前班后会、黑板报、简报等。一般可根据职工文化程度的不同,采用不同的方式方法,力求做到切实有效,使职工受到较好的安全教育。

1) 宣传画、电影和幻灯

各种安全宣传画以不同方式促进安全。宣传画主要分为两类,一类是正面宣传画,说明小心谨慎、注意安全的好处;另一类是反面宣传画,指出粗心大意、盲目行事的恶果。通过宣传画可以阻止广泛流行的坏习惯,展现安全生产的优越性或对有关安全的特殊问题提供信息,予以劝告或指导。但是宣传画有其局限性,它只给出了危害的印象,没有具体的行为说明。

为了说明事故的全部情节,表示出其环境、起源、危险状况和产生的后果以及如何预防事故等问题,也可利用电影、电视等来提高安全意识,避免枯燥的命令,使人更乐于接受。电影可以给出说明、示范试验、分析技术过程,用有条理的方法解决疑难和复杂问题,并用慢动作再现快速的事件序列,使人留下更深刻的印象。但应注意电影所反映的情况应符合正常劳动条件,如实地反映出工人的感觉、习惯和情况。若有不实内容,不但不能保证安全,还会对生产带来不利影响。

幻灯的优越性是只要需要就可以放映,同时能给出更详细的解释,并可以询问问题。

2) 报告、讲课和座谈

报告、讲课和座谈也是安全宣传教育的有力工具。特别是新工人一入厂,通过这种形式的安全教育,可以使其对安全生产问题有一个概括性的了解。针对事故状况、安全规则、保护措施等问题进行专题讲座,使听众与讲解人有直接交换意见的机会,可以加强宣传教育的效果。

3) 安全竞赛及安全活动

许多企业开展"百日无事故竞赛""安全生产××天"等多种形式的活动,可以提高职工安全生产的积极性。可把安全竞赛列入企业的安全计划中去,在车间班组进行安全竞赛,对优胜者给予奖励。当然,竞赛的成功与否不在于谁是优胜者,而在于降低整个企业的事故率。安全活动则包括展览、放映电影、示范表演、竞赛、讨论等。

4)展览及安全出版物

展览是以非常现实的方式使工人了解危害和怎样排除危害的措施。展览与有一定目的其他活动结合起来时,可以得到最佳效果。例如,通过展览物把注意力集中到有关工厂近来发生的事故上:一个坏砂轮中飞出的砂轮碎片被防护罩挡住,或安全帽保证了人员安全等。这种展览体现了安全预防措施和实用价值。

目前社会上有大量的安全出版物,它们涉及的问题较为广泛。例如,定期出版的安全杂志、通讯、简报、新的安全装置介绍、操作规则等方面的调查和研究成果,以及预防事故的新方法等。

安全宣传资料的其他形式还有小册子和传单、安全邮票上的图示和标语等。应注意,为工人或其家庭出版的安全文献不要只局限于杂志、小册子和传单等,还可以是劳动监察和研究机构的报告、一般安全手册、特殊问题手册(例如,电力、锅炉和防火)及各种技术小册子、小论文、数据表等。这种科学技术资料不但对监察人员、管理人员、安全工程师、安全协会,而且实际上对负责促进安全工作的每个人都是有益的。

除了上述的方法外,还有许多进行安全宣传教育的方法。例如,现场教学,将制订安全生产合同作为安全生产目标管理的一部分等。

5)劳动保护教育中心和教育室

很多企业专门建立了劳动保护教育室,这是开展安全知识教育、交流安全生产先进经验的重要场所。要充分发挥劳动保护教育中心和教育室的作用,推动安全教育进一步发展。

总之,各个企业要根据单位实际情况,因地制宜、有所创新,才能取得更好的安全教育效果。

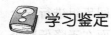 **学习鉴定**

1.填空题

危险物品的生产、经营、储存单位以及矿山、烟花爆竹、建筑施工单位主要负责人安全资格培训时间不得少于＿＿＿＿＿＿＿学时；每年再培训时间不得少于＿＿＿＿＿＿＿学时。

新从业人员安全生产教育培训时间不得少于＿＿＿＿＿＿＿学时。煤矿、非煤矿山、危险化学品、烟花爆竹等生产经营单位新上岗的从业人员安全培训时间不得少于＿＿＿＿＿＿＿学时，每年接受再培训的时间不得少于＿＿＿＿＿＿＿学时。

企业组织的安全教育培训主要针对两类人员，一是＿＿＿＿＿＿＿，二是＿＿＿＿＿＿＿。

2.简答题

（1）除了定期开展的安全教育培训以外，还要经常组织以班组为单位的安全教育。班组安全教育的主要内容有哪些？

（2）文明生产"三要求"是指哪三项要求？

参考文献

[1] 吕赵键,秦朝葵,戴万能. 多气源天然气互换性研究中的配气问题[J]. 城市燃气, 2012,9.

[2] 段长贵,王民生. 燃气输配[M]. 3 版. 北京:建筑工业出版社,2011.

[3] 袁宗明. 城市配气[M]. 石油工业出版社,2004.

[4] 杨筱蘅. 油气管道安全工程[M]. 中国石化出版社,2005.

[5] 董绍华. 管道完整性管理体系与实践[M]. 石油工业出版社,2009.

[6] 张学增. 管道燃气企业安全管理面临的问题及对策[J]. 煤气与热力,2008,11.

[7] 邱恒俊. 特种设备安全监察工作实用手册[M]. 2 版. 中国标准出版社,2013.

[8] 张武平. 压力容器安全管理与操作[M]. 中国社会保障出版社,2011.

[9] 国家质检总局特种设备安全监察局. 特种设备安全监察法规手册[M]. 中国计量出版社,2011.

[10] 严荣松,高文学,李建勋. 燃气管道安全风险评价分析[J]. 煤气与热力,2010,30(3).

[11] 欧阳德平,周文斌. 作业安全分析在燃气管道施工管理的应用[J]. 煤气与热力,2009,29(6).

[12] 中华人民共和国卫生部. GBZ/T 205—2007 密闭空间作业职业危害防护规范[S]. 人民卫生出版社,2008.

[13] 中国城市燃气协会. CJJ 51—2006 城镇燃气设施运行、维护和抢修安全技术规程[S]. 中国建筑工业出版社,2007.

[14] 车立新. 城市燃气管网安全运行问题及对策[J]. 煤气与热力,2009,29(10).

[15] 张城,耿彬. 天然气管输与安全[M]. 中国石化出版社,2009.

[16] 詹淑慧,杨光. 城镇燃气安全管理[M]. 中国建筑工业出版社,2007.

[17] 王宏伟. 突发事件应急管理:预防处置与恢复重建[M]. 中央广播电视大学出版社,2009.

[18] 樊运晓. 应急救援预案编制实务:理论、实践、实例[M]. 化学工业出版社,2009.

[19] 庄越,雷培德. 安全事故应急管理[M]. 中国经济出版社,2009.

[20] 王军. 突发事件应急管理读本[M]. 中共中央党校出版社,2009.

[21] 韦立梅. PDA 的介绍及其应用[J]. 电脑学习,2010,12(6).

[22] 张颖芝,高健. 创建燃气 PDA 安全操作控制平台 实现生产过程标准化精细化管理[J]. 城市燃气. 2009（5）.